AF142454

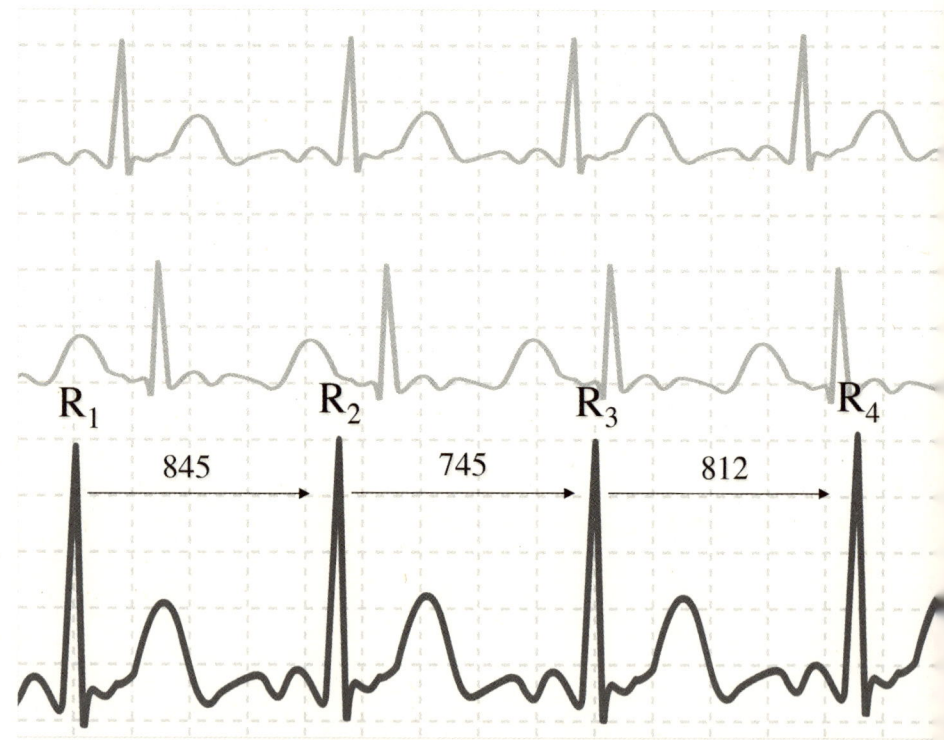

Ein solcher Herzrhythmus verleiht unserem Leben Belastbarkeit (Resilienz).

New York Times Bestsellerautor

Gregg Braden

MENSCH: GEMACHT

Von der zufälligen Evolution
zur bewussten Transformation

Aus dem Amerikanischen von
Dr. Baal Müller & Thomas Görden

Besuchen Sie uns im Internet:
www.AmraVerlag.de

Ihre 80-Minuten-Gratis-CD erwartet Sie.
Unser Geschenk an Sie ... einfach anfordern!

Amerikanische Originalausgabe:
Human by Design. From Evolution by Chance
To Transformation by Choice

Deutsche Erstausgabe im AMRA Verlag
Auf der Reitbahn 8, D-63452 Hanau
Telefon: + 49 (0) 61 81 – 18 93 92
Kontakt: Info@AmraVerlag.de

Herausgeber & Lektor	Michael Nagula
Einbandgestaltung	Guter Punkt
Layout & Satz	Birgit Letsch
Druck	Tschechien

Copyright © 2017 by Gregg Braden
Originally published by Hay House Inc.

ISBN Printausgabe 978-3-95447-337-3
ISBN eBook 978-3-95447-338-0

Alle hier vorgestellten Informationen, Ratschläge und Übungen sind
natürlich subjektiv. Sie wurden zwar nach bestem Wissen und Gewissen
geprüft, dennoch übernehmen Verfasser und Verlag keinerlei Haftung
für Schäden gleich welcher Art, die sich direkt oder indirekt aus dem
Gebrauch der Informationen, Tipps, Rezepte, Ratschläge oder Übungen
ergeben. Im Zweifel sollte unbedingt ärztlicher Rat eingeholt werden.

Im Text enthaltene externe Links konnten vom Verlag nur bis zum Zeitpunkt
der Buchveröffentlichung eingesehen werden. Auf spätere Veränderungen hat
der Verlag keinerlei Einfluss. Eine Haftung des Verlags ist daher ausgeschlossen.

Wir möchten unsere Leser darauf hinweisen, dass der Autor und der Verlag viel
Liebe und finanziellen Aufwand in die Entstehung dieses Buches gesteckt haben und
auf einen entsprechenden Rückfluss durch den Verkauf angewiesen sind. Deshalb
ist die nicht genehmigte Verbreitung dieses Buches durch digitale Medien, auch
auszugsweise, untersagt und strafbar. Wir bitten Sie herzlich darum, durch die Wah-
rung der Rechte den persönlichen Einsatz von Autor und Verlag wertzuschätzen.

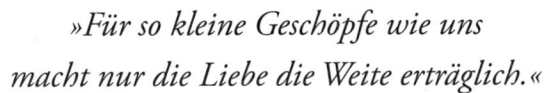

*»Für so kleine Geschöpfe wie uns
macht nur die Liebe die Weite erträglich.«*

~ Carl Sagan (1934-1996) ~
amerikanischer Astronom und Kosmologe[0]

Inhalt

Vorbemerkung

Im zweiten Teil des vorliegenden Buches verwende ich im englischen Original den Ausdruck *wired*, um anzudeuten, dass wir bereits über die Biologie verfügen, die wir brauchen, und alle Voraussetzungen dafür mitbringen, die in den einzelnen Kapiteln beschriebenen außerordentlichen Potenziale zu verwirklichen.

Wired [»verschaltet«] ist ein umgangssprachlicher Begriff, der in der Vergangenheit auch schon andere Bedeutungen hatte.

Der ursprüngliche Wortgebrauch kann auf die Zeit vor dem Telefon zurückgeführt werden, als der Telegraf noch das vorrangige Kommunikationsmittel war. Damals war es üblich zu sagen, wir haben jemandem eine Nachricht »gekabelt«, was also hieß, dass man jemandem per Telegraf eine Nachricht zugeschickt hatte.

Spätere Bedeutungen reichen von der »Aufgekratztheit«, die der Genuss von zu viel Kaffee mit sich bringt, über die »Durchgeknalltheit« bei Drogenmissbrauch bis zu der Art und Weise, wie die Neuronen in unseren Gehirnen »verschaltet« sind. Aus diesen Gründen erläutere ich meinen Gebrauch dieses Wortes gleich zu Beginn, bevor es auf den folgenden Seiten verwendet wird.

Gregg Braden

EINLEITUNG

Unser Ursprung – warum er so wichtig ist

Seit unsere frühesten Vorfahren voll Ehrfurcht auf die weit entfernten Sterne am mondlosen Nachthimmel schauten, wurde von zahllosen Menschen, die im Laufe der Zeitalter dieselbe Erfahrung teilten, immer wieder eine einzige Frage gestellt. Die Frage, die ihnen in den Sinn kam, berührt jede Herausforderung, deren Prüfung wir uns im Laufe des Lebens unterziehen müssen, gleichgültig, wie groß oder klein sie ist, unmittelbar im Kern. Sie steht im Zentrum jeder Wahl, der wir uns jemals gegenübersehen, und bildet die Grundlage jeder Entscheidung, die wir treffen. Die Frage, auf der alle anderen Fragen beruhen, die jemals während der letzten rund 200.000 Jahre, oder wie lange wir schon auf der Erde sind, gestellt wurden, lautet ganz einfach: *Wer sind wir?*

Es ist die größte Ironie in unserem Leben, dass wir diese grundsätzlichste Frage – nach fünftausend Jahren bekannter Geschichte voll technischer Errungenschaften, die uns den Atem verschlagen – noch immer nicht mit abschließender Gewissheit beantworten können.

> **Leitsatz 1** Trotz der größten technologischen Fortschritte der modernen Welt kann die Wissenschaft noch immer nicht die grundlegende Frage unserer Existenz beantworten: *Wer sind wir?*

Die Art und Weise, auf die wir eine Antwort auf die Frage geben, wie wir wurden, was wir sind, durchdringt ganz essenziell jeden Augenblick unseres Lebens. Sie bildet den Wahrnehmungsfokus – *die Filter –*, durch die wir andere Menschen, die Welt um uns herum und, was am wichtigsten ist, uns selbst betrachten. Wenn wir uns beispielsweise als getrennt von unserem Körper annehmen, erleben wir den Heilungsprozess als machtlose Opfer einer Erfahrung, über die wir keine Kontrolle haben.

Wenn wir uns im Gegensatz dazu dem Leben mit dem *Wissen* nähern, dass unsere Körper dazu entworfen sind, sich ständig selbst zu reparieren, zu verjüngen und zu heilen, dann bringt dieser Wechsel der Perspektive die Chemie in unseren Zellen hervor, die unseren Glauben spiegelt.[1]

Unsere Selbstachtung, unser Selbstwertgefühl, unser Sinn für Vertrauen, unser Wohlbefinden und unser Sicherheitsempfinden beruhen unmittelbar darauf, wie wir über uns selbst in der Welt denken. Von dem Menschen, zu dem wir Ja sagen, wenn wir uns einen Lebenspartner wählen, über die Dauer unserer Beziehung, wenn wir sie einmal begonnen haben, bis zu den beruflichen Tätigkeiten, die sich für uns auszuüben lohnen – alle wichtigen Entscheidungen, die wir jemals im Leben treffen, hängen damit zusammen, wie wir diese einfache, zeitlose Frage beantworten: *Wer sind wir?*

Auf einer eher spirituellen Ebene prägt unsere Antwort die Sicht unserer Beziehung zu Gott. Sie liefert sogar die geistige Rechtfertigung, wenn wir versuchen, ein Menschenleben zu retten, oder wenn wir beschließen, eines zu beenden.

Genauso spiegelt sich unser Denken über uns selbst in dem, was wir unsere Kinder lehren. Wenn ihr empfindliches Selbstwertgefühl beispielsweise durch gnadenloses Mobbing von Mitschülern und Konkurrenten bedroht wird, ist es ihre Antwort auf die Frage *Wer bin ich?*, die ihnen die Kraft gibt, ihre Wunden zu heilen. Womöglich macht ihre Antwort sogar den Unterschied im Hinblick darauf aus, wann sie ihr Leben lebenswert finden und wann nicht.

In einem umfassenderen Rahmen bestimmt die Art und Weise, wie wir über uns selbst denken, die Politik der Konzerne und Nationen, sodass sie es entweder hinnehmen, jedes Jahr über zwölf Millionen Tonnen Plastikmüll und Tausende Gallonen radioaktiven Abfalls in die Weltmeere zu kippen, oder eine hinreichende Wertschätzung der lebendigen Ozeane an den Tag legen, um in deren Bewahrung zu investieren.

Auch die Entscheidungen, welche Grenzen Nationen zwischen sich ziehen oder wie unsere Regierungen es rechtfertigen, Armeen über diese Grenzen in andere Länder und die Heimat anderer Völker zu schicken, folgen daraus, wie wir uns selbst als Volk sehen. Wenn wir dies bedenken, steht unsere Antwort auf die grundlegende Frage – *Wer sind wir?* – im Zentrum von allem, was wir tun, und bestimmt alles, was wir wertschätzen.

Leitsatz 2 Von unserer Selbstachtung über unser Selbstwertgefühl, unseren Sinn für Vertrauen, unser Wohlbefinden, unser Sicherheitsempfinden bis hin zu der Art und Weise, wie wir die Welt und andere Völker betrachten, hängt alles von unserer Antwort auf die Frage ab: *Wer sind wir?*

Genau deshalb, weil die Art, wie wir über uns selbst denken, eine derart entscheidende Rolle in unserem Leben spielt, sind wir es uns schuldig, so ehrlich und wahrhaftig wie möglich zu erklären, wer wir sind und woher wir stammen. Dazu gehört, dass wir jede verfügbare Information in unsere Betrachtungen einbeziehen müssen, von der Spitzenforschung von heute bis zur Weisheit der letzten fünftausend Jahre menschlicher Erfahrungen. *Ebenso gehört dazu, unsere bestehende Geschichtsauffassung zu ändern, wenn uns neue Entdeckungen Gründe dafür geben.*

WARUM WIR EINE NEUE GESCHICHTE BRAUCHEN

Vor mehr als einhundertfünfzig Jahren veröffentlichte der Naturforscher Charles Darwin ein die bisherigen Paradigmen umstür-
zendes Buch mit dem Titel *Über die Entstehung der Arten durch
natürliche Zuchtwahl oder die Erhaltung der begünstigten Rassen im
Kampfe ums Dasein*, das oft einfach mit *Über die Entstehung der
Arten* abgekürzt wird.

Sein Buch sollte dazu dienen, eine wissenschaftliche Erklärung für
die Komplexität des Lebens zu bieten – wie sich das Leben im Laufe
der Zeitalter von primitiven Zellen bis hin zu den komplexen Formen
entwickelt hat, die wir heute sehen. Darwin glaubte, dass die Evolution, die er in einigen Bereichen der Welt und bei einigen Lebensformen beobachtete, überall das gesamte Leben, darunter auch das
des Menschen, kennzeichne.

Es ist eine große Ironie der modernen Welt, dass gerade die Wissenschaft, von der man erwartete, dass sie seine Theorie bestätigen und
schließlich sogar die Rätsel des Lebens lösen würde, genau das Gegenteil getan hat. Die jüngsten Entdeckungen offenbaren Tatsachen, die
einer seit langem bestehenden wissenschaftlichen Tradition vollkommen
widersprechen, insbesondere was die menschliche Evolution betrifft.
Zu diesen Gegebenheiten gehören die folgenden:

Tatsache 1.   Die Beziehungen, die der übliche evolutionäre
Stammbaum des Menschen zeigt – die gestrichelten Linien, die
ein Fossil mit dem anderen verbinden und zum modernen Menschen in der Krone des Baumes führen – beruhen nicht auf
Evidenz. Man glaubte lediglich, dass diese Beziehungen existieren
müssten, aber sie wurden niemals wirklich bestätigt, sondern
bestehen nur aus *Vermutungen* oder *Spekulationen*.

Tatsache 2.   Moderne Menschen mit hoch entwickelten Merkmalen, die uns von allen bekannten Lebensformen unterschieden,

die sich *bis dahin entwickelt* hatten, traten ganz plötzlich vor rund 200.000 Jahren auf der Erde auf.

Tatsache 3. Das Fehlen einer gemeinsamen DNA zwischen vorzeitlichen Neandertalern, die zum Teil für unsere Ahnen gehalten werden, und frühen Menschen mit einer DNA, die der unseren ähnelt, besagt, dass wir ursprünglich nicht von den Neandertalern abstammen, auch wenn wir uns in einem gewissen Maße mit ihnen vermischt haben.

Tatsache 4. Neueste Gen-Analysen enthüllen, dass die DNA, die uns von anderen Primaten unterscheidet, das Ergebnis einer uralten, mysteriösen und doch sehr präzisen Mischung von Genen ist, die darauf hinweist, dass irgendetwas *außerhalb* der Evolution unser menschliches Wesen erst möglich gemacht hat.

Um es ganz deutlich zu sagen: Die als Tatsache 2 identifizierten hoch entwickelten Merkmale haben sich nicht etwa allmählich über lange Zeiträume hinweg entwickelt, wie es die Evolutionstheorie nahelegt. Stattdessen wiesen die modernen Menschen, als sie in Erscheinung traten, bereits erstaunliche Eigentümlichkeiten auf, wie ein fünfzig Prozent größeres Gehirn als das unserer nächsten Verwandten unter den Primaten, und sie verfügten über ein komplexes Nervensystem, dessen emotionale und sensorische Fähigkeiten außerordentlich genau auf unsere Welt abgestimmt sind.

Mit anderen Worten, die heutigen Menschen gleichen den Menschen von damals, sie leben nur zweitausend Jahrhunderte später!

Diese Tatsachen, die auf wissenschaftlichen Erkenntnissen von Fachleuten beruhen, sind ein ziemliches Problem für die lange Zeit anerkannte evolutionäre Darstellung unseres Ursprungs. Die neuen Fakten bestätigen das konventionelle Narrativ von der Vergangenheit, wie wir es aus der Schule kennen, nicht. Die populäre Geschichte, die heute in unseren Klassenräumen und Lehrbüchern wiedergegeben wird, führt uns zu dem Glauben, dass wir bedeutungslose Wesen sind, deren Existenz vor langer Zeit als biologischer Zufall begann und dann 200.000 Jahre voll von brutalem Wettkampf und dem »Überleben des Stärksten« allein deshalb überdauerte, damit wir feststellen, dass wir machtlose Opfer in einer feindseligen Welt von Trennung, Wettstreit und Auseinandersetzung sind.

Die in diesem Buch beschriebenen wissenschaftlichen Entdeckungen legen nun allerdings etwas vollkommen anderes nahe. Aus diesem Grund brauchen wir eine neue Erzählung, um den neuen Tatsachen gerecht zu werden. Oder andersherum gesagt, wir müssen den Tatsachen, über die wir bereits verfügen, zu der neuen Geschichte folgen, die sie uns erzählen.

Der Physiker und Nobelpreisträger Niels Bohr erinnerte uns vor seinem Tod 1962 daran, dass der Schlüssel dafür, ein Rätsel zu lösen, im Rätsel selbst zu finden ist. »Jedes große und tiefe Geheimnis trägt seine Offenbarung in sich selbst«, sagte er. »Es zwingt uns dazu, anders zu denken, um sie zu finden.«[2] Bohrs Worte sind auch heute noch genauso kraftvoll wie vor mehr als einem halben Jahrhundert, als er sie aussprach.

Von Fossilien und Grabstätten bis zur Gehirngröße und DNA – die offenkundigen Tatsachen lösen bereits das Rätsel des Ursprungs unserer Art. Sie erzählen uns schon unsere neue Geschichte. Der Schlüssel liegt darin, dass wir erst anders über uns selbst denken müssen, um das zu akzeptieren, was die Erzählung enthüllt. Ich habe dieses Buch als eine Einladung geschrieben, genau dies zu tun.

> **Leitsatz 3** Indem wir zulassen, dass neue Entdeckungen uns zu den neuen Geschichten hinführen, die sie erzählen, anstatt sie in das vorgegebene Raster unserer Ideen zu zwingen, werden wir schließlich die wichtigsten Fragen unserer Existenz beantworten können.

Warum dieses Buch?

Der Zweck dieses Buch besteht 1) darin, neue Entdeckungen über unseren Ursprung mitzuteilen, was in Teil 1 geschieht, und 2) soll es zeigen, wie sich diese Entdeckungen in unser tägliches Leben einfügen, was in Teil 2 geschieht. Anstatt darüber zu spekulieren, wie die erste lebende Zelle auf der Erde erschien, beginne ich so, wie es Darwin tat, *als er damals unserem geheimnisvollen Ursprung nachspürte.* Beide Teile des Buches enthalten Übungen, die Ihnen dabei helfen sollen, die Bedeutung bestimmter Entdeckungen im eigenen Leben zu verankern.

Was dieses Buch nicht ist

- *Mensch:Gemacht* ist kein wissenschaftliches Fachbuch. Obwohl ich Erkenntnisse der Fachwissenschaft mitteile, die uns dazu einladen, unsere Beziehung zur Welt zu überdenken, wurde dieses Buch nicht geschrieben, um dem Format oder den Standards eines Schulbuches oder einer technischen Fachzeitschrift zu entsprechen.
- *Mensch:Gemacht* ist kein religiöses Buch. Es dient nicht dazu, irgendeinen bestimmten religiösen Glauben hinsichtlich der Schöpfung oder des Ursprungs des Menschen – etwa im Sinne des Kreationismus – zu unterstützen. *Mensch:Gemacht* beruht auf fachwissenschaftlichen Belegen (anthropologischer, paläontologischer, biologischer und genetischer Art), beginnend *unmittelbar nachdem* unsere Art auf der Erde erschienen ist. Folglich gibt es Stellen in diesem Buch, an denen die neue Erzählung den traditionellen Geschichten der Religionen oder denen der traditionellen Wissenschaft zu widersprechen scheint.
- *Mensch:Gemacht* ist keine wissenschaftliche Forschungsarbeit. Die einzelnen Kapitel haben *nicht* den langwierigen Prozess einer Überprüfung durch eine zertifizierte Kommission oder ein ausgewähltes Gremium von Experten durchlaufen, die darauf konditioniert sind,

unsere Welt durch die Brille eines einzigen Fachgebietes wie der Physik, Mathematik oder Psychologie zu sehen.

WAS DIESES BUCH IST

- Dieses Buch *ist* gut recherchiert und dokumentiert. Ich habe *Mensch:Gemacht* auf eine leserfreundliche Art geschrieben, die Berichte aus dem wahren Leben, wissenschaftliche Entdeckungen und persönliche Erfahrungen einschließt, um eine uns ermächtigende Sicht unserer selbst in der Welt zu fördern.
- Dieses Buch *ist* ein Beispiel dafür, was erreicht werden kann, wenn wir die traditionellen Grenzen zwischen Wissenschaft und Spiritualität überschreiten. Indem wir die allerneuesten Entdeckungen aus Biologie, Genetik und Geowissenschaften mit uralter Weisheit vermählen, erhalten wir ein kraftvolles Rüstzeug, um zu verstehen, was in unserem Leben möglich ist.

NEUE ENTDECKUNGEN VERLANGEN EINE NEUE GESCHICHTE

Wenn wir ehrlich zu uns selbst sind und anerkennen, dass diese Welt sich wandelt, dann folgt daraus, dass sich auch unsere Geschichte ständig wandelt. Höchstwahrscheinlich wird die neue Geschichte des Menschen eine Mischung aus Theorien sein, die es bereits gibt. Diese werden in den neuen Bildteppich einer großen Chronik verwoben, die eine außerordentliche, epische Vergangenheit beschreibt. Und mit dieser neuen Geschichte werden wir schließlich auch unsere Historie annehmen, die für sich genommen durch keine der bestehenden Theorien erklärbar ist.

Eine steigende Anzahl von Belegen spricht dafür, dass wir längst nicht nur das Ergebnis von zufälligen Mutationen und ein Glücksfall der

Biologie sind. Aber die Belege haben nur eine bestimmte Reichweite. Fossilien, die DNA, uralte Höhlenmalerei und menschliche Grabstätten können uns nur die Überreste dessen zeigen, was einmal geschah. Sie können uns nicht verraten, warum diese Dinge geschahen. Solange wir noch keine Methode gefunden haben, rückwärts in der Zeit zu reisen, werden wir weiterhin nicht die vollständige Antwort auf das *Warum* all dessen erfahren, was unsere Existenz ermöglicht hat.

Aber vielleicht brauchen wir das auch nicht zu wissen. Vielleicht ist es gar nicht notwendig, das Niveau solchen Wissens zu erreichen, um die Perspektive unseres Denkens über uns selbst und unser Leben zu verändern. Die Entdeckung, dass wir das Ergebnis von etwas Höherem als der Evolution sind – sehr ähnlich einem bewussten und intelligenten Schöpfungsakt –, könnte genügen, um uns im Hinblick auf die Menschheitsgeschichte eine neue, ehrliche und gesunde Richtung zu weisen.

Die unleugbare Tatsache lautet, dass sich vor 200.000 Jahren etwas ereignete, was unsere Existenz überhaupt erst möglich machte. Und was auch immer dieses Etwas war, es hinterließ uns eine außerordentliche Befähigung zu Intuition, Mitgefühl, Empathie, Liebe, Selbstheilung und vielem mehr.

Wir sind es uns schuldig, die Fülle der Zeugnisse, die Geschichte, die sie erzählen, und die Heilung, die sie unserem Leben bringen können, anzuerkennen. Die Kraft der im Entstehen begriffenen neuen Erzählung vom Menschen kann dazu beitragen, uns Wahrheit zu bringen und dauerhafte Heilung zu verschaffen von Rassenhass, sexueller Gewalt, religiöser Intoleranz und den anderen zerstörerischen Bedrohungen, denen wir ins Auge sehen, angefangen vom Missbrauch der Technik bis zur Geißel des Terrorismus, die über die Erde dahinfegt. Weniger zu tun, hieße nur ein Pflaster auf die emotionale Wunde zu kleben, die diese Erscheinungen der Angst uns zufügen.

Zum ersten Mal in der dreihundertjährigen Wissenschaftsgeschichte werden wir eine neue Geschichte des Menschen schreiben, die uns eine neue Antwort auf die zeitlose Frage gibt, wer wir sind.

Leitsatz 4   Neue Erkenntnisse über die DNA deuten darauf hin, dass wir das Ergebnis eines bewussten Schöpfungsaktes sind, der uns mit außerordentlichen Fähigkeiten zu Intuition, Mitgefühl, Empathie, Liebe und Selbstheilung versehen hat.

Dieses Buch wurde mit einem klaren Ziel vor Augen geschrieben: Es soll uns Kraft für die Entscheidungen geben, die uns ermöglichen, ein blühendes Leben in einer transformierten Welt zu führen.

Gregg Braden
Santa Fé, New Mexico

TEIL 1

Die neue Menschheitsgeschichte

Der Zweck der folgenden Kapitel besteht darin, Sie durch neue Denkansätze darin zu bestärken, über sich selbst und die Beziehungen in Ihrem Leben neu und anders zu denken: die Beziehungen, die Sie zu anderen Menschen, zur Erde und zur Welt um sich herum, zu sich selbst und schließlich zu Gott/dem Geist/der Urquelle/dem Einen haben. Bevor Sie diese kraftvollen Wirkungen spüren, ist es allerdings hilfreich, zunächst festzustellen, was Sie gegenwärtig glauben – was und wie Sie also über sich selbst und Ihren Platz in der Welt denken.

Die folgende Übung dient nicht dazu, Sie zu beurteilen oder irgendwelche derzeitigen Ideen, Gefühle und Glaubenslehren zu kritisieren. Sie soll nur einen Ausgangspunkt bieten, um Überzeugungen identifizieren zu können, deren Sie sich nicht bewusst waren, oder um Glaubensvorstellungen zu klären, die Sie bislang nur dunkel geahnt hatten.

ÜBUNG

Definieren Sie die Grundlage Ihrer Glaubensvorstellungen

Wenn Sie Ihre Antworten auf die folgenden Fragen als Ausgangspunkt nutzen, werden Sie am Schluss dieses Buches leicht sehen, wo und wie die neuen Informationen, die Sie erhalten haben, die Art Ihres

Denkens über sich selbst und Ihr Potenzial transformiert haben. Für diese Übung brauchen Sie Papier und Stift.

Die Methode: Schreiben Sie einfach in Stichworten oder kurzen Sätzen Ihre Antworten auf die nachstehenden Fragen so ehrlich wie möglich nieder. Bei Ja-oder-Nein-Fragen kreuzen Sie Ihre Antwort an.

Fragen nach Ihrem Ursprung

1. Glauben Sie, dass der Ursprung des Lebens generell das Ergebnis eines zufälligen Ereignisses ist, das, wie die konventionelle Wissenschaft lehrt, vor langer Zeit eintrat?
   Ja ☐   Nein ☐

2. Glauben Sie, dass menschliches Leben im Speziellen das Ergebnis eines zufälligen Ereignisses ist, das, wie die Evolutionstheorie lehrt, vor langer Zeit eintrat?
   Ja ☐   Nein ☐

Fragen zu Ihrem Potenzial

3. Glauben Sie, dass Sie dafür ausgestattet sind, die Ereignisse in Ihrem Leben, die Qualität Ihres Lebens und dessen Dauer bewusst zu beeinflussen?
   Ja ☐   Nein ☐

Wenn Sie mit Nein geantwortet haben, fahren Sie unten mit »Festlegung Ihrer Glaubensvorstellungen« fort.
Wenn Sie mit Ja geantwortet haben, beantworten Sie bitte die Fragen 4 bis 6:

4. Vertrauen Sie Ihrer Fähigkeit, auf Wunsch Selbstheilungsprozesse in Ihrem Körper anzuregen, wenn Sie diese benötigen?

Ja ☐   Nein ☐

5. Vertrauen Sie Ihrer Fähigkeit, sich auf Wunsch in tiefe intuitive Zustände versetzen zu können, wenn dies notwendig ist?

Ja ☐   Nein ☐

6. Vertrauen Sie Ihrer Fähigkeit, Ihr Immunsystem, Ihre Langlebigkeitshormone und Ihre Gesundheit selbst zu regulieren?

Ja ☐   Nein ☐

Festlegung Ihrer Glaubensvorstellungen

Beenden Sie die folgenden Sätze:

7. Wenn ich bemerke, dass mit meinem Körper etwas Ungewöhnliches geschieht (wenn etwa plötzlich ohne ersichtlichen Grund Schmerzen oder Beschwerden auftreten, wie ein unerklärlicher Hautausschlag oder ein beschleunigter Herzschlag), dann *fühle* ich mich _____

_____.

8. Wenn ich feststelle, dass mit meinem Körper etwas Ungewöhnliches passiert, *dann werde ich als Erstes dies tun:* _____

_____

_____.

1

Darwins Zauber brechen

Die Evolution ist eine Tatsache – nur nicht für Menschen

> *»Wer sind wir … wenn nicht die Geschichten, die wir über uns erzählen, besonders, wenn wir sie für wahr halten?«*
>
> ~ Scott Turow (geb. 1949) ~
> amerikanischer Schriftsteller

»Warum sind Sie hier?«, fragte eine Stimme von irgendwo in der Dunkelheit.

Es klang, als stellte jemand diese Frage aus weiter Ferne, und der Jemand schien so weit weg zu sein, dass ich nicht sicher war, ob er mit mir oder einer anderen Person sprach. Ich erinnere mich an ein Gefühl, zur selben Zeit sowohl zu wachen als auch zu schlafen und dabei zu denken, dass ich womöglich träume. Ich hielt es noch nicht einmal für möglich, dass ich die Augen öffnen könnte, um zu sehen, wer der Mann war. Dann hörte ich seine Stimme ein weiteres Mal, und diesmal nannte er meinen Namen. »Gregg … Ihnen geht es gut. Es ist alles in Ordnung. Aber Sie müssen mir sagen, warum Sie hier sind.« Diesmal wusste ich, dass ich nicht träumte – der Mann kannte meinen Namen und sprach mich direkt an. Instinktiv begannen sich meine Augen zu öffnen, während ich den Kopf in seine Richtung drehte. Das Licht über mir war so hell, dass ich blinzeln musste, als ich von meinem Bett zur Decke aufblickte. Überraschenderweise war der Mann gar nicht weit entfernt. Er stand unmittelbar neben mir und schaute hinter einer blauen Chirurgenmaske auf mich hinunter. Sein Anblick versetzte meiner Erinnerung einen Stoß, und plötzlich fiel mir wieder ein, was geschehen war.

Ich erwachte aus der Narkose, in die ich an diesem Morgen versetzt worden war. Ich befand mich im Aufwachraum der Mayo-Klinik in Jacksonville/Florida. Die Stimme, die ich hörte, war die des Arztes, der mir nur etwa eine Stunde zuvor versichert hatte, dass ich mich bei seinem Team in guten Händen befände und mit mir alles in Ordnung sei. Obwohl er sein Versprechen wiederholte, war ich allerdings nicht auf seine Frage gefasst gewesen, warum ich hier bin.

Vor weniger als einem Monat war bei einer Untersuchung in einer anderen Klinik eine Wucherung an meiner Harnblasenwand festgestellt worden. »Irgendetwas ist in Ihrer Blase, das da nicht sein sollte«, hatte mir der erste Doktor gesagt. »Es muss entfernt werden.« In dem Wunsch, bei dem, was auch immer getan werden müsse, das bestmögliche Ergebnis zu erzielen, wandte ich mich an die renommierte Mayo-Klinik, um noch eine zweite Meinung zu hören. Dort erfuhr ich, dass die einzige Möglichkeit, die Gutartigkeit der Geschwulst mit Sicherheit festzustellen, darin besteht, das Gewebe selbst zu überprüfen – also eine Biopsie durchzuführen.

Was dann aber geschah, war nicht mehr Teil des ursprünglichen Plans. Nachdem ich vollständig anästhesiert und für die Operation vorbereitet war, wurde ich aufgeweckt, weil ein verblüffter Doktor mir eine Frage stellte, die ich in meinem veränderten Bewusstheitszustand kaum beantworten konnte: Warum sind Sie hier? Er stellte diese Frage, weil das Geschwür, das man bei der Untersuchung entdeckt hatte, verschwunden war. Der Chirurg sagte mir, dass es nichts zu entfernen gebe. Meine Blase sei völlig normal und gesund. Um das zu bekräftigen, zeigte er mir eine nur wenige Augenblicke vorher angefertigte Farbfotografie meines Blaseninneren.

Während ich mich bemühte zu begreifen, was er sagte, benutzte der Chirurg die Spitze seines Stiftes, um mir damit genau zu zeigen, wo sich die Wucherung in den früheren Scans befunden hatte. Dabei betonte er, dass es keinerlei Blutung, keine Verfärbung und kein Narbengewebe oder irgendein anderes Anzeichen dafür gäbe, dass dort jemals etwas Ungewöhnliches existiert hätte. Und er wollte nun wissen, warum. Er wollte wissen, wie so etwas passieren konnte.

In meinem benommenen Zustand war ich mit meiner Antwort nicht so schlagfertig, wie ich es gerne gewesen wäre. Ich tat mein Bestes, um dem Arzt von meinen Recherchen über das Selbstheilungspotenzial des menschlichen Körpers und die alten Heilkünste zu berichten, in denen man dieses Potenzial genutzt hat, sowie auch von der Wissenschaft, die heute bestätigt, dass sich unsere Körper selbst heilen können, wenn man für die dafür notwendigen Bedingungen sorgt. Die letzte Erinnerung, die ich an diesen Doktor habe, ist, dass er sich umdrehte und zur Tür ging, während ich versuchte, seine Frage bestmöglich zu beantworten. Die Erklärung, die ich ihm für das von uns beiden an jenem Tage Beobachtete anbot, war offensichtlich nicht das, was er erwartet hatte, und auch nicht das, was er hören wollte.

Als ich später, nachdem ich mich wieder erholt hatte, über die Reaktion meines Arztes nachdachte, konnte ich seine Frustration verstehen. Es gibt in der Ausbildung eines modernen Mediziners absolut keine Anhaltspunkte, die ihm die Annahme erlauben, dass wir eine selbstheilende Beziehung zu unserem Körper haben. Und genau aus diesem Grund hat ein Ärzteteam, wenn eine Erfahrung wie in meinem Fall auftritt, nur begrenzte Möglichkeiten, eine Erklärung dafür anzubieten. Im Allgemeinen schieben sie das Phänomen dann auf einen Fehler bei der Diagnose, eine unerklärliche Spontanheilung oder ganz einfach auf ein Wunder.

Aus der Sicht meines Arztes war in seinem OP-Saal gerade ein Wunder geschehen, und er versuchte, einen Sinn darin zu erkennen. Aus meiner Sicht war das Geschehene allerdings weniger ein Wunder, sondern hing eher mit einer bestimmten Technologie zusammen –

einer kraftvollen inneren Methode, die jedem von uns zugänglich ist –, auch wenn ihre Existenz im Laufe der Zeit weitgehend in Vergessenheit geraten ist.

Seit 1986 habe ich die Weisheit, die Grundlagen sowie, wenn möglich, auch die Methoden erforscht, die antike und indigene Traditionen hinsichtlich unserer Fähigkeit zur Selbstheilung gepflegt haben. Von den Mönchen, Nonnen und Äbten in den Klöstern Tibets, Nepals und Ägyptens bis hin zu den indigenen Heilern und Schamanen im Dschungel von Yucatán in Mexiko und in den Anden im südlichen Peru, zu unseren uralten Ahnen und ihren modernen Entsprechungen – sie alle haben ihr Bestes gegeben, um das Wissen von der intimsten Beziehung zu bewahren, die wir überhaupt haben können: der Beziehung zu unserem eigenen Körper. Und obwohl dieses Wissen, das sie weitergaben, keine Wissenschaft im klassischen Sinne darstellt, haben neue wissenschaftliche Entdeckungen in der Genetik, der Molekularbiologie und auf den neuen Gebieten der Epigenetik und Neurokardiologie viele der in den altertümlichen Traditionen beschriebenen Zusammenhänge bestätigt.

Als es aber um meinen eigenen Körper ging, hatte eine Kombination aus meiner wissenschaftlichen Ausbildung und den beschränkten Vorstellungen, die mir in jungen Jahren durch meinen alkoholkranken Vater und unsere dysfunktionale familiäre Umgebung mitgegeben worden waren, einen tief verwurzelten Zweifel zurückgelassen, ob mir eine solche Heilung möglich sei; und dies, obwohl ich eigentlich fest daran glaubte und die Erfolge anderer dabei beobachtet hatte. Daher bezweifelte ich noch immer meine Fähigkeiten, bei mir selbst eine so glückliche Heilung zu vollbringen, wie ich sie bei anderen Menschen gesehen hatte, obwohl ich zwischen meiner Diagnose und der geplanten Operation in der Mayo-Klinik Yoga-Techniken, Qigong und andere Heilkünste praktiziert, Heilkräuter eingenommen, eine Rohkostdiät eingehalten und mich nach besten Kräften um emotionale Veränderungen bemüht hatte. Wegen dieses Zweifels hatte ich entschieden, dass die moderne Technologie einer der weltweit angesehensten medizinischen Fakultäten angesichts meiner Diagnose, eine verantwortungsbewusste Wahl war.

Als ausgebildeter Wissenschaftler kann ich Ihnen nicht sagen, dass die Praktiken, Techniken und Veränderungen des Lebensstils, derer ich mich in jenen zwei Wochen befleißigte, die Ursache dafür waren, dass das Ärzteteam bei der Operation nichts vorfand, was entfernt werden musste. Was ich sagen kann, ist, dass durch neue wissenschaftliche Entdeckungen nachgewiesen wurde, dass bestimmte in der Vergangenheit bekannte Heilmethoden das Gleichgewicht in unserem Körper wiederherstellen können. Diese Erkenntnisse laden uns zu einer ehrlichen Neubewertung der ziemlich einengenden Geschichte ein, die uns über unseren Ursprung als Art und über unsere Fähigkeiten erzählt wurde. Wenn wir die von den fortgeschrittensten Wissenschaften der Gegenwart offengelegten Fakten bedenken, scheinen Spontanheilungen und Wunder wie das, das ich erlebte, nicht selten und außergewöhnlich, sondern eher ein Phänomen des alltäglichen Lebens zu sein. In den folgenden Kapiteln enthülle ich diese Entdeckungen und die Geschichte, die sie erzählen. Und diese größere Geschichte gibt uns gute Gründe dafür, die Frage, *wer wir sind*, neu zu beantworten und unsere Menschheitsgeschichte neu zu schreiben.

Wenn Sie schon irgendwann einmal den Eindruck hatten, dass es noch etwas anderes gibt als die Geschichte unserer Vergangenheit, die man uns weismachen will, dann sind Sie damit nicht alleine. Eine Gallup-Umfrage von 2014 zeigte, dass allein in den Vereinigten Staaten beeindruckende 42 Prozent der Befragten glauben, dass noch etwas anderes am Ursprung des Menschen beteiligt war, als üblicherweise vom Mainstream angenommen wird – *dass etwas jenseits von Charles Darwins Evolutionslehre für unsere Existenz verantwortlich ist.*[3]

In den Ergebnissen dieser Umfrage spiegelt sich ein wachsendes Empfinden wider, dass wir Menschen Teil von etwas Großem, Machtvollen und Geheimnisvollen sind. Einige der größten Geister der Wissenschaft stimmen damit überein.

ETWAS FEHLT AN DER MENSCHHEITSGESCHICHTE

Francis Crick, der mit dem Nobelpreis ausgezeichnete Mitentdecker der DNA-Doppelhelix, war davon überzeugt, dass die komplexe Ausgestaltung der Bausteine des Lebens das Ergebnis von etwas Höherem als einer zufälligen Laune der Natur sein müsse. Aufgrund seiner wissenschaftlichen Pionierarbeit war er einer der ersten Menschen, welche die Komplexität und reine Schönheit jener Moleküle bezeugten, die Leben ermöglichen. Im hohen Alter setzte Crick seine wissenschaftliche Reputation aufs Spiel, indem er öffentlich erklärte: »Ein *ehrlicher* Mensch, bewaffnet mit all dem Wissen, das uns heute zur Verfügung steht, kann nur zu der Auffassung gelangen, dass der Ursprung des Lebens geradezu einem Wunder gleichkommt.«[4] In der Welt der Wissenschaft gilt eine solche Äußerung als Ketzerei, deutet sie doch an, dass etwas anderes als zufällige Evolution zu unserer Existenz geführt hat.

Das Gefühl, dass mehr hinter unserer Geschichte stecken muss, ist nicht neu. Archäologische Entdeckungen zeigen, dass sich vorzeitliche Menschen – beinahe überall – mit mehr als nur ihrer unmittelbaren Umgebung in Verbindung wussten. Sie fühlten, dass wir unsere Wurzeln in anderen, unsichtbaren Welten haben und dass wir letztlich Teil einer kosmischen Familie sind, die in jenen Welten lebt.

Im *Popol Vuh*, einem heiligen Text der alten Maya, wird zum Beispiel beschrieben, wie die »Vorväter« die Menschheit geschaffen haben, während die christliche Bibel und die hebräische Tora beschreiben, dass wir die Abkömmlinge weiser und machtvoller Wesen sind, die mit einer größeren, jenseitigen Intelligenz in Verbindung standen.[5][6][7] Könnte es eine einfache Erklärung dafür geben, warum uns ein solches

Bewusstsein derart stark, in so unterschiedlichen Traditionen, erhalten blieb und so lange überdauerte? Ist es möglich, dass unser Gefühl, dass wir einen bewusst geplanten Ursprung haben und über ein größeres Potenzial verfügen, auf etwas Wahrem beruht?

Wenn wir die Frage stellen, wer wir sind, lautet die kurz zusammengefasste Antwort, dass wir nicht das sind, was uns beigebracht wurde, sondern weitaus mehr, als sich die meisten von uns jemals vorgestellt haben.

WIR SIND EINE SPEZIES VON GESCHICHTENERZÄHLERN

Seit der Zeit unserer frühesten Urahnen bedienten wir uns Geschichten, um die Welt um uns herum zu erklären und uns in ihr zu verorten. Manchmal beruhen unsere Geschichten auf Tatsachen, manchmal auch nicht. Einige Geschichten sind metaphorisch zu verstehen. Wir haben diese Geschichten benutzt, um das Unerklärliche zu erklären und unserer Existenz einen Sinn zu geben.

Die alten Ägypter zum Beispiel hielten die Erde, den Raum unterhalb der Erde und den Himmel über ihr für jeweils eigene Welten. In ihrer Sicht der Schöpfung schwamm die Erde unter ihren Füßen auf Nun, einem urzeitlichen Ozean, der die Quelle des Nils darstellte. Der Himmel war aus dem Körper der Göttin Nut geformt. Die Kuppel von Nuts rundem Bauch wurde zur Heimstatt der Sonne und der Sterne, während sie sich mit dem Gesicht nach unten über die Erde beugte. Das Reich unter der Erde, Duat, war der Ort, an den die Sonne sich in der Nacht begab, nachdem sie abends am Horizont versank.[8]

Mit all diesen Reichen wurden Gottheiten – Götter und Göttinnen assoziiert, die eine machtvolle Rolle im täglichen Leben der alten Ägypter spielten. Und obwohl diese Geschichten keine wissenschaftliche Grundlage hatten, funktionierten sie für die Menschen der damaligen Zeit. Sie boten ihnen ein System, um das zu erklären, was sie in ihrer alltäglichen Welt erlebten, und halfen ihnen, ihren Platz in der Ordnung der Dinge zu finden.

Auch heute noch bedienen wir uns Geschichten, um unsere Welt zu erklären. Und unsere Geschichten haben eine Funktion, die wichtiger ist als jemals zuvor. Nicht nur liefern sie uns das Wissen, mit dem wir von Krankheit und Heilung bis hin zu unseren Beziehungen und Liebschaften alles regeln. Auch die Zukunft unseres Planeten und das Überleben unserer Art, die heute auf dem Spiel stehen, hängen auf einer globalen Ebene davon ab, welche Geschichten wir bevorzugen. Aus genau diesen Gründen ist es lebenswichtig, dass wir einander die richtige Geschichte erzählen.

Unsere Geschichten bestimmen unser Leben

Wir wertschätzen die Geschichten, die wir erschaffen, sehr. Als Individuen teilen wir anderen oft voller Stolz die Geschichte unserer Familie und die Leistungen unserer Vorfahren mit. Als Nationen feiern wir die sportlichen Erfolge unserer Mannschaften bei den Olympischen Spielen, betonen gerne die wissenschaftlichen und technischen Errungenschaften, die unsere Astronauten zum Mond fliegen ließen, und schwenken die Fahnen unserer Länder. Manchmal ertappen wir uns aber auch dabei, dass wir Geschichten, mit denen wir aufgewachsen sind, verteidigen, obwohl neue Entdeckungen beweisen, dass diese Geschichten falsch sind.

Eben diese Neigung, an einer vertrauten Geschichte festzuhalten, auch wenn sie durch neue Beweise eigentlich längst widerlegt ist, kann das größte Hindernis sein, wenn es darum geht, eine gesunde Einstellung zu unserer Welt der Extreme zu entwickeln.

Ein häufig behaupteter Grundsatz besagt, dass wir etwas als Tatsache zu akzeptieren beginnen, wenn wir es nur oft genug hören, gleichgültig, ob es wahr ist oder nicht. Die geschönte Geschichte des Tabakrauchens, die bis in die frühen 1960er Jahre allgemein akzeptiert war, ist ein perfektes Beispiel. Bis zu einem Bericht über die gefährlichen Folgen des Zigarettenrauchens aus dem Jahr 1964 engagierte sich die amerikanische Tabakindustrie in einer gewaltigen Medienkampagne, um die Öffentlichkeit davon zu überzeugen, dass das Rauchen eine ungefährliche oder sogar gesunde Gewohnheit sei. Griffige Slogans waren in der Werbung in Zeitschriften, Rundfunk und Fernsehen üblich, darunter solche wie »Wenn du zur Völlerei neigst, greife lieber zu einer Lucky«, »Ich schütze meine Stimme mit Luckys« oder »Als Ihr Zahnarzt würde ich Viceroys empfehlen«.[9]

Ein besonders beunruhigendes Werbeplakat für Camel-Zigaretten aus den 1940er Jahren behauptete, dass, laut einer landesweiten Umfrage, »mehr Ärzte Camel rauchen als jede andere Zigarette«.[10] Eine nähere Überprüfung der Befragung enthüllte den Rest der Geschichte. Die Fragen waren Ärzten gestellt worden, die bei Tagungen und Konferenzen kostenlose Päckchen Camel-Zigaretten bekommen hatten, bevor sie an der Umfrage teilnahmen. Nachdem sie die kostenfreien Proben erhalten hatten, wurden sie gefragt, welche Marken sie am liebsten mögen oder in ihren Taschen haben. Die Proben verzerrten die Antwort sehr wirksam zugunsten der Camels. Die amerikanischen Konsumenten vertrauten und glaubten solchen und anderen Werbeanzeigen. Wenn eine Zigarette für Ärzte ungefährlich ist, dann muss sie doch schließlich auch für jeden anderen unschädlich sein, nicht wahr?

Die Wahrnehmung solcher Botschaften und der Tabakkonsum selbst änderten sich allerdings für immer durch eine bahnbrechende

Untersuchung des US Surgeon Generals, des Sanitätsinspekteurs der Vereinigten Staaten. Zum ersten Mal belegte diese Studie wissenschaftlich, was viele Menschen bereits intuitiv geahnt hatten. Sie beschrieb einen direkten Zusammenhang zwischen Tabakkonsum, chronischer Bronchitis und Lungenkrebs. Die Studie stellte fest: »Das Komitee urteilt, dass das Rauchen von Zigaretten wesentlich zur Sterblichkeit bei bestimmten Krankheiten sowie der allgemeinen Todesrate beiträgt.«[11] Bis 1965 hatte man dann die Tabakindustrie verpflichtet, die mittlerweile altbekannten Warnungen auf jedem verkauften Tabakprodukt zu platzieren.

Zweck dieses Beispiels ist es zu zeigen, dass sich eine von den Mainstreammedien und der breiten Öffentlichkeit geteilte Überzeugung – dass Rauchen harmlos sei – mit der Zeit wandelte. Sie musste sich wandeln, weil die Belege für schwere Krankheiten, an denen so viele Raucher litten, ganz einfach nicht zu der verbreiteten Story von Unbedenklichkeit und Gesundheit passte. Es stimmte eben nicht mit dem überein, was die Leute tatsächlich erlebten.

WIR LÖSEN PROBLEME DES 21. JAHRHUNDERTS MIT DEM DENKEN DES 19. JAHRHUNDERTS

In ähnlicher Weise gibt es auch heute eine Informationskampagne, die die öffentliche Meinung beeinflussen soll, wenn es um uns und die Geschichte unseres Ursprungs geht. Die Theorie der menschlichen Evolution aus dem 19. Jahrhundert wird in heutigen Klassenzimmern als unbestrittenes Faktum gelehrt, wobei man anderen möglichen Erklärungen für das Geheimnis unserer Existenz keinen Raum lässt. Und da die vorherrschende Geschichte jüngste Erkenntnisse nicht mit einbezieht, bereitet sie uns nicht auf die umwälzenden gesellschaftlichen Streitfragen und globalen Herausforderungen vor, mit denen wir derzeit konfrontiert sind, einschließlich aller Probleme von Terrorismus, Tyrannei und Hassverbrechen bis hin zum epidemischen Missbrauch von Drogen und Alkohol unter jungen Menschen.

Da wir so viel auf die Evolutionstheorie gesetzt haben, nehmen wir sie als Richtschnur für unsere Entscheidungen, und folglich ziehen wir Wettstreit und Gewalt gegenüber Zusammenarbeit und Mitgefühl vor. Unter anderem beharren wir darauf, Probleme, die mit unserer rassischen, religiösen und sexuellen Verschiedenheit zusammenhängen, mit Hilfe des obsoleten Konkurrenzdenkens und der Vorstellung vom »Überleben des Stärksten« lösen zu wollen – beide sind Schlüsselkonzepte der Evolutionslehre. Wenn wir darüber nachdenken, ergibt es keinen Sinn, dennoch halten das vorherrschende Erziehungssystem und die Pädagogen aus Gründen von Gewohnheit, Geld, Macht und Ego an einer veralteten Geschichte vom Ursprung des Menschen fest, die inzwischen längst widerlegt ist. Sowohl die Tabakgeschichte als auch die Geschichte vom Ursprung des Menschen verdeutlichen auf perfekte Weise, warum es wichtig ist, unsere Geschichten zu korrigieren – und was passieren kann, wenn wir dies nicht tun.

ÄNDERE DIE GESCHICHTE, UND DU ÄNDERST DEIN LEBEN

Wenn es um die menschliche Familie geht, sind die gemeinsamen Geschichten unserer Erfolge, die Erinnerungen an unsere Tragödien und die inspirierenden Beispiele unseres Heldentums die Fäden, die uns verbinden. Unsere Beziehung ist kraftvoll, wesentlich und notwendig. Ob es sich um die großen Themen von Politik oder Religion handelt oder um Waffenlieferungen an »Freiheitskämpfer« in weit entfernte, vom Krieg zerrissene Länder, oder um intime persönliche Fragen wie das Recht eines homosexuellen Mannes zu heiraten oder die Verfügungsgewalt einer Frau über ihren eigenen Körper – die moderne Technologie erlaubt es uns, die Geschichten, die unsere Entscheidungen rechtfertigen, und die Zukunft, die wir schaffen wollen, mitzuteilen.

Der britische Erzähler Terence David John Pratchett, seinen Fans als Terry Pratchett bekannt, beschrieb die gewaltige Kraft unserer Geschichten sehr schön, als er sagte: »Ändere die Geschichte, und du änderst die Welt.«[12] Ich denke, es liegt viel Wahrheit in dieser Aussage. Unser Leben ist eine Reflexion dessen, was wir über uns selbst und den Gang der Welt glauben. Pratchetts Beobachtung ist so universell, dass wir sie auch auf einer anderen Stufe anwenden können.

Im selben Atemzug, in dem wir sagen »Ändere die Geschichte, und du änderst die Welt«, können wir uns auf eine höhere Stufe begeben und sagen: »Ändern wir die Geschichte, *so ändern wir unser Leben.*« Beide Behauptungen sind wahr. Und beide ermöglichen es uns, selbst in den dunkelsten Augenblicken unseres Lebens auf kraftvolle Art und Weise zu denken.

Leitsatz 6   Wenn wir die Geschichte verändern, verändern wir unser Leben.

Das wissenschaftliche Narrativ von der Leere des Kosmos und unserer unbedeutenden Stellung in ihm ist ein hervorragendes Beispiel für den starken Einfluss, den eine Geschichte auf uns haben kann. Sie veranschaulicht auch das Prinzip, dass wir beginnen, eine Geschichte für wahr zu halten, wenn wir sie nur oft genug erzählen.

DIE ALTE GESCHICHTE: KLEIN, MACHTLOS
UND UNBEDEUTEND

Während der letzten anderthalb Jahrhunderte waren wir in eine kosmische Geschichte versunken, die uns mit dem Gefühl allein ließ, wir wären wenig mehr als Staubkörner im Universum oder eine biologische Randerscheinung im umfassenden Programm des Lebens.

Carl Sagan beschrieb dieses Denkmuster ausgezeichnet, als er die wissenschaftliche Auffassung bezüglich unserer Stellung im Kosmos kommentierte: »Wir meinen auf einem unbedeutenden Planeten eines langweiligen Sterns zu leben, verloren in einer Galaxis, die in einer vergessenen Ecke eines Universums versteckt ist, in dem es weit mehr Galaxien als Menschen gibt.«[13]

Diese Art von Engstirnigkeit, wie sie von der wissenschaftlichen Gemeinschaft gefördert wird, hat uns zu dem Glauben geführt, wir wären mit Blick auf das Leben im Allgemeinen vollkommen unbedeutend und folglich von der Welt, voneinander und schließlich auch von uns selbst getrennt.

Sogar Albert Einstein verlieh dieser Auffassung von unserer Bedeutungslosigkeit Ausdruck, als er beim Aufkommen der Quantenmechanik über den Wahrheitsgehalt der Beweise dafür nachdachte, dass alles auf tiefster Ebene miteinander verbunden ist. Einstein konnte die Tatsache dieser Verbundenheit nicht akzeptieren. Er ließ keinen Zweifel an der Bedeutung, die er den neuen Ideen der Quantenmechanik für die Wissenschaft beimaß: »Wenn die Quantentheorie recht hat, bedeutet sie das Ende der Physik als Wissenschaft.«[14] Seine Überzeugungen erlaubten ihm nicht, die Möglichkeit anzuerkennen, dass wir in einer Welt leben, in der alles und jeder so innig verbunden ist.

Einer der Gründe für Einsteins Widerstand gegen die Ideen der neuen Physik lag darin, dass ein Leben in einer Welt von Quantenbeziehungen unsere Fähigkeit impliziert, alles, was in unserem Leben geschieht, zu beeinflussen, sodass wir mit unserer Verantwortung für die Folgen unseres Tuns konfrontiert werden. Letztlich war es Einsteins feste Überzeugung, in einer Welt zu leben, in der die Dinge *nicht* miteinander verbunden sind, die ihn von der Erfüllung seines Lebenstraums abhielt. Er glaubte leidenschaftlich daran, dass ihn seine Forschung eines Tages zur Entdeckung einer wissenschaftlichen Wahrheit führen würde, durch die alle Naturgesetze verbunden wären, einer »Theorie von allem«. Leider starb Einstein 1955, ohne seinen trügerischen Traum erfüllt zu sehen.

Angesichts der von Einstein und Sagan hinterlassenen Vorstellungen von der menschlichen Bedeutungslosigkeit und Getrenntheit überrascht es nicht, dass wir uns oft hilflos fühlen, wenn in unserem Körper und in unserem Leben etwas geschieht. In einer Welt der Unverbundenheit wird uns beigebracht, dass Dinge einfach so geschehen, wann und wie auch immer. Ist es da ein Wunder, dass wir uns oft ohnmächtig fühlen, wenn wir sehen, wie schnell sich die Welt verändert – dermaßen schnell, dass viele Menschen sagen, sie »gerät aus den Fugen?«.

Charles Darwins Entwurf zur menschlichen Evolution aus der Mitte des 19. Jahrhunderts bildete die Grundlage für die späteren, im frühen 20. Jahrhundert formulierten wissenschaftlichen Schlussfolgerungen hinsichtlich unserer Bedeutungslosigkeit. Die Evolutionslehre beruhte auf der Prämisse, dass wir das jüngste Ergebnis einer Folge zufälliger Ereignisse seien, die niemals beobachtet, bewiesen oder reproduziert werden konnten; und nach dieser Theorie verdanken wir die Tatsache, dass wir immer noch existieren, dem »Überleben des Stärksten«. Diese Theorie, dass wir unsere derzeitige Entwicklungsstufe durch *Kampf* erreicht haben, impliziert, dass wir hoffnungslos einem Leben von Wettstreit und Konflikt verhaftet sind. Auf kultureller Ebene ist diese Idee in einem solchen Maße akzeptiert, dass viele Menschen glauben, Gewalt wäre das beste Mittel, um etwas am Arbeitsplatz und in der Gemeinschaft der Nationen zu erreichen.

Bewusst und zeitweise auch auf unbewusster Ebene spielt dieser Glauben an Kampf und Streit an jedem Tag unseres Lebens eine Rolle. Und häufig geschieht dies auf überraschende, unerwartete Weise. Wenn wir beispielsweise das Gefühl haben, dass jemand, der uns in intimster Hinsicht ausgezeichnet kennt, unseren »wunden Punkt« getroffen hat, kann selbst der spirituellste Mensch, weil er sich in diesem Moment schützen will, um sich schlagen und ausfallend werden. Der Grund dafür liegt auf der Hand.

Vom Augenblick unserer Geburt an – und auch schon davor, wenn wir uns noch im Mutterleib befinden – lernen wir, die Welt anhand der Gedanken und Gefühle unserer Betreuer zu verstehen und zu bewältigen. Dem Tonfall der mütterlichen Stimme entnehmen wir beispielsweise, wann die Welt sicher ist und wann nicht. Ebenso lernen wir, die Substanzen, die bei Stress und Glück unseren Körper durchfluten, mit den Stimmen, Geräuschen und Erfahrungen zu verknüpfen, die zur Ausschüttung dieser Stoffe führt.

Wenn wir nicht das Glück haben, in einer gesunden Familie mit stabilen Bezugspersonen aufzuwachsen, ist die Wahrscheinlichkeit groß, dass unser Umgang mit der Welt auf einer falschen Konditionierung beruht, herbeigeführt von unseren Bezugspersonen in jungen Jahren. Und es sind eben diese Verhaltensmuster anderer Menschen, manchmal Generationen alt, die auch zu unseren Mustern werden.

Fühlen wir uns als Erwachsene bedroht, tauchen dann genau die konditionierten Verhaltensmuster in unserem Geist wieder auf, die dieser für unser Überleben erforderlich hält. Beginnen die Muster zu wirken, speisen sie sich aus den tiefen Überzeugungen, die wir in unserem Unterbewusstsein »fest verschaltet« haben. Der Punkt ist dabei, dass diese Überzeugungen oft in den Geschichten und Erfahrungen anderer Leute verwurzelt sind.

Schlagen wir gewaltsam um uns, weil wir durch unsere Geschichten vom »Überleben des Stärksten« so konditioniert sind?

Oder reagieren wir zuversichtlich und ehrenhaft in dem tieferen Wissen um unsere Verbundenheit mit allem Leben, einschließlich der Menschen, die uns gerade wütend gemacht haben?

Um mich unmissverständlich auszudrücken: Ich will damit nicht andeuten, dass eine Reaktion richtig oder falsch, gut oder böse ist. Vielmehr sage ich, dass unsere Reaktionen nicht lügen. Unabhängig davon, was wir zu glauben meinen, ist die Art und Weise unserer Reaktion in solchen intimen Augenblicken ein beredtes Zeugnis dessen, was wir wirklich glauben. Entscheidend dabei ist, dass die Geschichten, die uns in den verletzlichsten und empfänglichsten Jahren der Kindheit erzählt wurden, unsere am tiefsten verankerten Überzeugungen prägen. Und hier setzt auch die Geschichte von unserem Ursprung an.

DIE LEGENDE VON DEN ZWEI URSPRÜNGEN

Wir hören schon früh in unserem Leben die Geschichte vom Ursprung des Menschen. Und je nach den in unserer Familie vorherrschenden Überzeugungen sind wir manchmal zwei völlig verschiedenen und einander widerstreitenden Geschichten ausgesetzt, die gleichzeitig erzählt werden – die eine zu Hause und die andere in der Schule.

In den meisten Schulen wird uns die wissenschaftliche Theorie der Evolution durch natürliche Selektion gelehrt, die sich für jeden jungen Menschen steril und verstörend anhört. Es beginnt vor sehr langer Zeit mit einem glücklichen Ereignis, als sich *genau* die richtigen Atome *genau* im richtigen Moment verbanden, um *genau* die richtigen Moleküle unter *genau* den richtigen Umständen hervorzubringen, was zu den ersten einfachen Lebensformen führte, die eines Tages unsere Komplexität erlangen sollten.

Selbst die leidenschaftlichsten Befürworter der Evolution müssen zugeben, dass das unheimliche Glück, das eine solche Reihe von Ereignissen erfordert, eine ziemliche Zumutung für unsere Vorstellungskraft darstellt – oder einfach des Glaubens bedarf, dass ein solcher Prozess überhaupt möglich ist. Wie weiter oben schon gesagt, nannte Francis Crick die Existenz der DNA »beinahe ein Wunder«.

Die Evolutionstheorie nimmt für dieses Glück allerdings eben diesen Kampf in Anspruch, den Wettstreit der verschiedenen Lebensformen; er habe den Erfolg dieser so unwahrscheinlichen Kombination von Ereignissen ermöglicht. Die Fürsprecher der Evolutionslehre behaupten, dass dieser Wettstreit uns dazu gebracht habe, die heutigen Gewinner im viele Millionen Jahre währenden Streben nach dem Überleben zu sein. Entscheidend ist hier, dass uns erzählt wird, jener »Kampf« sei uns in der Vergangenheit zuträglich gewesen und nütze uns folglich auch heute noch. Angeblich war der »Kampf«, wie man uns weismacht, so erfolgreich, dass er sogar genetisch in unsere Körper »einprogrammiert« ist. Aufgrund von natürlicher Selektion sind wir daher angeblich zu »Kampf« und Wettstreit veranlagt.

Während die Kinder in der Schule die wissenschaftliche Geschichte von Evolution und Kampf lernen, wird ihnen häufig gleichzeitig noch eine religiöse Geschichte erzählt, die nicht weniger furchteinflößend ist. Auch diese Geschichte beginnt an unserem Ursprung. Und auch um sie zu glauben, müssen wir unsere Vorstellungskraft ziemlich strapazieren. In Judentum, Christentum und Islam ist es die Geschichte von einer mysteriösen Macht – Gott –, und sie erzählt davon, wie Gott den ersten Menschen, Adam, aus dem Staub der Erde geschaffen, ihm seinen Lebensodem eingehaucht und ihn beauftragt hat, über die Erde zu wachen.

Aus dieser Geschichte lernen wir, dass wir die Nachfahren von Adam und seinen Kindern sind und als Menschen mit einer Erbsünde behaftet zur Welt kommen. Der Rest der Geschichte handelt davon, wie wir dazu bestimmt sind, uns zwischen Gut und Böse zu entscheiden, während wir nach einem Weg suchen, um uns von unseren Sünden reinzuwaschen. Andere Weltreligionen bedienen sich ganz ähnlicher Geschichten, um den Ursprung der Menschheit und den Sinn des Lebens zu erklären.

Beide Erzählungen – die wissenschaftliche und die religiöse – beginnen vor langer Zeit. Beide weisen in den Details seltsame Lücken auf. Und beide lassen uns mit dem Gefühl zurück, vom Rest unserer Welt getrennt zu sein. Was aber vielleicht am bedeutsamsten ist: Beide Erzählungen geben uns das Gefühl, dass wir so, wie wir derzeit auf der Erde leben, als ahnungslose Kombattanten in einem hoffnungslosen Kampf ums Überleben gefangen sind – entweder mit der Natur oder zwischen Gut und Böse. Wir kommen nicht umhin zu erkennen, dass diese Geschichten – so verschieden sie oberflächlich betrachtet auch sein mögen – am selben Punkt beginnen und denselben Zweck verfolgen, ob sie nun vom wissenschaftlichen oder vom religiösen Standpunkt ausgehen. Sie beginnen mit dem Faktum, dass wir eben auf die Art und Weise existieren, wie wir es tun, und sie versuchen zu erklären, was unsere frühere Existenz für uns heute bedeutet.

Trotz wachsender Belege, die nicht mit dem traditionellen wissenschaftlichen Narrativ übereinstimmen, wiederholen unsere Lehrer die Theorie der Evolution und des menschlichen Überlebens ein ums andere Mal und lehren sie in unseren Klassenzimmern, als wäre sie eine absolute und unbezweifelbare Tatsache. Und hier fängt das Problem an: Wir versuchen, heutige Probleme, die Zusammenarbeit und gegenseitige Hilfe verlangen, mit einer einhundertfünfzig Jahre alten Geschichte auf der Grundlage von Kampf und Wettstreit zu erklären. Aber wenn wir die Frage stellen, woher wir kommen und wie wir so geworden sind, wie wir sind, ergibt die Geschichte, die wir erfahren – die der Evolution –, einfach keinen Sinn mehr. Wir brauchen eine neue Geschichte, die den neuen Sachverhalt ausdrückt, um den Zauber zu brechen, den Darwins Ideen auf uns ausüben.

Darwins Zauber brechen

Darwin veröffentlichte *Über die Entstehung der Arten*, sein bekanntestes Buch, im Jahre 1859. Bis heute hat dieses Werk tiefgreifende Konsequenzen für unser gesellschaftliches Zusammenleben. Ob es um die akademische Kontroverse geht, woher wir eigentlich stammen und warum wir hier sind, oder um emotional so stark besetzte Themen wie Empfängnis, Abtreibung und Todesstrafe, die manchmal Familien und sogar ganze Gesellschaften entzweien – die Implikationen von Darwins Werk beeinflussen unser Leben wie nur wenige andere Ideen. Ich habe mich oft gefragt, ob sich Darwin selbst jemals die Wirkung ausgemalt hat, die sein Werk auf die Welt haben würde, und wie tief seine Ideen das Leben der Menschen noch über ein Jahrhundert später beeinflussen würden.

Vor *Über die Entstehung der Arten* gab es nur wenige Quellen, an die man sich wenden konnte, wenn man nach Antworten auf die größten Fragen des Lebens suchte. Vor der Mitte des 19. Jahrhunderts waren die philosophischen Fragen des Lebens wie etwa *Woher kom-*

men wir?, Warum sind wir hier? und *Wie können wir das Leben verbessern?* der Religion und dem traditionellem Volksglauben vorbehalten. Mit der Veröffentlichung von Darwins erstem Buch änderte sich dies. Die Evolutionslehre bot ein neues Narrativ, um die großen Fragen des Lebens zu beantworten, und brauchte dafür keine Bibelinterpretationen oder religiöse Lehren.

> **Leitsatz 7** Zum ersten Mal in der bekannten Menschheitsgeschichte erlaubte die 1859 publizierte Evolutionstheorie von Charles Darwin der Wissenschaft, die großen Fragen des Lebens zu beantworten, ohne dafür die Religion zu benötigen.

Obwohl der volle Titel von Darwins Buch, *Über die Entstehung der Arten durch natürliche Zuchtwahl oder die Erhaltung der begünstigten Rassen im Kampfe ums Dasein*, möglicherweise kompliziert klingt, ist die Idee, auf der es beruht, eigentlich recht einfach. Darwin nahm an, dass alles Leben, einschließlich des menschlichen, mit einem einzigen ursprünglichen Organismus begann, der vor langer Zeit auf der Erde geheimnisvollerweise erschien. Darwin versuchte noch nicht einmal zu erklären, wie dieser Organismus zum ersten Mal ins Dasein trat. Tatsächlich galt dem eigentlichen Ursprung des Lebens, anders als viele Menschen gewöhnlich glauben, niemals sein Hauptaugenmerk. So, wie er bereitwillig anerkannte, dass die Wissenschaft seiner Zeit noch keine sinnvollen Antworten auf dieses Mysterium geben konnte, räumte er auch freimütig ein, dass die Lösung des Rätsels, wie das Leben begann, für die Akzeptanz seiner Evolutionslehre nicht erforderlich sei.

Darwin verteidigte seine Überzeugungen, indem er als Analogie ein anderes ungelöstes Rätsel heranzog. Er verwies darauf, dass die Theorie der Schwerkraft allgemein akzeptiert werde, auch wenn sie noch nicht hieb- und stichfest nachgewiesen sei. »Es ist kein gültiger Einwand«, sagte er, »dass die Wissenschaft bislang kein Licht auf das weitaus größere Problem des Wesens oder Ursprungs des Lebens geworfen hat. Wer kann das Wesen der Anziehung durch die Schwerkraft erklären? Und doch widerspricht niemand den Resultaten, die als Auswirkungen dieser unbekannten Anziehungskraft feststellbar sind.«[15]

Aufgrund dieser und ähnlicher Äußerungen ist klar, dass sich Darwin weniger darum kümmerte, *wie* das Leben ursprünglich auftrat, sondern mehr daran interessiert war, *was danach geschah.* Seine Frage war vor allem: Wie hat sich die einfache Form des Lebens, von der er glaubte, dass sie sich zuerst in der Welt entwickelt habe, in jene Komplexität und Vielfalt verwandelt, die wir heute sehen?

Darwin gründete seine Theorie der Evolution auf seine persönliche Erfahrung und unmittelbare Beobachtungen. Viele dieser Beobachtungen machte er während einer fünfjährigen Fahrt auf dem britischen Forschungsschiff *HMS Beagle.*[16] Er reiste auf dem Schiff als Naturforscher mit, dessen Mission ziemlich stark nach dem Auftrag klang, den auch das Raumschiff *Enterprise* (bekannt aus *Star Trek*) hatte: neue Lebensformen in unbekannten Galaxien zu entdecken. Seine Aufgabe lautete, neue Formen des Lebens in den noch unkartografierten Gebieten zu dokumentieren, die auf der Reise der *Beagle* entdeckt wurden. Obwohl Darwins Reise von 1831 bis 1836 dauerte, publizierte er seine Theorie erst dreiundzwanzig Jahre später. Mit der Veröffentlichung von *Über die Entstehung der Arten* war die Essenz von Darwins Evolutionslehre der breiten Öffentlichkeit erstmals zugänglich. Er schreibt:

»Wenn das Auftreten von Variationen für jedes organische Wesen nützlich ist, werden die dadurch charakterisierten Individuen die beste Chance haben, im Kampf ums Dasein bewahrt zu werden; und aufgrund des starken Prinzips der Vererbung werden sie dazu neigen, ähnlich gearteten Nachwuchs hervorzubringen. Dieses Prinzip der Bewahrung habe ich der Kürze halber als Natürliche Selektion bezeichnet.«[17]

Heute, mehr als einhundertfünfzig Jahre nach Darwins erster Veröffentlichung seiner Theorie, ringen die hervorragendsten Wissenschaftler der modernen Welt an den besten Universitäten unserer Zeit, unterstützt von den reichlichsten Fördermitteln der Wissenschaftsgeschichte sowie der am weitesten fortgeschrittenen Technologie, die jemals verfügbar war, immer noch damit, die Brauchbarkeit dieser Theorie insgesamt zu überprüfen – besonders in Bezug auf den Menschen.

Im Wesentlichen lauten die unbeantworteten Fragen:

- Lässt sich allein mit der Evolution die Vielfalt erklären, die wir heute in der natürlichen Welt beobachten?
- Ist die Evolution auf den Menschen anwendbar?

Wie wir in den folgenden Kapiteln sehen werden, zwingen uns neue Entdeckungen dazu, die Antworten, die wir auf diese beiden Fragen bisher gegeben haben, zu überdenken.

SELBST DARWIN HATTE SEINE ZWEIFEL

Charles Darwin wusste zu seiner Zeit nicht, was wir heute über die Welt wissen. Das war überhaupt nicht möglich. Viele Wissenschaftsgebiete, die wir heute für selbstverständlich halten, gab es bis ins ausgehende 19. und frühe 20. Jahrhundert ganz einfach nicht. Darwin konnte zum Beispiel nichts über Genetik wissen. Obwohl man die Tatsache, dass eine Generation das Erbe ihrer Eltern übernehmen kann, in seiner Zeit bemerkte, wurde das, was diese Weitergabe genau möglich machte – die DNA – erst in der Zeit nach seinem Tod verstanden. Darwin konnte auch nichts von den spezialisierten Herzzellen wissen, die uns einen Zugang zu den außerordentlichen Fähigkeiten und Wahrnehmungen verschaffen, die im weiteren Verlauf dieses Buches beschrieben werden. Und er konnte noch nicht wissen, dass diese Zellen – oder die Gaben, die sie ermöglichen – bereits existierten, als der moderne Mensch vor 200.000 Jahren auf der Bildfläche erschien.

All dies konnte Darwin nicht wissen, und so rechnete er durchaus damit, dass künftige Entdeckungen zumindest einen Teil seiner Theorie widerlegen würden. Er räumte diese Möglichkeit in seinen Schriften ausdrücklich ein. In *Über die Entstehung der Arten* schreibt er: »Wenn bewiesen werden könnte, dass irgendein komplexes Organ existiert, das sich unmöglich aus zahlreichen kleinen aufeinanderfolgenden Veränderungen« – dem Merkmal der Evolution – »entwickelt hat, würde meine Theorie vollständig in sich zusammenbrechen.«[18]

Gerade die Bedingungen, die Darwin selbst als Grundpfeiler seiner Lehre bezeichnet hat, sind nun aber umgestürzt worden – da wir tatsächlich komplexe Organe haben, die sich nicht »aus zahlreichen kleinen aufeinanderfolgenden Veränderungen« entwickelt haben können. Folglich lässt sich durch die Evolutionstheorie allein nicht erklären, was wir in der realen Welt vorfinden.

Mit anderen Worten: Genau wie Darwin es erwartet hat, ist seine Theorie in sich zusammengebrochen.

In *Über die Entstehung der Arten* äußerte Darwin selbst den Verdacht, dass die Evolutionslehre vielleicht nicht ausreichen könnte, um die Komplexität des Lebens zu erklären. Die nachstehende Äußerung mag etwas umständlich erscheinen, aber so ist Darwins Ausdrucksweise nun einmal. Ich teile sie wortgetreu mit, damit seine Vorbehalte deutlich werden – in diesem Fall hinsichtlich der komplexen Funktion eines Auges.

»Die Annahme, dass ein Auge mit all seinen unnachahmlichen Einrichtungen, um den Fokus an verschiedene Entfernungen anzupassen, unterschiedliche Mengen Lichts aufzunehmen und sphärische und chromatische Abweichungen zu korrigieren, durch natürliche Selektion entstanden sein könnte, erscheint, wie ich gerne zugebe, in höchstem Maße absurd.«[19]

Die Tatsache, dass die Komplexität eines Auges, wie die vieler anderer Organe, den Kriterien entspricht, die nach Darwins eigener Aussage seine Theorie entwerten würde, eröffnet thematisch den ersten Teil des vorliegenden Buches: Die Evolution genügt für sich genommen nicht, um für die außerordentlichen Eigenschaften und Fähigkeiten verantwortlich zu sein, die wir von Anfang an haben. Die Belege, die dafür sprechen, dass gewisse körperliche Merkmale – darunter unsere Augen, unser hoch entwickeltes Nervensystem und unser Gehirn – bereits vollständig funktionierten, als der moderne Mensch auf der Bildfläche erschien, lässt Darwins Theorie in Bezug auf die Menschheit zweifelhaft erscheinen.

DIE MENSCHLICHE EVOLUTION: SPEKULATION WIRD ALS TATSACHE GELEHRT

Das konventionelle heutige Denken vermittelt uns den Eindruck, Darwins Evolutionslehre wäre eine »ausgemachte Sache«. Sie wäre ein klarer Fall, allgemein akzeptiert in der wissenschaftlichen Gemeinschaft, und es gäbe wenig Raum für Zweifel, was die Erklärung des Lebens betrifft, so wie wir es heute beobachten. Die Evolution wird in Schulbüchern und Klassenräumen als Tatsache beschrieben. In diesem Umfeld bedingungsloser Akzeptanz werden wissenschaftliche Entdeckungen, welche die Evolution zweifelhaft erscheinen lassen, oft nicht erwähnt oder, schlimmer noch, als Aberglaube, Religion oder Pseudowissenschaft verspottet. Aus diesen Gründen sind viele Menschen oft überrascht, wenn sie von Entdeckungen hören, die Darwins Lehre infrage stellen.

Ein ausgezeichnetes Beispiel für diese einseitige Sichtweise ist die Entscheidung des amerikanischen TV-Senders Public Broadcasting Service (PBS), alle konkurrierenden wissenschaftlichen Theorien sowie jede wissenschaftliche Kritik der Evolution aus seiner 2001 ausgestrahlten und hübsch produzierten achtstündigen Miniserie *Evolution: A*

Journey into Where We're from and Where We're Going (»Evolution: eine Reise ins ›Woher wir kommen‹ und ›Wohin wir gehen‹«) auszublenden. Eigenen Worten des Senders nach bestanden die Ziele des Programms darin, »das öffentliche Verständnis der Evolution und ihrer Funktionsweise zu erhöhen, verbreitete Missverständnisses bezüglich der Evolution zu zerstreuen und zu beleuchten, warum sie für uns alle von Wichtigkeit ist«.[20] Und für alle offensichtlich taten sie genau das; sie schilderten die Evolution ausschließlich aus Darwins Perspektive, die viele Wissenschaftler aus Gründen, die später in diesem Kapitel noch dargestellt werden, für fehlerhaft halten.

In einer Besprechung des PBS-Specials nahm der Autor und frühere Redenschreiber des Weißen Hauses Joshua Gilder kein Blatt vor den Mund, was die Art und Weise anging, wie die Sendung produziert worden war: »Das Problematische [an der PBS-Dokumentation] ist, dass nichts davon wahr und sie derart mit Unstimmigkeiten, Fehlinterpretationen und miserablen (oft bewusst irreführenden) Daten überfrachtet ist, dass sie als wissenschaftlich wertlos betrachtet werden muss.«[21] Gilder begründete seine Kritik teilweise mit den wissenschaftlichen Entdeckungen, die der Molekularbiologe Jonathan Wells bereits 2000 in seinem Buch *Icons of Evolution – Science or Myth?* (»Ikonen der Evolution – Wissenschaft oder Mythos?«) ausgebreitet hatte und die die PBS-»Beweise« einen nach dem anderen zerlegten.

Die Evolution auf dem Prüfstand

Die Kontroverse um die Evolution zeigt sich besonders deutlich, wenn es um staatliche oder nationale Gesetze geht, die regeln sollen, was Lehrer in öffentlichen Schulen unterrichten dürfen. Ein kürzlich im Staat Oklahoma vorgelegter Gesetzentwurf ist ein ausgezeichnetes Beispiel dafür. Im Jahr 2016 schlug der republikanische Senator Josh Brecheen eine Gesetzgebung vor, die den Lehrern gestatten sollte, ihre

Schüler zu kritischem Denken über die ihr Leben und ihre Zukunft betreffenden Themen anzuregen.

In dem von Brecheen vorgeschlagenen Gesetzestext, der Senate Bill 1322, heißt es, das Gesetz solle »in den öffentlichen Schulbezirken ein Umfeld schaffen, das die Schüler ermutigt, wissenschaftlichen Fragen nachzugehen und dadurch zu erfahren, worin wissenschaftliche Evidenz besteht, kritische Denkfähigkeit zu entwickeln und angemessen sowie respektvoll auf unterschiedliche Meinungen hinsichtlich kontroverser Gegenstände zu reagieren. ... Den Lehrern soll erlaubt werden, ihren Studenten [Schülern] dabei zu helfen, die wissenschaftlichen Stärken und Schwächen von wissenschaftlichen Theorien, die im Unterricht implizit behandelt werden, auf sachliche Weise zu verstehen, zu analysieren, zu kritisieren und selbständig zu untersuchen.«[22]

Auch wenn Brecheens Gesetzentwurf die Behandlung der Evolution im Unterricht nicht ausdrücklich erwähnt, ist aufgrund seiner früheren Vorschläge ähnlicher Gesetze seit seiner Wahl 2010 sowie des Gebrauchs der Formulierung »wissenschaftliche Theorien« offensichtlich, dass er darauf abzielte, Lehrern die Möglichkeit zu geben, Entdeckungen über den Ursprung des Menschen mitzuteilen, auch wenn diese die etablierte Geschichte der Evolution nicht stützen.

2005 wurde speziell über die Evolution und das Verhältnis einer neuen, alternativen Theorie der menschlichen Ursprünge, die als *Intelligent Design* bekannt ist, eine gerichtliche Entscheidung getroffen, die allgemein als der »Dover Case« bekannt ist. Der Fall sorgte weltweit für Schlagzeilen, da es sich um die erste gerichtliche Überprüfung der neuen Theorie an einem amerikanischen Bundesgericht handelte.

Zum Dover Case kam es, als elf Familien gegen den Schulbezirk von Dover im Landkreis York in Pennsylvania wegen einer Änderung des Biologieunterrichts im vorgeschriebenen Lehrplan für die neunte Klasse klagten. 2004 hatte der Schulbezirk Lehrer angewiesen, zusätzlich zur üblichen Behandlung von Darwins Evolutionslehre auch auf Entdeckungen einzugehen, die Intelligent Design unterstützen. Die

Vertreter der Theorie des Intelligent Design, von dem zum ersten Mal 1989 in dem Buch *Of Pandas and People* (»Von Pandas und Menschen«) gesprochen wurde, behaupten, dass »bestimmte Merkmale des Universums und der lebendigen Wesen am besten mit Hilfe einer intelligenten Ursache und nicht durch einen ziellosen Vorgang wie die natürliche Selektion erklärt werden können«.[23] Beide Theorien wurden im Klassenzimmer als mögliche Erklärungen für den Ursprung des Menschen präsentiert. Die Eltern, die Klage einreichten, meinten allerdings, dass die Ideen des Intelligent Design den religiösen Anschauungen des Kreationismus zu ähnlich seien – eines Glaubens, dass das Universum und die lebenden Organismen Akten göttlicher Schöpfung entspringen –, weshalb sie verlangten, dass die neue Theorie nicht länger im Unterricht behandelt werden dürfe.

Der Fall wurde in einer Hauptverhandlung, nicht als Schwurgerichtsverhandlung, vernommen, und als der Richter zu guter Letzt das Urteil fällte, dass die aus den wissenschaftlichen Entdeckungen, die dem Intelligent Design zugrunde liegen, gezogenen Schlussfolgerungen unwissenschaftlich seien, entbrannte eine öffentliche Debatte.

Das Urteil des United States District Courts für den zentralen Bezirk von Pennsylvania, dem damals (der 2002 von George W. Bush eingesetzte) John E. Jones III. als Richter vorsaß, lautete wie folgt:

> »Intelligent Design im Biologieunterricht öffentlicher Schulen zu behandeln, verletzt den Grundsatz der Anerkennung des Ersten Zusatzartikels zur Verfassung der Vereinigten Staaten (sowie Artikel I, Absatz 3 der Verfassung des Staates Pennsylvania), denn Intelligent Design ist keine Wissenschaft und ›lässt sich nicht von seinen kreationistischen und somit religiösen Vorläufern abkoppeln‹.«[24]

Unmittelbar nach der Verhandlung gab es Beschuldigungen wegen Falschaussagen und sogar Meineid, als die Details bekannt wurden und man Gutachten von Experten heranzog, die wissenschaftliche Belege für Intelligent Design darlegen sollten. Weil es sich um ein Gerichtsverfahren ohne Geschworene handelte, sowie aufgrund der religiösen und politischen Überzeugungen des Richters und der fragwürdigen Zeugenaussagen dauert die Kontroverse bis heute an.

Um dies klarzustellen: Ich persönlich bin *nicht* der Auffassung, dass Intelligent Design des Rätsels Lösung für den menschlichen Ursprung ist oder dass man diesen Prozess besser nicht geführt hätte. Ich sage nur, dass wir es uns selbst schuldig sind, jede neue Entdeckung vorurteilsfrei zu betrachten und zu prüfen, wohin sie führen könnte. Das Beunruhigende an diesem Gerichtsurteil besteht darin, dass es anscheinend einen Doppelstandard einführt, um Forschungsergebnisse abzuqualifizieren, die Intelligent Design unterstützen. Einerseits wird die einhundertfünfzig Jahre alte Evolutionslehre – die noch immer einer wissenschaftlichen Überprüfung harrt – als Tatsache gelehrt. Andererseits dürfen wissenschaftliche Befunde, die nahelegen, dass die Evolutionslehre unvollständig ist oder uns in die falsche Richtung führt, im Klassenraum noch nicht einmal erwähnt werden.

Wenn uns die Möglichkeit verwehrt wird, bestehende Theorien zu hinterfragen und neue, die auf neuen Beweisen beruhen, zu präsentieren, büßen wir die Macht des kritischen Denkens ein, das wir benötigen, wenn wir die Herausforderungen der heutigen Welt erfolgreich bestehen und diejenigen der Zukunft überleben wollen.

Gerade der autoritative Charakter schöner und überzeugender TV-Dokumentationen wie *Evolution* vom PBS und die verdrehte Art und Weise juristischer Argumentation wie beim Dover-Prozess verleiten viele Menschen zu dem Glauben, Darwins Evolutionslehre hätte die Frage der natürlichen Selektion ein für alle Mal beantwortet. Aber nichts könnte weiter von der Wahrheit entfernt sein.

Obwohl manche Forscher die Evolution durchaus als beste Theorie zur Erklärung für den Ursprung des Menschen akzeptiert haben, hindert sie diese Einschätzung nicht daran, neue Theorien zur Kenntnis zu nehmen, insbesondere wenn diese wissenschaftlich gut fundiert sind. Ich habe die Einwände gegen die Evolution aus zwei Gründen in dieses Buch aufgenommen:

1. um zu verdeutlichen, dass Darwins Evolutionslehre keine bewiesene Tatsache ist, wenn es darum geht, wissenschaftlich zu erklären, wer wir sind.
2. um jenen renommierten Wissenschaftlern Gehör zu verschaffen, deren Kritik an der Evolutionstheorie sich in den heutigen Mainstreammedien nicht widerspiegelt.

Im letzten Teil dieses Kapitels werde ich auf einige dieser abweichenden Meinungen eingehen, die weiterhin die hitzigen Debatten um die Theorie der menschlichen Evolution befeuern.

HUNDERTFÜNFZIG JAHRE EINWÄNDE

Schon bald nach dem Erscheinen seines Buches 1859 wurden leidenschaftliche Einwände gegen Darwins Lehre vorgetragen. Der erste wurde von Louis Agassiz erhoben, der als einer der großen Wissenschaftler des 19. Jahrhunderts gilt. Seine Pionierleistungen in der Naturgeschichte, besonders seine Arbeiten auf den Gebieten der Geologie, Biologie, Paläontologie und Glaziologie werden als wissenschaftliches Erbe hochgeschätzt. Seine unermüdliche Hingabe an sein Schaffen nahm in seinem Leben eine solche Priorität ein, dass er einem Kollegen einmal erklärte: »Ich kann mir nicht erlauben, meine Zeit mit Geldverdienen zu verschwenden.«[25] Anders gesagt, er war mit seinen Forschungen und Entdeckungen in der Welt der Natur so ausgelastet, dass es für ihn zweitrangig war, seinen Lebensunterhalt zu verdienen. Obwohl Darwin und er sich derselben Methoden bedienten und dieselben Informationen heranzogen, könnten ihre Deutungen derselben kaum unterschiedlicher sein.

In einer Veröffentlichung von 1874 schrieb Agassiz in einem Kommentar zu Darwins Lehre, dass »die Welt auf die eine oder andere Weise entstanden ist. *Worin sie ihren Ursprung hat, ist die große Frage, und Darwins Theorie ist daher, wie alle anderen Versuche, den Ursprung des Lebens zu erklären, nur eine Mutmaßung.* Ich glaube, er hat noch nicht einmal die auf dem gegenwärtigen Stand des Wissens bestmögliche Vermutung angestellt«.[26]

Agassiz stand mit seinen Einwänden nicht allein. Eine Gemeinschaft hochgeschätzter Wissenschaftler hat Darwins Werk seit seinem ersten Erscheinen zurückgewiesen. Diese Gemeinschaft wächst weiterhin. Ihre Namensliste klingt heute wie ein *Who Is Who* der führenden Köpfe der zeitgenössischen Wissenschaft. Es folgt eine Zusammenstellung der Art von Einwänden, die seit 1859, als Darwin seine Theorie erstmals vorstellte, bis heute erhoben wurden.

· ·

»Darwins Lehre verfährt nicht induktiv – sie beruht nicht auf einer Reihe anerkannter Fakten, aus denen eine allgemeine Schlussfolgerung gezogen wird.«[27]

~ Adam Sedgwick (1785-1873) ~
Cambridge University, britischer Geologe
und einer der Begründer der modernen Geologie

· ·

»Es gibt … überhaupt keine Belege, weder in den Befunden der Geologie noch in der Geschichte der Vergangenheit oder in den Erfahrungen der Gegenwart, die als Nachweise der Evolution oder der Entwicklung einer Art aus einer anderen durch Auslese von was auch immer angesehen werden können.«[28]

~ Louis Agassiz (1807-1873) ~
Harvard University, amerikanischer Geologe

· ·

»Die Theorie leidet an schweren Mängeln, die mit der Zeit immer deutlicher hervortreten. Sie stimmt nicht länger mit den praktischen wissenschaftlichen Erkenntnissen überein, noch genügt sie unserem theoretischen Verständnis der Fakten. ... Niemand kann beweisen, dass die Grenzen einer Art jemals überschritten worden sind. Dies sind die Rubikons, die Evolutionisten nicht überqueren können. ... Darwin plünderte die Ideen aus anderen Bereichen praktischer Forschungsarbeit. ... Aber sein ganzes daraus folgendes Grundgerüst bleibt der wissenschaftlich etablierten Zoologie bis zum heutigen Tage fremd, da tatsächliche Veränderungen von Arten auf solche Weise noch immer unbekannt sind.«[29]

‑ Albert Fleischmann (1862-1942) ‑
Universität Erlangen, deutscher Zoologe

• •

»Die Evolution wurde in einem gewissen Sinne zu einer wissenschaftlichen Religion; fast alle Wissenschaftler haben sie akzeptiert, und viele sind darauf eingestellt, ihre Beobachtungen so zu ›verbiegen‹, dass sie mir ihr übereinstimmen.«[30]

‑ H. S. Lipson (1910-1991) ‑
University of Manchester, Institute of
Science and Technology, britischer Physiker

• •

»Die Evolution ist das Rückgrat der Biologie, und die Biologie ist daher in der eigentümlichen Position, eine Wissenschaft zu sein, die auf einer unbewiesenen Theorie beruht. Ist sie denn überhaupt eine Wissenschaft oder ein Glaube? Der Glaube an die Evolutionslehre entspricht daher exakt dem Glauben an eine bestimmte Schöpfung. Beides sind Konzepte, von denen die Gläubigen wissen, dass sie wahr sind, aber keines von beiden konnte bis heute bewiesen werden.«[31]

‑ Leonard Harrison Matthews (1901-1986) ‑
Cambridge University, britischer Zoologe

• •

»Die Chance, dass höhere Lebensformen auf diese Weise
entstanden sind, ist mit der Wahrscheinlichkeit vergleichbar,
dass ein Tornado, der über einen Schrottplatz fegt, aus dem
Material, das dort herumliegt, eine Boeing 747 zusammensetzt.
Mir fehlt jegliches Verständnis für den weitverbreiteten
Drang der Biologen, etwas zu bestreiten, was mir
offensichtlich erscheint.«[32]

- Sir Fred Hoyle (1915-2001) -
Cambridge University, britischer Astronom,
Begründer der Theorie der stellaren Nukleosynthese

. . . .

»Letztlich ist die Darwinsche Evolutionslehre nicht mehr und
nicht weniger als der große kosmogenische Mythos des
20. Jahrhunderts. Die Wahrheit ist, dass die Natur es ablehnt,
eingesperrt zu werden, trotz der gewaltigen intellektuellen
Bemühungen, die darauf gerichtet sind, lebende Systeme auf die
Grenzen des Darwinschen Denkens zu reduzieren. Schlussendlich
wissen wir noch immer sehr wenig darüber, wie neue Lebensformen entstehen. Das ›Geheimnis aller Geheimnisse‹ – der
Ursprung neuer Wesen auf der Erde – ist immer noch so
außerordentlich rätselhaft wie damals, als Darwin mit
der *Beagle* in See stach.«[33]

- Michael Denton (geb. 1943) -
britischer Biochemiker, Senior Fellow,
Center for Science and Culture

. . . .

»Aber wie kommt man von nichts zu einem derart komplexen
Etwas, wenn die Evolution eine lange Reihe von Zwischenzustän-
den durchlaufen muss, die allesamt durch natürliche Selektion
ausgewählt worden sind? Man kann nicht mit zwei Prozent eines
Flügels fliegen oder viel Schutz durch minimale Ähnlichkeit mit
einem potenziell tarnenden Pflanzenteil erhalten. Wie kann,
mit anderen Worten, eine natürliche Selektion die anfänglichen

Stadien von Strukturen erklären, die lediglich in weitaus
höher entwickelten Formen [wie wir sie heute beobachten]
verwendbar sind?«[34]

- Stephen Jay Gould (1941-2002) -
Harvard University, amerikanischer
Paläontologe und Evolutionsbiologe

• •

»Der Punkt ist freilich, dass die Doktrin der Evolution die Welt
nicht wegen der Stärke ihrer wissenschaftlichen Vorzüge, sondern
genau aufgrund ihrer Eignung als gnostischer Mythos mitgerissen
hat. Sie besagt eigentlich, dass lebende Wesen sich selbst erschaffen, was im Grunde eine metaphysische Behauptung ist. …
Letztlich ist der Evolutionismus also in Wahrheit eine
metaphysische Lehre, die sich in ein wissenschaftliches
Gewand gehüllt hat.«[35]

- Wolfgang Smith (geb. 1930) -
amerikanischer Mathematiker und Physiker

• •

Die vorangegangenen Äußerungen bieten Einsichten, die in der Öffentlichkeit selten wahrgenommen und ganz sicher nicht in typischen
schulischen Klassenräumen mitgeteilt werden, wenn es darum geht,
Darwins Lehre anzuerkennen. Im Jahr 2001 – zur selben Zeit, als der
PBS die *Evolution*-Miniserie ausstrahlte – unterzeichnete eine sehr
vielfältige Gruppe internationaler Wissenschaftler eine Deklaration,
die sie online stellte, um die Welt wissen zu lassen, dass das Rätsel
unseres Ursprungs in ihren Augen noch nicht gelöst ist.

Mit Stand vom Juli 2015 haben 1371 hoch angesehene Wissenschaftlern aus allen Teilen der Welt diese Erklärung unterschrieben,
und die Liste der Unterschriften wächst weiter.

Die Petition ist kurz und lautet ganz einfach folgendermaßen:

»Wir sind skeptisch hinsichtlich der Behauptungen, dass zufällige Mutation und natürliche Selektion für die Komplexität des Lebens verantwortlich sind. Eine sorgfältige Überprüfung der Beweise für die Darwinsche Lehre ist daher anzuregen.«[36]

Natürlich ist das letzte Wort über den Fortbestand von Darwins Evolutionstheorie noch nicht gesprochen, wenn es darum geht, das Rätsel der Anfänge des Menschen zu lösen. Aus den von mir angeführten – und anderen – Einwänden geht offenkundig hervor, dass die kritische Debatte über die Evolution weiterhin mit Leidenschaft und Eifer geführt wird. Und obwohl Darwins Ideen anderthalb Jahrhunderte alt sind, gehören sie immer noch zu den am stärksten emotional behafteten Themen unserer Zeit. Meines Erachtens gibt es zwei Gründe für die Kontroverse: Erstens hat die Theorie weitreichende moralische, gesellschaftliche und religiöse Implikationen; und zweitens wird Evolution gewöhnlich als wissenschaftliche Gegebenheit dargestellt, obwohl umstrittene Punkte immer noch der Klärung bedürfen.

DARWIN ZU EHREN

Nachdem wir nun einige der Einwände gegen Darwins Evolutionslehre zur Kenntnis genommen haben, möchte ich die Gelegenheit nutzen, als Geologe, Forscher und Autor meine eigene Sicht auf Darwin selbst und seine Ideen zur Evolution darzulegen.

Zunächst möchte ich vorausschicken, dass ich vor Charles Darwin, dem Menschen wie dem Wissenschaftler, und dem, was er in seiner Zeit geleistet hat, einen gewaltigen Respekt empfinde. Er lebte in einer Gesellschaft, die sich sehr von unserer Welt des 21. Jahrhunderts unterschied. Es erforderte damals enormen Mut, öffentlich für eine solche Theorie einzutreten, und auf diese Weise. Die katholische

Kirche spielte im England des 19. Jahrhunderts noch eine machtvolle und beherrschende Rolle, und Darwin wusste, dass seine Theorie eine unmittelbare Bedrohung der religiösen Dogmen der Kirche darstellen würde. Genau dieses Wissen veranlasste ihn, nach der Rückkehr von seiner Reise mit der *HMS Beagle* 1836 über zwanzig Jahre lang mit der Publikation seines Buches zu warten. In einem Brief, den er dem Botaniker Asa Gray 1860 schrieb, brachte er seine Sorge durch die Bemerkung zum Ausdruck, dass er »keine Neigung dazu habe, etwas Atheistisches zu schreiben«.[37]

Darwin musste bald erleben, dass seine Angst vor dieser Kritik nur allzu berechtigt war, als Kardinal Henry Edward Manning, der höchste katholische Würdenträger in England, die Evolutionstheorie nach dem Erscheinen von *Über die Entstehung der Arten* als eine »brutale Philosophie« bezeichnete, die behaupte, dass »der Affe unser Adam« sei.[38] Trotz solcher Kritik galt Darwin zur Zeit seines Todes im Jahr 1862 als größter Wissenschaftler seiner Epoche.

Außerdem gebe ich gerne zu, dass ein Großteil der Kontroversen um Darwins Lehre von seiner Zeit bis heute 1) auf einem Missverständnis dessen, was er tatsächlich sagte, beruht und 2) dem Wunsch von Universitäten, Universitätsprofessoren, der wissenschaftlichen Gemeinschaft und Politikern geschuldet ist, sein Werk für heilig und unfehlbar zu halten. Mit anderen Worten: Gewisse Institutionen und die Menschen, die sie unterstützen, haben versucht, Darwins Werk zu etwas zu machen, was er selbst niemals anstrebte. Sie wollen seine Theorie für Zwecke instrumentalisieren, die er niemals im Sinn hatte.

Darwin war Geologe – und in jeder Hinsicht ein guter Geologe. Er war korrekt und wahrhaftig, wenn er darüber schrieb, was er beobachtet hatte, und ebenso hinsichtlich der Rückschlüsse, die er aus seinen Beobachtungen zog. Sein Werk war wohldurchdacht sowie sorgfältig dokumentiert, und seine Methoden folgten den in seiner Zeit allgemein anerkannten Grundsätzen. Wenn ich glaube, dass Darwins Arbeitsweise mangelhaft war, dann beziehe ich mich auf das, was er tat, nachdem er

Über die Entstehung der Arten veröffentlicht hatte. Weil seine Evolutionstheorie zu dem zu passen schien, was er an einer bestimmten Lebensform an einem bestimmten Ort der Welt beobachtete – und zwar an den Finken auf den Galapagos-Inseln –, versuchte er, seine Lehre zu verallgemeinern, um sie auf sämtliche Lebensformen überall, einschließlich der Menschheit, anzuwenden. Bei diesem Sprung bricht Darwins Evolutionslehre für mich in sich zusammen.

Während wir noch immer nicht genau wissen, was geschah, als unsere modernen menschlichen Vorfahren vor 200.000 Jahren auftauchten, stützen die besten Belege, die wir aufgrund fossiler Funde haben, die Evolution *nicht* als Erklärung dafür, wie diese frühen Menschen zu denen wurden, die sie waren. Ich erwähne diesen Punkt jetzt, weil die Mainstreammedien und viele akademische Institutionen, die ein Interesse an der Fortdauer der Evolutionsgeschichte haben, behaupten, dass die Kontroverse beendet wäre.

EINE BIS HEUTE UNBEWIESENE THEORIE

Unmittelbar nach Erscheinen von Charles Darwins *Über die Entstehung der Arten* im Jahr 1859 führte die breite Akzeptanz seiner Theorie zu einer Suche nach physischen Beweisen: nach »missing links« [fehlenden Bindegliedern] zwischen Arten, denn man nahm an, dass diese »missing links« in Gestalt von Fossilfunden nachweisbar sein müssten. Wenn Wissenschaftler diese Fossilien fänden, so die Logik, dann müssten sie auch in der Lage sein, den Stammbaum unserer Entwicklung in der Urzeit zu rekonstruieren. Genau wie wir unsere individuelle familiäre Abstammung zurückverfolgen können, wenn wir von unseren Eltern über unsere Großeltern zu den Urgroßeltern und so weiter zurückgehen, wäre es, wie man annahm, eines Tages möglich, einen Familienstammbaum aller unserer gemeinsamen Ahnen zu erstellen.

Abbildung 1.1 zeigt die gegenwärtige Auffassung über unseren menschlichen Stammbaum. Auf diesem Schaubild werden moderne

Menschen durch den *Homo sapiens* dargestellt, den dicken Punkt links oben. Die gestrichelten Linien bilden die Zweige, die uns mit anderen gefundenen Schädeln weiter unten im Baum verbinden; sie stehen für die verschiedenen Entwicklungslinien – die evolutionären Wege –, von denen die Wissenschaftler glauben, dass sie von den frühen Primaten zu uns heutigen Menschen geführt haben.

Mutmaßlicher Stammbaum der menschlichen Evolution

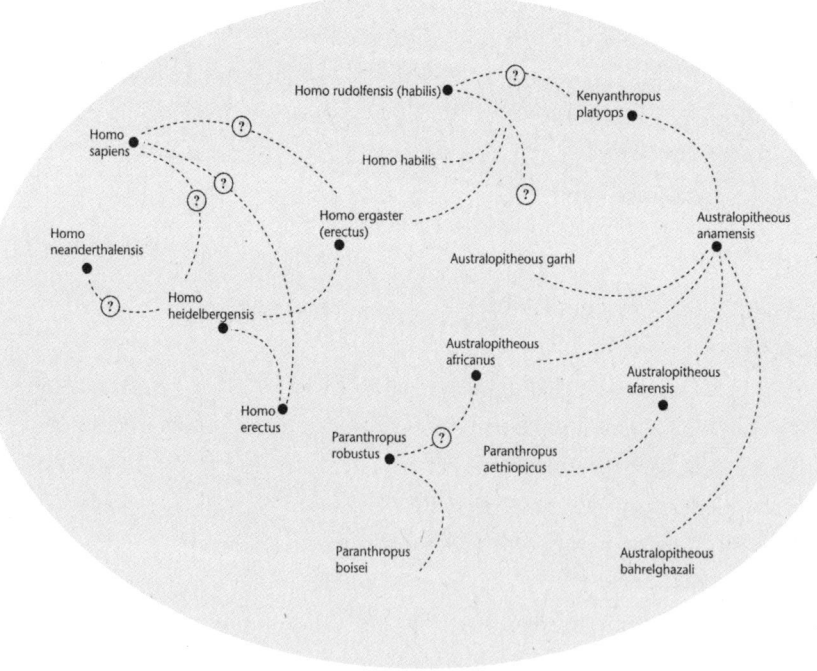

LEGENDE

-------- vermutete Beziehungen

Abb. 1.1. Ein Beispiel für den traditionellen menschlichen Stammbaum. Das Problem an dem durch diesen Baum verdeutlichten Denken besteht darin, dass physische Belege, die eine Verbindung zwischen den Fossilien bestätigen, noch immer der Entdeckung harren. Dieser Mangel an Funden ist der Grund, warum die Linien, die den Stammbaum bilden, als »mutmaßliche Beziehungen« bezeichnet werden.

Ein kurzer Blick auf Abbildung 1.1 zeigt allerdings, dass die Verbindungen zwischen den Fossilien als gestrichelte und nicht als durchgezogene Linien dargestellt werden. Dies bedeutet, dass die Linien *spekulative* oder *vermutete* Verbindungen und keine wirklich bewiesenen Beziehungen veranschaulichen.

Obwohl man die Existenz dieser Verbindungsglieder annimmt, ist sie auch nach hundertfünfzigjähriger Suche noch immer nicht durch Funde, die sie bestätigen, bewiesen worden.

> **Leitsatz 8** Obwohl man vermutet, dass die Verbindungen zwischen urzeitlichen Primaten und modernen Menschen im evolutionären Stammbaum existieren, sind sie noch nie als Tatsache festgestellt worden – es sind bislang nur mutmaßliche und spekulative Beziehungen.

Mit anderen Worten: Die physischen Funde, welche die evolutionären Zwischenglieder bezeugen, die Aspekte unseres Lebens von der Gesundheitsvorsorge über die moralische Rechtfertigung von Hassverbrechen, Selbstmord, Sterbehilfe bis hin zur Todesstrafe sowie zu den Maßstäben unseres Selbstbildes und unserer intimen Beziehungen beeinflussen, sind noch immer nicht entdeckt!

Von der Zeit, in der die Evolutionstheorie 1859 als Erklärungsmodell vorgeschlagen wurde, bis zum Tag der Niederschrift dieses Buches ist nach bestem Wissen des Autors noch kein eindeutiger Beweis für eine Übergangsspezies, die zu uns führen würde – also ein Fossilienfund, der eine evolutionäre Reise von primitiven zu moderneren Wesen widerspiegelt – entdeckt worden! Thomas H. Morgan, der Gewinner des Nobelpreises von 1933 für Physiologie und Medizin, ließ für die Leser seines Buches *Evolution and Adaption* (»Evolution und Anpassung«) keinen Zweifel daran. Wenn moderne Wissenschaft das zugrunde legt, was Morgen als »die strengsten …

angewandten Überprüfungen zur Unterscheidung wilder Arten«
bezeichnet, dann – so erklärt er –, »wissen wir in der Epoche der
Menschheitsgeschichte von keinem einzigen Fall eines Übergangs
von einer Spezies zur nächsten«.[39]

Angesichts der leidenschaftlichen wissenschaftlichen Debatten
und der »futuristischen« Technologie, die heute die tiefsten Mysterien des Lebens entschlüsselt, bleibt die nackte Tatsache von
Morgans Beobachtung eine Warnung vor der rückhaltlosen Bejahung
der menschlichen Evolutionstheorie. Trotzdem wird diese Lehre
weiterhin in öffentlichen Klassenräumen unterrichtet, als wäre sie
eine unbestrittene Tatsache!

In *Über die Entstehung der Arten* gab Darwin die Ironie des Fehlens physischer Belege zugunsten seiner Theorie zu. Er merkte auch
an, dass der Grund dieses Fehlens einer physischen Evidenz möglicherweise auf eine von zwei Weisen erklärt werden könnte: Entweder interpretieren die Geologen die Erdgeschichte falsch, oder
er selbst hat die Beobachtungen, die zur Grundlage seiner Theorie
wurden, falsch interpretiert.

In Darwins eigenen Worten:

> »Warum bietet nicht jede Fossiliensammlung einen klaren Beweis
> für die Stufenfolge und die Mutation der Lebensformen? Wir
> begegnen keinem solchen Beweis, und dies ist der offensichtlichste
> und überzeugendste der vielen Einwände, die gegen meine Lehre
> erhoben werden können.«[40]

Vor dem Hintergrund dieser Ideen und Einwände gab eine erstaunliche Entdeckung im ausgehenden 20. Jahrhundert den Wissenschaftlern die Möglichkeit, einige der am zähesten verteidigten Argumente
für die Evolution zu überprüfen. Wenn menschliche Evolution tatsächlich auftrat, wie Darwins Lehre hypothetisch annimmt, dann
bestünde der beste Weg, diese Theorie zu beweisen, darin, uns im
tiefsten Inneren unserer Zellen mit unseren Vorfahren zu vergleichen.

Doch dazu müssten die Wissenschaftler die DNA unserer frühen Ahnen mit der DNA unserer heutigen Körper vergleichen können, was ein Problem darstellt, da sich moderne Menschen bereits seit 200.000 Jahren auf der Erde befinden. Und weil die DNA empfindlich ist, hält sie nicht so lange.

Ist es möglich, dass DNA aus dem Leben früher Primaten noch immer existiert? Und wenn es sie noch gäbe, könnten wir sie auf dieselbe Weise testen, wie wir das heute routinemäßig mit unserer DNA tun? Obwohl diese Fragen klingen, als entstammten sie der Handlung von *Jurassic Park* – einem Film, der in heutiger Zeit anhand ihrer DNA wiedererweckte Dinosaurier zeigt –, ergab sich die Antwort auf sie in Gestalt einer einmaligen Entdeckung im Jahre 1987. Die aus diesem Fund gewonnenen Erkenntnisse werfen noch mehr Fragen auf, stellen uns vor noch größere Rätsel und öffnen das Tor zu einer Möglichkeit, die für die traditionelle Wissenschaft verbotenes Gelände darstellt.

2

Der Mensch als bewusste Schöpfung

Das Geheimnis der verschmolzenen DNA

»Wir alle, die wir den Ursprung des Lebens erforschen, gewinnen, je tiefer wir es betrachten, immer mehr den Eindruck, dass es zu komplex ist, um sich irgendwo entwickelt zu haben.«[41]

~ Harold Urey (1893-1981) ~
Chemiker und Nobelpreis-Gewinner

Am Samstag, dem 28. Februar 1953, gingen zwei Männer in den Eagle Pub in Cambridgeshire in England und gaben eine Entdeckung bekannt, die die Welt und die Weise, wie wir über uns denken, für immer verändern sollte. Am Mittag jenes Tages teilten James Watson und Francis Crick, Wissenschaftler an der Cambridge University, ihren Kollegen, die gerade in dem Lokal zu Mittag aßen, Folgendes mit: »Wir haben das Geheimnis des Lebens entdeckt!«[42] Watson und Crick hatten soeben ihre bahnbrechende Entdeckung der Doppelhelix-Struktur der DNA-Moleküle gemacht – des Codes der Natur für das Leben.

Die DNA findet sich in jeder Zelle unseres Körpers in fadenförmigen Strukturen, die als Chromosomen bezeichnet werden. Wir Menschen haben 23 Chromosomenpaare in unseren Zellen. Jedes Chromosom wiederum besteht aus kleineren, genauer bestimmten Regionen der DNA, die man Gene nennt. Es sind die in den Genen und Chromosomen enthaltenen Codes, die unsere gesamten Körperfunktionen bestimmen, darunter die Regulierung des Hormonspiegels und der Zusammensetzung des Blutes, die Schnelligkeit des Wachstums und endgültige Länge unserer Knochen, die Größe des Gehirns, die Beschaffenheit unserer Augen, unsere Lebenserwartung – und sogar automatische Funktionen wie Atmung, Verdauung, Stoffwechsel und Körpertemperatur. Bei einer Entdeckung dieser Größenordnung sollte man meinen, dass die größten Geheimnisse unserer Existenz aufgeklärt wären. Viele Rätsel wurden auch gelöst. Trotzdem sehen sich die Wissenschaftler angesichts der tieferen Einsichten, die die DNA-Entdeckungen ermöglichten, nun in einer Zwickmühle, wenn es darum geht zu verstehen, inwiefern das neue Wissen über unseren genetischen Code in die allgemein anerkannte Menschheitsgeschichte hinein passt.

WIEDERGEWINNUNG DER DNA EINES NEANDERTALER-BABYS

Im Jahre 1987 wurde in der russischen Kaukasusregion, nahe der Grenze zwischen Europa und Asien, eine Entdeckung gemacht, die die bisherigen Paradigmen erschütterte. Tief in die Erde vergraben fanden Wissenschaftler an einer Fundstätte in der Mezmaiskaya-Höhle die Überreste eines Neandertalerkindes – eines weiblichen Säuglings, der vor rund 30.000 Jahren lebte! Nebenbei bemerkt, endete die letzte Eiszeit vor etwa 20.000 Jahren, das Kind lebte also während der Eiszeit. Seine Überreste wiesen einen extrem seltenen Erhaltungsgrad auf, und die Forscher waren in der Lage, sein Alter zu bestimmen, das irgendwo zwischen einem ungeborenen sieben Monate alten Fötus und einem zwei Monate alten Baby lag.

William Goodwin, Ph.D. an der University of Glasgow, bemerkte zu der außerordentlichen Entdeckung: »Es ist nachgerade ein Rätsel, warum die Überreste dieses Kindes so perfekt erhalten geblieben sind. ...

Gewöhnlich findet man Material in diesem Erhaltungszustand nur in Permafrost-Gebieten.«[43]

Ich gehe hier deshalb so ausführlich auf diese Entdeckung ein, weil sie einen Wendepunkt im Hinblick auf die Beantwortung der Frage darstellt, wo die Menschen im Stammbaum der Evolution ihren Platz haben.

Unter Verwendung forensischer Techniken wie der futuristischen Technologie, die in der Fernsehserie CSI dargestellt wird, waren die Wissenschaftler in der Lage, Mitochondrien-DNA aus einer der Rippen zu Analysezwecken zu extrahieren. Mitochondrien-DNA (mtDNA) ist eine spezielle Form der DNA, die sich in den Energiezentren (Mitochondrien) jeder unserer Zellen befindet und nicht, wie der größte Teil unserer DNA, in den Chromosomen. Der Grund, warum die mtDNA der Schlüssel zur Frage der menschlichen Evolution ist, liegt darin, dass wir sie lediglich von unseren Müttern erben. Sie wird von der Eizelle einer Mutter sowohl an ihre Söhne als auch an ihre Töchter weitergegeben, und dies geschieht gewöhnlich ohne Mutationen, die zu neuen Merkmalen bei den Kindern führen können. Das bedeutet, dass die Linien der Mitochondrien-DNA in unseren gegenwärtigen Körpern direkt und in exakter Übereinstimmung auf die Mitochondrien-DNA der Frau zurückgehen, mit der unsere jeweilige Abstammungslinie vor langer Zeit begann. Aufgrund dieser einzigartigen Eigenschaft kann anhand der mtDNA untersucht werden, in welchen Beziehungen Menschen und Bevölkerungen an einem Ort zu solchen an anderen Orten stehen. Es ist die Besonderheit dieser DNA-Form, welche die Entdeckung des Neandertalerbabys zu einer Sensation machte.

JETZT WISSEN WIR, WER WIR NICHT SIND

Mit Hilfe fortschrittlichster Methoden, deren Ergebnisse an den höchsten Gerichtshöfen akzeptiert werden, testeten russische und schwedische Wissenschaftler die DNA des Neandertalerkindes, um zu sehen, wie ähnlich sie derjenigen heutiger Menschen ist. Mit anderen Worten: Die Forscher wollten wissen, ob das Neandertalermädchen tatsächlich zu unseren Vorfahren gehört, wie es der evolutionäre Stammbaum nahelegt. Die Ergebnisse der ersten Untersuchungen wurden in entlegenen wissenschaftlichen Zeitschriften veröffentlicht, und laut der Smithsonian Institution kam man zu dem Schluss, dass »sich die mtDNA des Neandertalers wesentlich von der heutigen menschlichen mtDNA unterscheidet«.[44] Diese Bemerkung erscheint zwar relativ harmlos, gleicht aber einem Erdbeben, dessen Epizentrum sich direkt an den Wurzeln des menschlichen Stammbaums befindet. Dennoch berichteten nur wenige Mainstream-Nachrichtenagenturen über den Fund, und diejenigen, die es taten, beschränkten sich auf die Wiedergabe der technischen Details, ohne sie für Laien verständlich aufzubereiten oder ihre Bedeutung zu interpretieren.

All das änderte sich jedoch im Jahr 2000. In jenem Jahr publizierten Forscher am Human Identification Centre der Universität Glasgow die Ergebnisse ihres eigenen Vergleichs von Neandertaler-DNA mit derjenigen moderner Menschen. Diese Untersuchungsergebnisse wurden nun in einer für die meisten nichtwissenschaftlichen Leser zugänglichen Form veröffentlicht. Und die Bedeutung dessen, was sie herausgefunden hatten, konnte nicht länger ignoriert werden. Das Fazit ihres Berichts wurde in der auch von Experten gelesenen Publikums-Zeitschrift *Nature* mitgeteilt und stellte unmittelbar fest, dass moderne Menschen »durchaus keine Nachfahren von Neandertalern sind«.[45]

Dahinter kann nun niemand mehr zurück. Während die Wissenschaftler ursprünglich glaubten, die mtDNA des Neandertalerkindes würde das Mysterium unserer Abstammung aufklären, bewirkte sie tatsächlich genau das Gegenteil.

Leitsatz 9 Die Entdeckung eines außerordentlich gut erhaltenen weiblichen Neandertalerkindes – dessen Lebenszeit auf 30.000 Jahre vor unserer Zeit datiert werden kann – und der Vergleich seiner Mitochondrien-DNA mit unserer zeigt definitiv, dass die ersten modernen Menschen nicht die Nachfahren urtümlicher Neandertaler waren.

KEIN DURCHSCHNITTLICHER HÖHLENMENSCH

Wenn wir keine Abkömmlinge von Neandertalern sind, wer waren dann unsere Vorfahren? Wo gehören wir in den Stammbaum hinein? Gehören wir überhaupt in Darwins evolutionäre Familie? Der Vergleich der DNA von Neandertalern und anderen Primatenfossilien hat neues Licht auf diese Fragen geworfen. Das zwang die Wissenschaftler, eine neue Möglichkeit bei der Enträtselung des Mysteriums unseres Ursprungs in Betracht zu ziehen.

Als ich in den 1960er und 1970er Jahren zur Schule ging und im Unterricht von den Neandertalern und anderen vormenschlichen Wesen wie dem *Australopithecus* (der berühmten »Lucy«) und dem *Homo habilis* (dem »geschickten Menschen«) hörte, wurde uns beigebracht, dass es noch ein weiteres Mitglied des evolutionären Stammbaums gäbe, der ebenfalls ein naher Vorfahr sei. Der Name für diesen entfernten Verwandten lautete in jenen Tagen Cro-Magnon. Heute wird dieser Begriff allerdings nicht mehr verwendet. Die Paläontologen haben ihn durch einen anderen ersetzt, der sinnvoller erscheint, und der Grund dafür ist selbsterklärend. Der neue Name, der heute gebräuchlich ist, um die Menschen zu bezeichnen, die früher als Cro-Magnons bekannt waren, ist AMHs oder *Anatomically Modern Humans* – also *anatomisch moderne Menschen*.

Die Wissenschaftler stimmen grundsätzlich darin überein, dass AMHs laut der fossilen Überlieferung vor rund 200.000 Jahren erstmals auftraten und den Beginn der Unterart *Homo sapiens sapiens* markieren – dieser Terminus wird verwendet, um die heute auf der Erde lebenden Menschen zu bezeichnen.[46] Von diesem Alter weiß man, weil die Fossilien der Knochen gegenüber Witterungseinflüssen sehr widerstandsfähig sind, sodass sie Millionen Jahre überdauern können, während die innerhalb der Knochen – im Knochenmark – befindliche DNA erheblich empfindlicher und gewöhnlich nur in Überresten aus verhältnismäßig neuer Zeit identifizierbar ist. Deshalb sind die AMHs zwar bereits vor 200.000 Jahren auf der Erde nachgewiesen, die älteste bislang entdeckte DNA stammt allerdings von einem Mann, der vor rund 45.000 Jahren in Sibirien lebte.[47]

Im Jahr 2003 erlaubten weitere Fortschritte in der Gentechnik den Vergleich der ältesten Leichenfunde anatomisch moderner Menschen mit vier neu entdeckten Körpern von Neandertalern. Ein europäisches Forscherteam verglich die DNA zweier AMHs, von denen einer 23.000 und der andere 25.000 Jahre alt war, mit der DNA aus den sterblichen Überresten der Neandertaler, die nach unterschiedlichen Schätzungen mindestens 29.000 Jahre und höchstens 42.000 Jahre alt sind. Ein in den *National Geographic News* publizierter Aufsatz über die Funde zitiert einen der Co-Autoren mit den folgenden Worten: »Unsere Ergebnisse untermauern die zuvor bereits auf verschiedenen Feldern gesammelten Belege und machen die Hypothese eines ›Neandertalererbes‹ sehr unwahrscheinlich.«[48] Ein weiteres Mal wurden die in Filmen und Comics oft als primitive Höhlenmenschen dargestellten Neandertaler als mögliche Vorfahren früher moderner Menschen ausgeschlossen.

Nachdem wir jetzt also wissen, wer unsere Ahnen *nicht* gewesen sind, hat sich der Fokus der Paläoanthropologie darauf verlagert, zu erforschen, wer sie dann waren. Die DNA-Analysen haben das breite Spektrum auf einen bestimmten Kandidaten hin zugespitzt. Und dies ist nicht der Kandidat, den die Unterstützer von Darwins Theorie erwartet haben.

Sie sind wir

Die Wissenschaftler sind sich nun sicher, dass die AMHs wir und dass wir sie sind. Jegliche Unterschiede zwischen heutigen menschlichen Körpern und denjenigen von AMHs der Vergangenheit sind so geringfügig, dass sie keine getrennte Einordnung rechtfertigen. Mit anderen Worten: Obwohl sich archaische Menschen nicht notwendigerweise verhalten haben wie wir, haben sie doch wie wir *ausgesehen*, funktionierten wie wir und scheinen all jene »Verknüpfungen« in ihrem Nervensystem gehabt zu haben, die wir heute ebenfalls besitzen.

Anders gesagt, wir sehen immer noch so aus und funktionieren so, wie sie es vor zweitausend Jahrhunderten taten, trotz unserer unglaublichen technologischen Errungenschaften. Eine 2008 vorgelegte Untersuchung von AMH-Überresten (damals noch Cro-Magnon genannt), die von Genetikern an den Universitäten von Ferrara und Florenz durchgeführt wurde, ergab, dass diese Ähnlichkeiten mehr als nur vordergründiger Natur sind. Die Forscher berichten: »Ein Cro-Magnon-Individuum, das vor 28.000 Jahren in Süditalien lebte, war sowohl genetisch als auch anatomisch ein moderner Europäer.«[49]

Genau diese Tatsache, dass sich die Angehörigen unserer Spezies, des *Homo sapiens*, seit dem ersten Auftreten unserer frühesten Ahnen in der fossilen Überlieferung nicht verändert haben, stellt die traditionelle Evolutionsgeschichte, die auf Veränderungen während großer Zeitläufe beruht, vor ein Problem. Entdeckungen, die man zu Darwins Zeit noch nicht machen konnte, werfen ein neues Licht auf dieses weiterhin ungelöste Rätsel.

Die DNA zeigt, dass wir anders sind

Die Gesamtheit der menschlichen DNA, das *menschliche Genom*, war die erste DNA-Sequenz eines Wirbeltiers, die vollständig aufgezeichnet wurde. Die internationale Leistung, die diese Entschlüsselung möglich gemacht hat – das Human Genome Project (HGP, Menschliches-Genom-Projekt) –, war das Ergebnis des größten gemeinsamen biologischen Forschungsprojektes der Weltgeschichte.[50]

Im Juni 2000 verkündeten der britische Premierminister Tony Blair und der amerikanische Präsident Bill Clinton gemeinsam, dass es zum ersten Mal gelungen sei, den menschlichen Lebenscode erfolgreich zu entschlüsseln. Indem sie dies taten, gaben sie der Welt bekannt, dass dadurch eine neue Ära lebensrettender genetischer Medizin eingeläutet wurde, und prognostizierten, dass nun ein globaler industrieller und ökonomischer Boom folgen würde.

Nach dem Erfolg des HGP wurden dieselben Techniken, die man genutzt hatte, um die menschliche DNA zu kartieren, auf andere Lebewesen angewandt. Zum ersten Mal konnten Wissenschaftler über gelehrte Vermutungen hinsichtlich unserer genetischen Verwandtschaftsbeziehungen hinausgehen und unseren Lebenscode tatsächlich mit dem jeder anderen Lebensform vergleichen. Die Ergebnisse waren nichts Geringeres als atemberaubend. Während die Wissenschaftler schon seit langem beispielsweise wussten, dass Schimpansen unsere nächsten Verwandten sind, erlaubten ihnen nun die DNA-Baupläne, erstmals zu sehen, wie eng diese Beziehung wirklich ist.

Die genetische Kartierung enthüllte, dass es nur 1,5 Prozent Unterschiede sind, die uns von den Schimpansen trennen, oder umgekehrt festgestellt, dass wir mehr als 98 Prozent gemeinsamer DNA mit ihnen teilen.[51] Als die Vermessungsmethoden über die Primaten hinaus angewandt wurden, waren die Ergebnisse gleichfalls erstaunlich. Zum Beispiel teilen wir 60 Prozent unserer DNA mit einer Fruchtfliege, 80 Prozent mit einer Kuh und 90 Prozent mit einer gewöhnlichen Hauskatze. Offensichtlich sehen wir nicht so aus und verhalten uns nicht wie eine Fliege, eine Kuh oder eine Katze. Die große Frage, die sich aus solchen Enthüllungen ergibt, lautet: Wenn wir genetisch so viel mit anderen Geschöpfen gemeinsam haben, warum sind wir dann so deutlich anders als sie?

Die Antwort auf diese Frage verweist auf eine unerwartete Entdeckung, die im Rahmen des HGP gemacht wurde: Ein einzelnes Gen kann nämlich in unterschiedlicher Weise und in unterschiedlichem Maße aktiviert werden, um unterschiedliche Dinge zu tun. Dies lehrt uns, dass es nicht so sehr darum geht, *welche* Gene wir mit Schimpansen, Kühen, Fliegen und Katzen gemeinsam haben. Wichtiger ist vielmehr, *wie* diese Gene aktiviert oder zum Ausdruck gebracht werden. Ein Gen namens FOXP2, von dem man mittlerweile weiß, dass es unmittelbar mit unserer Fähigkeit, eine komplexe Sprache zu entwickeln, zusammenhängt, ist ein ausgezeichnetes Beispiel für das, was ich hier meine.

FOXP2 steht kurzschriftlich für Forkhead Box Protein P2. Lokalisiert auf Chromosom 7 (genauer gesagt an der Stelle 7q31), ist dieses Protein von einem Gen mit demselben Namen kodiert, FOXP2, und ebenso bei Menschen wie auch bei Schimpansen vorhanden.[52], [53] Nun ist allerdings klar, dass ein Schimpanse den Song »Stairway to Heaven« von Led Zeppelin nicht wie ein Mensch singen kann! Diese Tatsache zeigt uns, dass noch etwas mehr als nur das Gen an der Sache beteiligt sein muss. Irgendetwas ermöglicht dem Gen, seinen Ausdruck zu finden, und verleiht uns damit die Fähigkeit, die Laute einer Sprache in zusammenhängender Form zu formulieren. Eine im Jahr 2009 in der Zeitschrift *Nature* veröffentlichte Untersuchung gibt uns einen Hinweis, was dieses »Etwas« ist.

Die Wissenschaftler wissen aus früheren Forschungen, dass Menschen und Schimpansen beide das FOXP2-Gen besitzen. Sie haben außerdem festgestellt, dass sich die menschliche Version dieses Gens zu einem bestimmten Zeitpunkt in der Vergangenheit verändert hat, also mutiert ist, und dass dies schnell geschah – nicht langsam und stufenweise, wie es die Evolutionslehre nahelegen würde. Nun haben Forscher an der David Geffen School of Medicine an der University of California in Los Angeles (UCLA) herausgefunden, dass diese Veränderung genau in einem entscheidenden Augenblick der Entfaltung der Menschheitsgeschichte stattgefunden hat.

Laut dieser Wissenschaftler ereignete sich die Mutation nämlich »schlagartig zur selben Zeit, als bei den Menschen die Sprache aufkam«.[54] Diese Entdeckung stellte einen atemberaubenden Wendepunkt dar, denn zum ersten Mal wurde eine bestimmte Reihe von Mutationen bei FOXP2 wissenschaftlich mit unserer Fähigkeit, eine komplexe Sprache hervorzubringen, in Verbindung gebracht.

Zusätzliche Studien führten diese Forschungen noch weiter und bestimmten den Zeitpunkt, an dem dieser besondere Wandel stattgefunden hat. Nach Wolfgang Enard vom Max-Planck-Institut für Evolutionäre Anthropologie ereigneten sich die Mutationen von FOXP2, die unsere komplexe Sprache ermöglicht haben, »zur selben Zeit, als sich der moderne Mensch entwickelte«.[55] Ein Bericht der *BBC News World Edition* konkretisiert diese Beziehung und behauptet, dass unser Sprachvermögen aufkam, als »Veränderungen an nur zwei einzelnen Zeichen des DNA-Codes [den Repräsentationen für die Bausteine aus Aminosäuren] in den letzten 200.000 Jahren der menschlichen Evolution eintraten«.[56]

Die Schnelligkeit und Präzision der Mutationen von FOXP2, die genau an den beiden richtigen Stellen des DNA-Codes auftraten, sind weitere Beispiele für die Art von Veränderung, die sich nicht mit Hilfe der Evolutionslehre erklären lassen – jedenfalls nicht so, wie wir diese Theorie heute verstehen. Warum geschahen die Veränderungen so, wie es der Fall war? Was könnte genau die richtige Umcodierung der DNA-Schrift, genau an der richtigen Stelle und genau innerhalb des richtigen Chromosoms bewirkt haben, um uns die außerordentliche Fähigkeit zu verleihen, unsere Gefühle bei einem Candlelight-Dinner für zwei mitzuteilen, wild zu jubeln, wenn unser Team den Super Bowl oder den World Cup gewinnt, oder der oder dem Geliebten etwas ins Ohr zu flüstern? Die führende Wissenschaft der modernen Welt hat uns jetzt die Antwort darauf gegeben. Die Frage lautet nun, ob wir bereit sind zu akzeptieren, was uns die DNA enthüllt?

GEFUNDEN – UNSERE »FEHLENDE« DNA!

Da Menschen als die komplexesten und am höchsten entwickelten Mitglieder der Primatenfamilie klassifiziert werden, erschien es den Wissenschaftlern einleuchtend zu erwarten, dass wir mehr Chromosomen hätten als unsere weniger komplexen Verwandten. Hier begann eine unerwartete Wendung unserer DNA-Geschichte. Unsere nächsten Verwandten unter den Primaten, die Schimpansen, haben nämlich mehr Chromosomen als wir, genauer gesagt, 48 in ihrem gesamten Genom. Ironischerweise haben die Menschen nur 46. Anders gesagt: Es sieht so aus, als würden uns im Vergleich mit den Schimpansen zwei Chromosomen *fehlen*. Erst jüngst scheint das Geheimnis, »wo sie geblieben sind«, unter Anwendung fortgeschrittener Methoden der DNA-Sequenzierung, gelöst worden zu sein. Dabei finden wir uns plötzlich ein weiteres Mal an der Schwelle zu einem tieferen Mysterium wieder, das überraschende Konsequenzen für uns bereithält!

Ein genauerer Blick auf unseren genetischen Plan zeigt, dass unsere »fehlende« DNA nicht wirklich fehlt. Sie ist die ganze Zeit immer in uns gewesen; nur ist sie verändert und auf eine Weise angeordnet worden, die in der Vergangenheit nicht offensichtlich war. Neue Forschungen enthüllen, dass das zweitgrößte Chromosom im menschlichen Körper, das acht Prozent der gesamten DNA in den Zellen bildet, das *human chromosome 2* (HC2), die kleineren »fehlenden« Chromosomen enthält, die im Schimpansengenom gefunden wurden.[57] Mit anderen Worten: Zu einem gewissen Zeitpunkt in der Vergangenheit wurden zwei getrennte Schimpansenchromosomen, aus Gründen, die noch umstritten sind, zu einem einzigen größeren Chromosom kombiniert, das unser Chromosom 2 ist.

Was das Geheimnis von Mutationen wie derjenigen von FOXP2 sowie letztlich auch das Rätsel der menschlichen Herkunft lösen könnte, ist die Art und Weise, wie diese kleineren Chromosomen miteinander verbunden sind. Obwohl die Wissenschaftler angeben, dass die Mutationen definitiv bei FOXP2 auftraten und dass es zu ihnen in dem Zeitrahmen kam, der mit dem Aufstieg des anatomisch modernen Menschen zusammenfällt, können sie uns nicht mitteilen, was diese Veränderung hervorrief. Aber sie können ihn mit Chromosom 2 erklären. Und das ist der Unterschied, der Chromosom 2 so besonders macht.

Mit Hilfe neuer Technologien konnte genau gezeigt werden, wodurch damals HC2 hervorgebracht wurde. Ich werde Ihnen diese Entdeckung auf zweifache Weise mitteilen: zunächst in der wissenschaftlichen Fachsprache aus *Proceedings of the National Academy of Sciences*, um die Entdeckung selbst darzulegen, und dann in einer für Laien leicht verständlichen Beschreibung, die verdeutlicht, warum diese Entdeckung für unsere Fragestellung so wichtig ist.

- **Die technische Erklärung:** »Wir schließen daraus, dass die bei den Cosmiden c8.1 und c29B geklonte Stelle der Überrest einer alten Telomer-Telomer-Fusion ist und den Punkt markiert, an dem sich zwei Chromosomen von Affenvorfahren verbunden haben, um dadurch das menschliche Chromosom 2 entstehen zu lassen.«[58]
- **Die vereinfachte Erklärung:** Es scheint so, dass vor langer Zeit zwei getrennte Chromosomen von Schimpansen (die Schimpansenchromosomen 2A und 2B) *verschmolzen* sind oder sich verbunden haben zum größeren menschlichen Chromosom 2 – einem der Schlüsselchromosomen, dem wir unser Menschsein verdanken.

Viele Charakteristika, die uns als Menschen einzigartig machen, stammen von der DNA-Fusion, die zu dem menschlichen Chromosom 2 führte. Zu den mit HC2 verbundenen Merkmalen zählen Eigenschaften wie unser Intellekt, das Wachstum und die Entwicklung unseres Gehirns im Allgemeinen sowie insbesondere des größten Teils unseres Gehirns, der Hirnrinde, die mit der Art unseres Denkens und unserer Empfindungsfähigkeit verbunden ist.[59] HC2 enthält mehr als 1.400 Gene, die gegenwärtig weiter kartiert und erforscht werden. Während eine vollständige Liste – in der Fachsprache – mit Hilfe der in den Anmerkungen zitierten Literaturhinweise zu finden ist, werde ich in der folgenden Tabelle einige vereinfachte Beispiele für diese Gene anführen, die Ihnen einen Eindruck von der Schlüsselrolle vermitteln, die sie für unser Wesen als Menschen spielen.[60]

Gene	Einflussnahme
Gen TBR1	Schlüsselrolle bei der Gehirnentwicklung, speziell der Entwicklung der Hirnrinde (dem größten Teil des menschlichen Gehirns, der mit der Art und Weise, wie wir denken und handeln, verbunden ist), unserer Befähigung zu Emotionen, Empathie und Mitgefühl sowie der neuronalen Funktionen (der so genannten »Festverdrahtung«, die Signale zum Gehirn und durch den gesamten Körper überträgt, um Informationen zu übermitteln).
Gen SATB2	Entscheidend für die Entwicklung von Vorder- und Mittelhirn.
Gen BMPR2	Wichtig sowohl für die Osteogenese (durch Informationen für den Aufbau der Knochenstruktur) als auch für das Wachstum der Zellen im gesamten Körper.
Gen MSH2	Bekannt als Tumorsuppressor und »Hausmeister«-Gen.
Gen SSB	Schlüsselfunktion bei der Entwicklung der Organe im Mutterleib, unter anderem von Herz, Gehirn, Augen, Nieren, Leber, Lunge, Milz und Skelett.

Diese kleine Zusammenstellung zeigt deutlich, dass das menschliche Chromosom 2 einen signifikanten Beitrag dazu leistet, wer und was wir sind. Dies liegt vor allem bei den Genen TBR1 und SATB2 auf der Hand, die auf HC2 lokalisiert sind, und zeigt sich in der Rolle, die sie bei der Entwicklung und Funktion unseres hoch entwickelten Gehirns sowie für unsere außerordentlichen emotionalen Fähigkeiten spielen. Im Lichte der Bedeutung von HC2 erscheint die Frage, wie es zu dessen Entstehung kam, wichtiger als je zuvor.

Anders als das vorherige Beispiel des Gens FOXP2, bei dem sich die Veränderungen nur in einem Gen-Vergleich zeigen – zu einem bestimmten Zeitpunkt existierten sie in der genetischen Überlieferung der Fossilien noch nicht, zu einem anderen Zeitpunkt existierten sie –, hält das menschliche Chromosom 2 Informationen darüber bereit, wie es zu seiner Entstehung kam. Dieser forensische Beweis und seine möglichen Implikationen haben allerdings mancherlei Spekulation Tür und Tor geöffnet. An dieser Stelle nimmt die Geschichte unserer Vergangenheit eine unerwartete Wendung hin zu tieferen Schlussfolgerungen, die unsere Entstehung allmählich wie eine Idee aus einem ziemlich guten Science-fiction-Roman klingen lassen.

In *Proceedings of the National Academy of Sciences* heißt es dazu nämlich, dass diese Art von Verschmelzung zwar durchaus bekannt ist, aber nur sehr selten vorkommt.

Das, was mit dieser Verschmelzung einhergeht, öffnet die Tür zu unserer neuen Menschheitsgeschichte.

In der Sprache der Forscher, die diese Entdeckung beschreiben, war die Verschmelzung entweder »begleitet oder gefolgt von einer Deaktivierung oder Eliminierung eines der Centromere der Vorfahren, sowie von Ereignissen, die den Verschmelzungspunkt stabilisieren«.[61] Obgleich diese Sprache zugegebenermaßen komplex ist, ist die Botschaft klar und eindeutig. Die Untersuchung zeigt uns, dass die einander überlappenden Funktionen der ursprünglich getrennten beiden Chromosomen während der Verschmelzung oder unmittelbar danach *entweder angepasst, abgeschaltet oder vollständig entfernt wurden*, um das neue Einzelchromosom wirkungsvoller zu machen.

Diese Tatsache weist sehr deutlich auf eine bewusste Planung hin. Und wie wir soeben gesehen haben, führte diese bewusste Absicht dazu, dass die Menschheit viele ihrer außergewöhnlichen Fähigkeiten besitzt, die bei keiner anderen Lebensform auf der Erde anzutreffen sind.

Leitsatz 10 Das menschliche Chromosom 10, das zweitgrößte Chromosom im menschlichen Körper, ist das Ergebnis einer archaischen DNA-Verschmelzung, die nicht mit Hilfe der Evolutionstheorie, wie wir sie heutzutage verstehen, erklärt werden kann.

Zwei Fragen: warum und wie?

Da wir nun also wissen, wo sich die fehlende DNA befindet und wie die beiden altertümlichen Primatenchromosomen zum neuen größeren menschlichen Chromosom 2 verschmolzen wurden, stellen sich natürlich zwei Fragen:

1. *Warum* kam es zu dieser archaischen DNA-Verschmelzung?
2. *Wie* wurden die sich überschneidenden (redundanten) Teile bei der Verschmelzung »abgeschaltet« oder vollständig entfernt?

Die Antwort auf Frage 1 lautet, dass die Wissenschaftler es ganz einfach nicht wissen. Bis zum heutigen Zeitpunkt können sie nicht mit absoluter Gewissheit sagen, warum sich die Primaten-DNA in dieser Weise verbunden hat und dadurch AMHs hervorbrachte. Obwohl es wahrlich keinen Mangel an Theorien und Spekulationen gibt, die allesamt versuchen, dieses Geheimnis, fünfundzwanzig Jahre nach seiner Entdeckung, zu lüften, ist es doch eine Tatsache, dass gegenwärtig kein wissenschaftlicher Konsens darüber besteht, was dieses wie ein Wunder erscheinende Ereignis ausgelöst haben könnte.

Etwas aber scheint in jedem Fall sicher zu sein: Die DNA, die uns zu dem macht, wer wir sind und was wir sind, ist *nicht* das Ergebnis des von Charles Darwin beschriebenen Evolutionsprozesses. Ich habe den Eindruck, dass wir, wenn es uns gelingt, die zweite Frage zu beantworten – wie diese Verschmelzung erfolgte –, auch in der Lage sein werden, die Frage nach dem Warum zu beantworten, und noch weitaus mehr. Wenn wir definitiv sagen können, wie es damals zu dieser genetischen Verschmelzung kam und welche Bestandteile dabei vor 200.000 Jahren derart schnell und präzise modifiziert wurden, dann wird uns die Lösung dieses Rätsels direkt zu der Erklärung führen, warum dieses außerordentliche Ereignis stattfand.

Wie Sie sich vorstellen können, wird die Entdeckung einer alten und komplexen DNA-Verschmelzung von den Wissenschaftlern auf unterschiedliche Weise interpretiert. Und die voneinander abweichenden Deutungen haben eine Lawine an Kontroversen ausgelöst. Gleich nach Erscheinen des oben behandelten Artikels in *Proceedings of the National Academy of Sciences* haben unerschütterliche Verfechter einer Anwendbarkeit der Evolutionslehre auch auf uns Menschen die Meinung vertreten, dass es ganz einfache Erklärungen für die DNA-Verschmelzung gebe. Eine Theorie beispielsweise nimmt an, dass Menschen und Affen, wie etwa Schimpansen und Gorillas, sich einen gemeinsamen Vorfahren teilen und durch eine »Spaltung« vor langer Zeit getrennt worden seien.

Wenn das stimmen sollte, wäre die Verschmelzung von Chromosom 2 bei uns und nur bei uns aufgetreten, *nachdem* wir uns bereits von den anderen Primaten getrennt hätten. Diese behielten ihre achtundvierzig Chromosomen, und wir erfuhren die Verschmelzung, sodass wir nun sechsundvierzig haben.

Diese Idee scheint mir wenig sinnvoll zu sein, da sie andeutet, dass sich die DNA, die uns unsere Einzigartigkeit verleiht, erst gebildet haben soll, als die Einzigartigkeit, die die Trennung bewirkte, bereits aufgetreten war!

Ich stehe mit diesem Denken nicht allein, und bislang genießen evolutionäre Erklärungen für dieses Phänomen keine allgemeine Unterstützung. Lassen Sie mich Ihnen an einem Beispiel veranschaulichen, wie eine grundlegende Entdeckung, mit der versucht wird, ein Geheimnis wie die DNA-Verschmelzung in Chromosom 2 zu lüften, sogar noch mehr Rätsel hervorbringen kann.

Nicht reduzierbare Komplexität

Es sind noch weitere Überlegungen nötig, wenn es darum geht, wie wir über die Evolution und die Rolle, die sie in unserem Leben gespielt haben mag, nachdenken. Und obwohl Sie diese Idee womöglich (noch) nicht in den Klassenzimmern und Lehrbüchern beschrieben finden, halte ich es für wichtig, sie hier der Vollständigkeit halber mitzuteilen. Diese Idee ist die der *nicht reduzierbaren Komplexität*. Was das bedeutet, ist viel einfacher zu verstehen, als es sich vom Namen her anhört.

Ich habe oben erwähnt, dass wir heute Zugang zu Wissen haben, das Darwin naturgemäß noch unbekannt war. Es ist diese Tatsache, die es lohnenswert macht, nicht reduzierbare Komplexität zu erforschen. So konnte Darwin beispielsweise noch nicht wissen, dass selbst das einfachste Bakterium, das einzellige E. coli, zweitausend verschiedene Proteine braucht, um zu existieren; und er konnte ebenfalls noch nicht wissen, dass jedes dieser zweitausend Proteine aus durchschnittlich dreihundert Aminosäuren besteht, die es zu dem machen, was es ist. Der Knackpunkt ist hier, dass weder Darwin noch irgendein Wissenschaftler des späten 19. oder frühen 20. Jahrhunderts eine Ahnung davon haben konnte, wie komplex Lebewesen in Wahrheit sind. Bis vor kurzem konnte das niemand wissen.

Nicht reduzierbare Komplexität bedeutet im Wesentlichen, dass das gesamte System zusammenbricht, wenn irgendeines seiner Teile den Dienst einstellt. Eine gewöhnliche Mausefalle wird oft angeführt, um diesen Punkt zu illustrieren. Wenn sich alle Teile der Mausefalle an ihrem Platz befinden, tut sie das, wozu sie gemacht ist – genauer gesagt, wozu sie *entworfen* wurde: Sie löst einen Hebel aus, der die Maus einfängt, die sich den Köder aus Käse oder Erdnussbutter genommen hat, und beendet ihr Leben.

Die Falle ist ein System von Teilen, von denen jedes einzelne eine bestimmte Aufgabe erfüllt, um das schlussendliche Ziel zu erreichen. Es gibt beispielsweise den Hebel, der den Köder hält, und die kräftige Feder, die mit so tödlicher Gewalt hervorschnellt, wenn der Köder berührt wird, dass die Maus nicht einmal merkt, was sie erwischt hat. Obwohl die Mausefalle ein einfaches Gerät zu sein scheint, lautet das Grundprinzip dennoch: *Wenn auch nur ein Teil des Gerätes fehlt, funktioniert die Falle nicht.* Ohne die Feder wird der Hebel niemals zuschnappen. Ohne den Hebel hat die Feder nichts auszulösen. Da alle Bestandteile der Falle nötig sind, damit das System funktioniert, ist die Feststellung richtig, dass wir die Mausefalle in keiner Weise »verschlanken« können. Wir können sie nicht auf ein einfacheres System reduzieren und dennoch ihre Funktionen erhalten. Sie ist nicht reduzierbar komplex.

Wenn wir diese Idee auf den menschlichen Körper anwenden, sehen wir ein ähnliches Ergebnis.

Wir sind lebende Beispiele einer nicht reduzierbaren Komplexität

Wir alle wissen, dass eine Verletzung am Knie, wenn wir uns eine Schramme zugezogen haben, gewöhnlich kurz blutet und die Blutung dann gestoppt wird. Die Blutung wird dadurch gestillt, dass das Blut an der Schramme gerinnt. Wir sind so sehr daran gewöhnt, diesen Vorgang zu beobachten, dass wir leicht dazu neigen, die Komplexität der Blutgerinnung für selbstverständlich zu halten. Wir setzen einfach voraus, dass es so geschieht. Und die Tatsache, dass es geschieht, ist ein hervorragendes Beispiel für nicht reduzierbare Komplexität. Wenn wir unsere Haut aufkratzen, uns schneiden oder anderweitig verletzen, müssen zwanzig verschiedene Proteine bereits zur Stelle und bereit sein, unser Blut gerinnen zu lassen und die Blutung zu stillen.

Dieser Sachverhalt ist aus einem wichtigen Grund entscheidend für unsere Darstellung nicht reduzierbarer Komplexität: *Wenn auch nur ein Protein, das für die Blutgerinnung notwendig ist, fehlt, dann wird die Blutung fortdauern.* Gleichgültig, ob wir zehn Minuten oder zehn Stunden warten, das Ergebnis wird dasselbe sein. Unser Blut kann nur gerinnen, wenn alle Proteine, die die Blutgerinnung möglich machen, vorhanden sind.

Die Gerinnungsfähigkeit unseres Blutes ist ein Beispiel für eine Lebensfunktion, die sich nicht evolutionär entwickelt haben kann. Damit dies geschehen könnte, müssten zwanzig Proteine bereits gebildet und an derselben Stelle sein, bevor das Blut, das unserem Körper Leben spendet, entstanden wäre. Wären diese Bestandteile nicht bereits fertig an ihrem Ort gewesen, hätten unsere Vorfahren bei den ersten kleinen Verletzungen, die sie erlitten, verbluten müssen – das heißt, wir wären nicht hier, da sie wohl ohne Nachkommen verstorben wären. Und dies ist nur ein einziges Beispiel.

Hier kommt noch eines: Die kleinen wellenschlagenden »Wimpern« (*cilia* beziehungsweise Zilien), die es Zellen, darunter auch Spermazellen, erlauben, sich in Flüssigkeiten fortzubewegen, verfügen über mehr als vierzig sich bewegende Bestandteile, die alle bereits vorhanden sein müssen, damit die Wimpern funktionsfähig sind. Fehlt auch nur ein einziges Teil, kann sich die Zelle nicht fortbewegen. Wenn irgendwann vor Urzeiten eine Spermazelle eines Mannes unserer Spezies nicht unmittelbar in der Lage gewesen wäre, auf die Eizelle einer Frau »zu-zuschwimmen«, wäre es nicht zur Fortpflanzung gekommen.

Und das ist noch nicht alles.

Die menschliche Zelle wurde als die komplexeste »Maschine« bezeichnet, die uns bislang bekannt ist. Etwa bis Mitte des 20. Jahrhunderts hat man sich Zellen im Großen und Ganzen als winzige Täschchen mit Salzwasser vorgestellt, in denen sich gelöste Elemente befinden. Heute wissen wir, dass nichts weiter von der Wahrheit entfernt sein könnte. In Wirklichkeit würden wir, wenn wir eine einzige Zelle maßstäblich auf die Dimensionen einer Großstadt ausdehnen könnten, entdecken, dass die Zelle komplexer ist als die Infrastruktur, die eine Stadt am Leben hält. Zu den wichtigen Strukturen innerhalb einer Zelle gehören unter anderem:

- Ribosomen, die Proteine produzieren.
- Das endoplasmatische Retikulum, das wichtige, von der Zelle verwendete Substanzen produziert und transportiert.
- Ein Nukleus, der Anweisungen zur Funktion der Zelle weiterleitet.
- Mikrotubuli, die der Zelle erlauben, sich zu bewegen und ihre Form zu verändern.

- Zilien (kleine wellenschlagende Wimpern), die es einigen Zellen ermöglichen, sich in Flüssigkeiten fortzubewegen.
- Mitochondrien, die für die Zelle Energie erzeugen.
- Eine Membran, die mit der Umwelt kommuniziert und festlegt, was in die Zelle hinein- und aus ihr hinausgelangt.

Das ist nur eine kleine Liste von Beispielen für die Vielzahl von Prozessen, die in jedem beliebigen Augenblick in allen rund fünfzig Billionen Zellen des menschlichen Körpers ablaufen. Wenn wir entdecken, was jeder Prozess bewirkt, wird für uns offenkundig, dass diese gesamte Maschinerie der Zellen erschaffen und an Ort und Stelle sein musste, damit bereits die Zellen der frühesten Menschen tun konnten, was sie tun. Von der Blutgerinnung bis zu den schwimmenden Zilien gibt es in unserem Körper zahlreiche Beispiele für nicht reduzierbare Komplexität.

Selbst für den skeptischsten Wissenschaftler ist es einleuchtend, dass die DNA des Lebens auf Struktur, Ordnung und der Weitergabe von Informationen beruht, die unseren Zellen mitteilen, was zu tun ist. Wenn in der Natur diese Art von Ordnung auftritt, betrachtet man das oft als Zeichen von Intelligenz.

> **Leitsatz 11** Die zwanzig Proteine, die die Blutgerinnung ermöglichen, und die über vierzig Komponenten der Zilien (wedelnden Wimpern), die Zellen die Fortbewegung durch Flüssigkeiten erlauben, sind bloß zwei Beispiele für Funktionen, die sich nicht stufenweise über einen langen Zeitraum entwickelt haben, wie die Evolution es nahelegt. In beiden Beispielen geht die Funktion der Zelle verloren, wenn auch nur ein Protein oder ein Bestandteil fehlt.

In seinen späteren Lebensjahren hat Albert Einstein in Interviews sehr offen über seinen Glauben gesprochen, dem Universum müsse eine Informationsstruktur zugrunde liegen. Und er sagte auch, woher diese Ordnung kommt. Während eines solchen Gesprächs bekannte er: »Ich sehe ein Muster, aber meine Vorstellungskraft kann sich den Schöpfer dieses Musters nicht ausmalen. Wir alle tanzen nach einer mysteriösen Melodie, die irgendwo in der Ferne von einem unsichtbaren Pfeifer angestimmt wird.«[62] Die tatsächliche Anwesenheit dieser Ordnung und die Sinnhaftigkeit, die wir bei unserer Suche nach dem Ursprung des Menschen in unserer DNA erkennen, sind Zeichen dafür, dass Einsteins unsichtbarer Pfeifer existiert.

Wir sind zu gut ausgestattet!

Es gibt noch einen weiteren Aspekt der Evolutionslehre, den ich absichtlich bis jetzt aufgespart habe: Es handelt sich um eine Begleiterscheinung von Darwins Theorie, auf die der britische Naturforscher Alfred Russel Wallace, ein Kollege und Unterstützer Darwins, erstmals hingewiesen hat. In seinem Werk definierte Wallace das Evolutionsprinzip, das dem Rest seines Buches den Weg ebnet. An Darwins ursprüngliches Werk anknüpfend, machte Wallace eine außerordentliche Beobachtung bei der Entwicklung neuer Merkmale einer Spezies. Ich werde Wallaces Schlussfolgerung, in seinen eigenen Worten wiedergeben, mitteilen und seine Behauptung sodann auf das anwenden, was wir über unsere eigene Entwicklung wissen.

Im letzten Kapitel der 1870 erschienenen britischen Erstausgabe des Buches *Beiträge zur Theorie der Natürlichen Zuchtwahl* lässt Wallace seine Leser nicht im Zweifel, was er meint: »Natürliche Zuchtwahl [Auslese] hätte den primitiven Menschen lediglich mit einem Gehirn ausgestattet, das dem eines Affen geringfügig überlegen gewesen wäre, während er in Wirklichkeit eines besitzt, das demjenigen eines Philosophen nur geringfügig unterlegen ist.«[63]

An dieser etwas komplizierten Stelle vertritt Wallace die Auffassung, dass uns die Natur nur das gibt, was wir benötigen, wenn wir es benötigen, und dass sie dies mittels der Evolution tut, die Darwin als ein langsames, graduelles Fortschreiten bestimmt hat. Mit anderen Worten besagt diese Theorie, dass wir Fähigkeiten wie die des aufrechten Gangs und peripheren Sehens sowie das Vermögen, unsere Gefühle durch Lächeln, Stirnrunzeln und andere Formen der Mimik auszudrücken, nur deshalb haben, weil wir sie zu einem bestimmten Zeitpunkt in der Vergangenheit brauchten.

Darin liegt das Problem. Wir sind alle zu gut ausgestattet! Und es scheint, wir sind dies schon seit dem Anbeginn unserer Existenz.

Leitsatz 12 Die Menschen traten auf der Erde mit denselben fortgeschrittenen Gehirnen und Nervensystemen, wie wir sie heute haben, und mit der bereits entwickelten Fähigkeit zur Selbstregulierung vitaler Funktionen in Erscheinung, was der Schlussfolgerung der Evolutionstheorie widerspricht, dass die Natur kein Wesen mit solchen Merkmalen überschüttet, solange diese nicht gebraucht werden.

DIE NEUE MENSCHHEITSGESCHICHTE

Nachdem sich die besten Köpfe der Menschheit einhundertfünfzig Jahre lang unter Schirmherrschaft der angesehensten Universitäten der Welt und gefördert mit gewaltigen Geldsummen unter Zuhilfenahme der am höchsten entwickelten Technologie bemüht haben, das Rätsel unseres Ursprungs zu lösen, müssten wir eigentlich, wenn wir auf der richtigen Spur wären, schon wesentlich weiter vorangekommen sein, als es tatsächlich der Fall ist. Angesichts des Scheiterns von Darwins Lehre bei der Erklärung unserer Existenz und vor dem Hintergrund der neuen Sachverhalte, die ich präsentiert habe, liegt es jetzt nahe, die Frage zu stellen, die wie ein großer rosa Elefant im Raume steht: Was ist, wenn die moderne Wissenschaft auf der falschen Fährte ist?

Was, wenn wir versuchen, die falsche Theorie zu beweisen und die falsche Menschheitsgeschichte zu schreiben? Die Antwort auf diese Frage ist der Grund, warum ich dieses Buch verfasst habe. Wenn wir auf der falschen Spur sind, könnte das erklären helfen, warum so viele Lösungen, mit denen man die Probleme der Welt angeht, nicht funktionieren. Dies würde bedeuten, dass unser Denken und die »Lösungen«, die unsere bisherigen Bemühungen hervorgebracht haben, auf etwas beruhen, das nicht wahr ist!

Warum erlauben wir den Tatsachen nicht, uns zur Geschichte unserer Vergangenheit *zu führen*, statt immer zu versuchen, die Tatsachen in eine Schablone *zu zwingen*, die vor mehr als anderthalb Jahrhunderten entwickelt wurde? Wenn wir wirklich ernsthaft daran interessiert wären, das größte Rätsel unserer Existenz zu lösen, dann hätten wir allen Grund dazu, unseren Horizont zu erweitern und eine andere Interpretation der Daten zuzulassen, die wir in anderthalb Jahrhunderten Forschung gesammelt haben.

Was ist, wenn es überhaupt keinen evolutionären Pfad gibt, der zum modernen Menschen führt? Was, wenn die Teile des genetischen Puzzles, das uns zu denen macht, die wir sind, durch einen einmaligen Eingriff erzeugt wurde, statt sich mit der Zeit allmählich zu akkumulieren? Wie würde eine solche Geschichte aussehen? Die Daten aus den Untersuchungen des menschlichen Chromosoms 2 sowie aus anderen DNA-Studien, das Fehlen fossiler Überreste, die den Übergang von einer Hominidenart zur anderen dokumentieren, und der Mangel an gemeinsamer DNA von Menschen und weniger entwickelten Primaten – all das legt den Schluss nahe, dass wir uns *nicht* mit den frühen Hominiden denselben Stammbaum teilen, wie es gewöhnlich in den Lehrbüchern dargestellt wird. Tatsächlich zeigt sich, dass wir überhaupt nicht zu einem solchen Baum gehören! Die vorhandenen Beweise deuten darauf hin, dass unsere Geschichte am besten als für sich alleine stehender Busch dargestellt werden kann – ein evolutionärer Einzelstrauch –, der mit uns beginnt und endet.

Mit anderen Worten: Wir könnten feststellen, dass wir eine einmalige und unvergleichliche Spezies sind.

> **Leitsatz 13** Eine wachsende Zahl an physischen Zeugnissen und DNA-Belegen weist darauf hin, dass unsere Art vor 200.000 Jahren entstanden ist, ohne dass ein evolutionärer Weg zu unserem Erscheinen geführt hat.

Das heißt nicht, dass es keine Evolution gibt oder dass sie sich nicht anderswo vollzogen hat. Es gibt sie, und sie hat sich vollzogen. Als Geologe habe ich die fossilen Belege der Evolution, die bei einer Reihe anderer Spezies nachweisbar sind, aus erster Hand gesehen. Es verhält sich bloß so, dass die Fakten die Theorie nicht erhärten, sobald wir versuchen, das über die Evolution von Pflanzen und Tieren Bekannte auf Menschen anzuwenden. Sie scheitern an der Erklärung dessen, was die Zeugnisse enthüllen.

Wenn wir die wesentlichen Befunde der neuen Entdeckungen über uns in einer prägnanten Liste zusammenstellen wollen, würden die folgenden Behauptungen eine hervorragende Zusammenfassung ergeben. Darüber hinaus können sie uns einen guten Eindruck davon verschaffen, wohin die neuen Theorien – und unsere neue Geschichte – uns eigentlich führen.

WAS WIR NICHT SIND

- Die Theorie, dass sich lebende Zellen (durch zufällige Mutationen) über lange Zeitperioden entwickeln, erklärt unseren Ursprung oder die Komplexität unseres Körpers *nicht* und *kann* sie auch nicht erklären.
- Ein evolutionärer Stammbaum des Menschen lässt sich durch physische Zeugnisse *nicht* belegen.
- DNA-Untersuchungen beweisen, dass wir *nicht*, wie früher angenommen, von Neandertalern abstammen.

- Wir haben uns *nicht* verändert, seit die ersten anatomisch modernen Menschen unserer Art laut der fossilen Überlieferung vor rund 200.000 Jahren auf der Erde aufgetreten sind.
- Die speziellen Ereignisse, die ausgerechnet die DNA hervorbrachten, die unsere Einzigartigkeit ausmacht, waren in der Natur *kein* gewöhnlicher Vorgang.

Nachdem wir nun also wissen, was wir *nicht* sind, fragen wir jetzt, was uns der neueste Stand der Wissenschaften darüber verrät, wer wir *sind*: Wie sieht die neue Menschheitsgeschichte aus?

Was wir sind

- AMHs erschienen auf der Erde vor rund 200.000 Jahren mit der DNA, dem hoch entwickelten Gehirn und dem komplexen Nervensystem, das uns von jeder anderen bislang entstandenen und »funktionierenden« Lebensform unterscheidet.
- Wir treten als einzigartige und nur mit uns selbst zu vergleichende Spezies mit unserem eigenen, einfachen Stammbaum auf und sind keine Abwandlung bereits bestehender Lebensformen, wie es traditionell anhand eines sich zunehmend bevölkernden Stammbaums dargestellt wird.
- Die DNA, die uns einzigartig macht, ist das Ergebnis einer besonderen Anordnung von Chromosomen, die auf eine Weise, die nicht mit Zufall erklärt werden kann, verbunden und optimiert wurden.

Leitsatz 14 Ein ehrlicher Wissenschaftler, der nicht den Zwängen von Universität, Politik oder Religion unterliegt, kann die neuen Belege zum Ursprung des Menschen nicht länger außer Acht lassen und trotzdem glaubwürdig bleiben.

Im Laufe meines Lebens habe ich herausgefunden, dass mir im Allgemeinen dann etwas sinnlos erscheint, wenn ich nicht über sämtliche Informationen verfüge. Ich glaube, dass die konventionelle wissenschaftliche Theorie vom menschlichen Ursprung – die Geschichte, die wir als wahr akzeptieren sollen – unter diese Kategorie fällt. Die Zeugnisse, die ich in diesem Kapitel mitgeteilt habe, unterstützen Darwins Evolutionslehre eindeutig nicht. Während die Wissenschaft sinnvoll ist und die von den Wissenschaftlern angewandten Methoden vernünftig erscheinen, liegt es in unserer Verantwortung, die Grenzen dessen, was Wissenschaft enthüllen kann, zu erkennen. Wie ich schon erwähnt habe, können wissenschaftliche Zeugnisse uns zwar eindeutig mitteilen, *was* in der Vergangenheit geschehen ist, aber sie verraten uns definitiv nicht, *warum* es geschehen ist oder ob ein bewusster Plan zu dem Ergebnis geführt hat.

Wenn wir beispielsweise in einer warmen Sommernacht ein Feuer hell in der Mitte eines grasbewachsenen Feldes brennen sehen, dann sagt uns das wissenschaftliche Wissen, dass das Feuer durch irgendeinen Funken entzündet wurde. Es teilt uns mit, dass ein Feuer entweder a) von einer Wärmequelle ausgeht, deren Hitze ausreicht, um das Feuer zu entfachen (*Entflammungstemperatur*), oder b) von einem anderen Feuer, etwa dem zufälligen Funken einer Rasenmäherklinge, die an einen Stein geschlagen hat, dem bewusst herbeigeführten Funkenschlag eines Streichholzes oder Feuerzeugs oder der natürlichen Funkenentwicklung eines in die Erde einschlagenden Blitzes. Der entscheidende Punkt ist hier, dass die Wissenschaft uns ohne Kenntnis der Umstände, die zu dem Feuer geführt haben, nicht die genaue Ursache des Funkens, beziehungsweise ob ihm eine bewusste Intension zugrunde lag, mitteilen kann. Wenn ein Feuer in der Vergangenheit vor hunderten oder tausenden Jahren entflammte, wird sich ein Großteil der Spuren, die mit den Umständen zusammenhängen, im Nebel der Zeit verlieren. Alles, was wir aufgrund der verkohlten Überreste eines Holzklotzes oder eines rußgeschwärzten Steins wissen, ist, dass es ein Feuer gegeben hat.

Die DNA-Verschmelzung im menschlichen Chromosom 2 ist ähnlich wie dieses Feuer auf dem Feld. Die Wissenschaft kann uns nur erklären, dass und wie die Verschmelzung erfolgte, die dieses Chromosom möglich machte. Da die Wissenschaftler aber nicht alle Umstände dieser Verschmelzung – weil diese im Laufe der Zeiten verschüttet wurden – bestimmen können, sind wir darauf angewiesen, anhand von Fakten, mit Hilfe von Logik und deduktiven Erwägungen in dem, was wir sehen, einen Sinn zu erkennen. Dasselbe, was ich hier für unser Chromosom 2 sage, gilt auch für unser Gen FOXP2.

Unser Menschsein beruht auf einem bewussten Plan

Ich möchte betonen, dass das, was ich nun sage, keine wissenschaftliche, von Experten begutachtete Schlussfolgerung ist. Zwar haben mir Mainstream-Forscher bestätigt, dass sie diese Schlussfolgerung für zutreffend halten, aber aus Furcht, ihren guten Ruf, ihre Glaubwürdigkeit und sogar ihre Jobs zu verlieren, zögern sie, sich dazu öffentlich zu äußern. Wenn ich die überzeugenden Fakten, die ich in diesem Kapitel dargelegt habe, ehrlich bedenke, scheint es ganz einfach sinnvoll, die Tatsache anzuerkennen, dass wir unsere Existenz einer unglaublichen biologischen »Glückssträhne« verdanken, die sich allein mit der Evolution nicht erklären lässt.

Die überwältigenden Beweise legen Folgendes nahe:

1. Wir sind das Ergebnis eines intentionalen Schöpfungsaktes.
- Die Mutationen bei FOXP2 und dem menschlichen Chromosom 2 gleichen einander exakt.
- Die Mutationen bei FOXP2 und dem menschlichen Chromosom 2 scheinen schlagartig aufgetreten zu sein, und nicht aufgrund eines langen und langsamen Evolutionsprozesses.

- Die Optimierung des menschlichen Chromosoms 2, die *nach der Verschmelzung* eintrat, war offenbar zielgerichtet.
- Nach hundertfünfzigjähriger Forschung deutet die Tatsache, dass keinerlei physische Beweise gefunden wurden, die uns mit anderen Lebensformen im Stammbaum der Primatenevolution verbinden, darauf hin, dass wir eine einzigartige Spezies ohne evolutionäre Vorgeschichte sind.

2. Wir wurden von einer intelligenten Lebensform erschaffen.
- Die zeitliche Abstimmung, Präzision und Genauigkeit unserer genetischen Mutationen sowie die Technologie, die für solche Mutationen nötig ist, implizieren das bewusste, zielgerichtete Handeln einer hoch entwickelten Intelligenz.
- Die Intelligenz, die die genetischen Modifikationen durchführte, durch die wir unsere Menschlichkeit erhielten, verfügte schon vor 200.000 Jahren über eine fortschrittliche Technologie, die wir heute erst entdecken (beispielsweise DNA-Verschmelzung und Gen-Spleißen).

Wenn wir diese Möglichkeit in Betracht ziehen, eröffnet sich uns ein neues Paradigma, das die Art und Weise, wie wir uns selbst und unseren Platz im Universum sehen, grundlegend verändert. Durch diese Verschiebung befreien wir uns aus unserer einsamen Bedeutungslosigkeit und entdecken ein neues Paradigma, in dem wir erkennen, dass wir im Besitz eines seltenen Erbes sind, das es zu erforschen gilt. Und dies ist die Stelle, an der das vorliegende Buch ansetzt. Wir sind da und verfügen über einen Körper und ein Nervensystem, die uns zu Mitgefühl, Empathie, Intuition, Selbstheilung und vielem anderen befähigen. Dass in uns diese Fähigkeiten existieren, legt nahe, dass wir die Aufgabe haben, die in uns angelegte Empfindsamkeit zu nutzen – und zu meistern.

Die neue Menschheitsgeschichte beginnt mit unserem Ursprung. Sie beginnt mit der Tatsache, dass wir vom Augenblick unseres Ursprungs an neurologisch mit außerordentlichen Fähigkeiten ausgestattet sind. Dieser »Bauplan« ermöglicht es uns, auf höchst außergewöhnliche Art und Weise zu leben.

Wenn uns klar wird, dass wir seit unserem Urbeginn über derart hoch entwickelte Merkmale verfügen, stellt sich sogleich die Frage: Wie können wir diese Fähigkeiten in unserem heutigen Leben voll entfalten? In den folgenden Kapiteln lade ich Sie dazu ein, an einer Entdeckungsreise teilzunehmen, bei der wir unser Bestes geben, um diese Frage zu beantworten und zu erforschen, was es heißt, dass wir Menschen bewusst erschaffen wurden.

3

Das Gehirn im Herzen

Herzzellen, die denken, fühlen und sich erinnern können

»Wenn das 20. Jahrhundert gewissermaßen das Jahrhundert des Gehirns gewesen ist, so könnte das 21. Jahrhundert das des Herzens werden.« [64]

~ Gary E. R. Schwartz, Ph.D., und
Linda G. S. Russek, Ph.D. ~

Die ersten Fossilien anatomisch moderner Menschen wurden 1868 unter einem Felsvorsprung im Südwesten Frankreichs entdeckt. Der Name, der der Felsformation gegeben wurde, an der man die Entdeckung machte, lautet *abri de Cro-Magnon* (im lokalen Dialekt etwa »Behausung der höhlenbewohnenden Magnon-Familie«), was man bald mit »Cro-Magnon« abkürzte.[65] Dieser Ort wurde namensgebend für die Cro-Magnon-Menschen, die heute als AMHs bekannt sind. Unabhängig von dem Namen, den wir verwenden, um die Menschen, die damals in dieser Gegend Frankreichs lebten, zu bezeichnen, unterschieden diese frühen menschlichen Wesen sich von jeder anderen Lebensform, die zu jener Zeit oder jemals zuvor existierte.

Ebenso wie forensische Forscher heute in der Lage sind, Computer zu verwenden, um Muskelmasse, Fleisch und Gesichtszüge eines skelettierten Leichnams der Gegenwart zu rekonstruieren, können die Wissenschaftler dieselbe Technologie auch auf AMH-Skelette anwenden, und die Merkmale, die sie dabei rekonstruieren, sehen aus wie unsere – schließlich sind sie wir! Die archäologischen Zeugnisse sowie die DNA zeigen uns, dass wir uns seit 200.000 Jahren nicht verändert haben.

Anatomisch moderne Menschen hatten Kennzeichen, die sie von anderen archaischen Wesen, etwa von Neandertalern, unterscheiden, von denen wir wissen, dass sie zur selben Zeit lebten. AMH-Männer, die ungefähr eine Größe von einem Meter achtzig erreichten,[66] waren hochgewachsen im Vergleich zu männlichen Neandertalern, deren Größe sich zwischen einem Meter fünfundsechzig und einem Meter achtundsechzig bewegte.[67] Die Knochenstruktur der AMHs war dünner und insgesamt zierlicher, ihre Schädel waren im Nacken gerundeter und ihre Gesichter schmaler, mit ausgeprägterem Kinn.

Abgesehen von diesen sichtbaren Unterschieden verfügten die AMHs über eine fortschrittlichere Biologie – also Unterschiede, die man nicht mit bloßem Auge erkennen konnte, die ihnen aber einen Vorteil gegenüber allen anderen Lebensformen auf der Erde verschafften. Viele Wissenschaftler schreiben das Überleben der AMHs während der letzten Eiszeit bis in die Gegenwart diesen höher entwickelten Merkmalen zu, darunter einem Gehirn, das um fünfzig Prozent größer ist als das der nächsten Verwandten unter den Primaten, einer komplexen Sprache, einer Anatomie, die sie befähigt zu stehen, zu laufen und aufrecht zu gehen, sowie einander gegenüberliegenden Daumen und Fingern.

Um dies zu verdeutlichen, möchte ich noch einmal hervorheben, dass die Ausstattung der AMHs vor 200.000 Jahren sowohl genetisch als auch physiologisch ihrem Wesen nach nachweislich dieselbe ist wie beim heutigen Menschen. Es kann daher angenommen werden, dass die fortgeschrittenen Merkmale, die wir heute haben, schon unsere menschlichen Vorfahren auszeichneten. Zu ihren Charakteristika zählte nicht zuletzt unsere heutige Fähigkeit, das Netzwerk der Neuronen und lebenswichtigen Organen und Drüsen im ganzen Körper anzuzapfen, um ihr außerordentliches Potenzial bewusst und gezielt zu nutzen und die wohltuende Erfahrung tiefer Intuition und Selbstheilung zu machen.

Ich stelle dieses den AMHs gegebene Netzwerk anderen Lebensformen gegenüber, die ebenfalls über neuronale Netzwerke verfügen, aber weniger entwickelt sind und daher auf ihre externe Umgebung angewiesen sind, um die Möglichkeiten ihrer Biologie zu nutzen. Ein kleiner Zebrafisch, wie er bei Laborexperimenten verwendet wird, ist ein ausgezeichnetes Beispiel für das, was ich hier meine. Nur wenn der Fisch von irgendetwas außerhalb seines Körpers angeregt wird, etwa von einem visuellen Reiz, der den Fisch merken lässt, dass er sich in einer Strömung rückwärts bewegt, feuern achtzig Prozent seiner Neuronen auf einmal. »Alles startklar!«, heißt das dann im Körper des Fisches. Es ist diese simultane Anregung der Neuronen, die dem Fisch eine so unmittelbare, in sich stimmige Erfahrung verschafft. In diesem Fall ist der Fisch in der Lage, seine gesamte neuronale Kraft darauf zu verwenden, schnell und richtig in seiner Bahn zu schwimmen.[68]

Vorzeitliche Menschen hatten die Fähigkeit, ihre neuronalen Kräfte anzuregen, ohne dafür ein externes Signal zu benötigen. Sie konnten ihr kraftvolles Netzwerk spezialisierter Zellen und Organe bewusst aktivieren und einsetzen. Und diese Fähigkeit haben wir heute noch.

Jetzt kommen wir zu dem Punkt, an dem die neue Menschheitsgeschichte, die unsere Biologie uns enthüllt, von Darwins ursprünglichen Ideen abweicht: Der Zugang zu unserem hoch entwickelten neuronalen Netzwerk verleiht uns die gottgleichen Kräfte der Intuition, Selbstheilung, des Überbewusstseins und vieles mehr. Diese Fähigkeiten wurden von Yogis und Schamanen zu allen Zeiten genutzt und in ihren heiligen mystischen Schriften und Texten beschrieben. Es überrascht wohl kaum, dass der Schlüssel zu solchen fortgeschrittenen Aspekten unserer Erfahrung mit unserer Herrschaft über das Organ beginnt, das Jahrtausende lang im Mittelpunkt der Lehren unserer Ahnen stand: das menschliche Herz.

Erst kürzlich wurde in unserem Herzen etwas entdeckt, das erschüttert, was man uns bisher hinsichtlich dessen Rolle für uns und unseren Körper glauben machen wollte. Interessanterweise revolutioniert sie zwar das traditionelle Denken darüber, welches Organ des Körpers wir für das wichtigste halten, doch es zeigen sich dabei bemerkenswerte Übereinstimmungen mit unseren ältesten und am meisten geschätzten Traditionen.

Das kartografierte Herz

Wenn ein gewöhnlicher Mensch gefragt wird, von welchem Organ er glaubt, dass es die wesentlichen Körperfunktionen kontrolliert, dann wird die Antwort in den meisten Fällen gleich ausfallen. Er wird sagen, es sei das Gehirn. Und es ist nicht überraschend, dass er das sagt. Seit den Tagen Leonardo da Vincis, vor fünfhundert Jahren, bis mindestens in die ausgehenden 1990er Jahre haben die Menschen in der gesamten westlich geprägten Welt geglaubt, dass das Gehirn die Schaltzentrale ist und eine ganze Sinfonie von Körperfunktionen steuert, die uns gesund und am Leben erhalten.

Das ist es, was man uns beigebracht hat. Wir wurden dazu angehalten, dies zu glauben. Unsere Lehrer haben es kraft ihrer Autorität behauptet. Unter dieser Prämisse haben Ärzte und ihre Mitarbeiter im Gesundheitswesen Entscheidungen über Leben und Tod getroffen. Und so sagen es auch die meisten Menschen, wenn sie aufgefordert werden, die Rolle der wichtigsten Organe in unserem Körper zu benennen. Der Glaube, dass das Gehirn das Hauptorgan des menschlichen Körpers sei, wurde von einigen der innovativsten Wissenschaftler und Denker an den angesehensten Institutionen und Universitäten der modernen Geschichte leidenschaftlich verfochten und vertreten, und er beherrscht deshalb heute noch das konventionelle Denken.

Die Website der mit der neurochirurgischen Fakultät der University of Cincinnati verbundenen Mayfield Clinic ist ein schönes Beispiel für diese Art des Denkens über das Gehirn. Dort heißt es:

»Das Gehirn ist ein wundervolles, 1,5 Kilogramm schweres Organ, das alle Körperfunktionen kontrolliert, die Informationen aus der äußeren Welt interpretiert und das Wesen von Geist und Seele verkörpert. Intelligenz, Kreativität, Gefühl und Erinnerung sind einige der vom Gehirn beherrschten Bereiche.«[69]

Der Glaube, dass das Gehirn das Kontrollzentrum des menschlichen Körpers, unserer Emotionen und Erinnerungen sei, wurde derart weitgehend akzeptiert, dass er seit langer Zeit fast ohne jeden Zweifel für selbstverständlich gehalten wurde – das heißt, bis heute. Wie die Entdeckungen verdeutlichen, die in den nächsten Kapiteln beschrieben werden, ist diese Perspektive nur ein Teil einer wesentlich größeren Geschichte.

Derzeit ändert sich das, was wir über das Gehirn zu wissen glaubten. Es muss sich auch ändern. Aus einem einfachen Grund: Die in diesem Kapitel behandelten Entdeckungen und die auf sie folgenden jahrzehntelangen Forschungen zeigen, dass das Gehirn nur ein Teil der Geschichte ist. Es ist zwar sicher wahr, dass zu den Funktionen des Gehirns auch Wahrnehmung, motorische Fähigkeiten, Informationsverarbeitung, chemische Auslösung sämtlicher Triebe, die wir automatisch spüren – darunter Müdigkeit, Hunger und sexuelles Verlangen –, sowie die Aufrechterhaltung eines starken Immunsystems gehören, aber es ist ebenso wahr, dass das Gehirn all diese Aufgaben nicht alleine erfüllen kann. Das Gehirn ist bloß ein Teil eines größeren Bildes, das erst allmählich vor unseren Augen Gestalt annimmt und zu weiten Teilen noch unenthüllt ist. Es ist eine Geschichte, die im Herzen beginnt.

> **Leitsatz 15**   Als Teil unseres hoch entwickelten Nervensystems arbeitet das Herz mit dem Gehirn als wesentlichem Organ dahingehend zusammen, dass es dieses darüber informiert, was der Körper in jedem beliebigen Augenblick braucht.

Das menschliche Herz – mehr als nur eine Pumpe

Als ich zur Schule ging, wurde mir erzählt, dass der Hauptzweck des Herzens darin bestehe, Blut durch den Körper zu bewegen. Mir wurde beigebracht, dass das Herz eine Pumpe ist – eine erstaunliche Pumpe zwar, aber letztlich doch nur eine Pumpe, ganz schlicht und einfach. Außerdem wurde mir beigebracht, dass das Herz die Aufgabe hat, dafür zu sorgen, dass das Blut unser Leben lang im Körper zirkuliert. Ohne Zweifel ist das eine außerordentliche Leistung, da das Herz eines Erwachsenen durchschnittlich 101.000 Mal am Tag schlägt. Dabei sorgt es für die Zirkulation von mehr als 7.500 Liter Blut durch fast 100 Millionen Kilometer Arterien, Kapillaren, Venen und andere Blutgefäße![70]

Eine wachsende Zahl wissenschaftlicher Belege zeigt nun aber, dass die Pumpfunktion des Herzens, so bedeutend sie auch ist, verglichen mit den zusätzlichen Aufgaben des Herzens, die erst jüngst entdeckt wurden, ziemlich blass erscheinen könnte. Mit anderen Worten: Wenngleich das Herz in der Tat das Blut kraftvoll und effektiv durch den Körper pumpt, besteht darin nicht sein ausschließlicher oder primärer Zweck.

Jahrtausende lang betrachteten unsere Vorfahren das menschliche Herz als Zentrum des Denkens und Fühlens, der Erinnerung und der Persönlichkeit – als eigentliches Hauptorgan des Körpers. Man schuf Traditionen, die die Rolle des Herzens ehrten und von Generation zu Generation weitergegeben wurden. Es wurden Zeremonien durchgeführt und Techniken entwickelt, um das Herz als leitendes Organ der Intuition und Heilung zu nutzen.

Das Herz wird 830 Mal in der Bibel erwähnt, und das Wort *Herz* erscheint in neunundfünfzig der sechsundsechzig Bücher der Bibel.[71] Das Buch der Sprüche Salomons beschreibt das Herz als eine Quelle unermesslicher Weisheit, deren Anwendung ein hochgebildetes Verständnis erfordert: »Der Rat des Herzens eines Mannes ist wie tiefes Wasser; aber ein verständiger Mann wird ihn hervorziehen.«[72]

Dieselbe Empfindung spricht deutlich aus der Weisheit des nordamerikanischen Ohama-Volkes, dessen Tradition uns empfiehlt: »Stelle Fragen von deinem Herzen aus, und du wirst Antworten aus deinem Herzen erhalten.«[73]

Das Lotos-Sutra der Tradition des Mahayana-Buddhismus spricht vom »verborgenen Schatz des Herzens«.[74] Diesen Schatz beschreibt jene Schrift als »so gewaltig wie das Universum selbst, das alle Gefühle von Machtlosigkeit vertreibt«.[75]

> **Leitsatz 16** Alte Traditionen haben stets das Herz – und nicht das Gehirn – für das Zentrum einer tiefen Weisheit, von Gefühl und Erinnerung gehalten und in ihm ein Tor zu anderen Reichen der Existenz gesehen.

Klare Verweise wie diese beziehen sich auf das Herz als etwas, was weit über eine physische Pumpe hinausgeht. Sie sagen uns, ähnlich wie der visionäre Philosoph Rudolf Steiner, der Schöpfer der Waldorf-Methode in der Pädagogik, und John Bremer, ein Experte für biodynamische Landwirtschaft an der Harvard University in seinen Vorlesungen vor Medizinstudenten im frühen 20. Jahrhundert, dass es doch einiges mehr ist, als man uns gemeinhin glauben macht.[76] Wenn wir bereit sind, anzunehmen und zu verinnerlichen, was uns die folgenden Entdeckungen mitteilen, können wir Steiner und Bremer nur zustimmen, die behaupteten, dass unser Herz so viel mehr ist als lediglich eine Pumpe, dass es über alle Maßen rätselhaft, machtvoll und wundertätig ist.

Die Erforschung unserer selbst hat uns eine Reise machen lassen, die extreme Pendelschläge aufweist. Seit den frühen 1950er Jahren, als mein Leben begann, bis heute habe ich die Vorstellung vom Herz als isolierter Pumpe, die gewartet und ersetzt werden kann wie eine Maschine, in einem gewaltigen Ausschlag zurück zu einer ausgeglichenen Sichtweise schwingen sehen, für die das Herz etwas Mysteriöses und ganz Wundervolles ist, jenseits des Maschinenhaften. Dem Herzen wird heute eine neue Anerkennung zuteil, die es gleichermaßen als ganzheitliche Quelle von Erinnerungen, Intuition und tiefer Weisheit würdigt wie als biologisches Organ, das uns Leben schenkt. Diese Verlagerung der Sichtweise lädt uns dazu ein, noch einmal zu überdenken, welches Organ wir in Wahrheit als wichtigstes Organ des Körpers bezeichnen sollten.

DAS »KLEINE GEHIRN« IM HERZEN

1991 ließ eine in der Zeitschrift *Neurocardiology* veröffentlichte Studie jeden noch nachklingenden Zweifel daran, dass das Herz mehr ist als eine Pumpe, verebben. Der Name der Zeitschrift gibt uns einen Hinweis auf die Entdeckung einer kraftvollen Beziehung zwischen Herz und Gehirn, die lange Zeit nicht wahrgenommen wurde. Ein Team von Forschern unter der Leitung von J. Andrew Armour, Ph.D., von der Universität Montreal, das die enge Beziehung von Herz und Hirn erforschte, fand heraus, dass rund 40.000 spezialisierte Neuronen, sogenannte *sensorische Neuriten*, ein Kommunikationsnetzwerk im Herzen bilden.[77]

Der Klarheit halber sei angemerkt, dass der Begriff *Neuron* eine spezialisierte Zelle bezeichnet, die dazu angeregt (elektrisch stimuliert) werden kann, Informationen mit anderen Zellen des Körpers zu teilen. Während sich große Zahlen von Neuronen bekanntlich im Gehirn und entlang des Rückenmarks konzentrieren, verhilft die Entdeckung dieser Zellen, in geringerer Anzahl, auch im Herzen und in anderen Organen zu einem neuen Verständnis des hohen Grades der Kommunikation im Körper.

Neuriten sind schmale Ausbuchtungen aus dem eigentlichen Körper des Neurons, die verschiedene Funktionen im Körper erfüllen. Einige transportieren Informationen aus dem Neuron *he-*

raus, um sich mit anderen Zellen zu verbinden, während andere Signale aus verschiedenen Quellen empfangen und dem Neuron *zuführen*. Das Außerordentliche an dieser Entdeckung besteht darin, dass die Neuriten im Herzen viele derselben Funktionen ausüben, die sonst im Gehirn ablaufen.[78]

Vereinfacht gesagt, haben Armour und sein Team etwas entdeckt, was dann als das *kleine Gehirn* im Herzen bekannt wurde, nämlich spezialisierte Neuriten, die die Existenz des kleinen Gehirns überhaupt erst ermöglichen. Wie die Wissenschaftler, die diese Entdeckung machten, in ihrem Bericht weiter ausführen, ist »Das ›Herzgehirn‹ ein verschachteltes Netzwerk aus Nerven, Neurotransmittern, Proteinen und Hilfszellen, ähnlich denen, die man als dem Gehirn zugehörig erachtet«.[79]

> **Leitsatz 17** Die Entdeckung von 40.000 sensorischen Neuriten im menschlichen Herzen öffnet eine Tür zu großartigen neuen Möglichkeiten, die denen gleichen, die in den Schriften vieler unserer ältesten und am höchsten geachteten spirituellen Traditionen genau beschrieben wurden.

Eine Schlüsselrolle des Gehirns im Herzen liegt darin, Veränderungen der Hormone und anderer Chemikalien innerhalb des Körpers wahrzunehmen und solche Veränderungen dem Gehirn so mitzuteilen, dass es unsere Bedürfnisse entsprechend befriedigen kann.

Das Herzgehirn tut dies, indem es die Sprache des Körpers – die Gefühle – in die elektrische Sprache des Nervensystems in einer Weise übersetzt, die vom Gehirn verstanden wird. Die verschlüsselten Botschaften des Herzens informieren das Gehirn, wann wir zum Beispiel in einer stressigen Situation mehr Adrenalin brauchen oder wann die Lage sicher genug ist, um weniger Adrenalin auszuschütten und das Hauptaugenmerk auf die Stärkung des Immunsystems zu richten.

Jetzt, wo das kleine Gehirn im Herzen von den Forschern wahrgenommen wurde, tritt auch die Rolle, die es für eine Reihe von physischen und metaphysischen Funktionen spielt, deutlich zutage. Zu diesen Funktionen gehören:

- Die direkte Kommunikation des Herzens mit sensorischen Neuriten in anderen Organen des Körpers,
- die herzbasierte Weisheit, die als *Herzintelligenz* bekannt ist,
- bewusst herbeigeführte Zustände tiefer Intuition,
- bewusst eingesetzte präkognitive Fähigkeiten,
- der Mechanismus bewusst herbeigeführter Selbstheilung,
- das Erwachen gesteigerter Lernfähigkeiten
- und vieles andere mehr.

Man hat zwei verschiedene, aber zusammenhängende Funktionsweisen dieses kleinen Gehirns des Herzens festgestellt.

Es kann folgendermaßen agieren:

- Unabhängig vom Schädelhirn kann es denken, lernen, sich erinnern und sogar unsere inneren und äußeren Welten eigenständig wahrnehmen.[80]
- Und es kann gemeinsam mit dem Schädelhirn tätig sein, sodass uns die Vorzüge eines einzigen, mächtigen, von zwei getrennten Organen gebildeten neuronalen Netzwerkes zur Verfügung stehen.[81]

Armours Entdeckung hat das Potenzial, die Art, wie wir über uns selbst denken, für immer zu verändern.

Sie eröffnet uns ein neues Verständnis für die Möglichkeiten, die in unseren Körpern schlummern und die wir in unserem Leben verwirklichen können. Armour sagt dazu selbst: »In den letzten Jahren wurde deutlich, dass zwischen Herz und Gehirn eine subtile, wechselseitige Kommunikation stattfindet, bei der jedes Organ die Funktion des anderen beeinflusst.«[82]

Die neue Wissenschaft der Neurokardiologie beginnt gerade erst, bei der Erklärung von Intuition, Vorausahnung und Selbstheilung zum Wissen der alten spirituellen Traditionen aufzuschließen. Besonders offensichtlich wird dies, wenn wir die Prinzipien einiger unserer ältesten und ehrwürdigsten spirituellen Überlieferungen betrachten. Fast überall zeigen geschichtliche Lehren ein Wissen um den starken Einfluss des Herzens auf unsere Persönlichkeit, unsere täglichen Entscheidungen und unsere Fähigkeit, moralische Entscheidungen zu treffen und zwischen richtig und falsch unterscheiden zu können.

Der koptisch-christliche Heilige Macarius, Gründer eines antiken ägyptischen Klosters, das seinen Namen trägt, hat diese Potenziale unseres Herzens klar erkannt. Er schrieb:

»Das Herz selbst ist nur ein kleines Gefäß, und doch hausen darin Drachen, und es gibt dort Löwen, und es gibt dort bösartige Bestien und all die düsteren Schatzkammern der Niedertracht; und holprige Pfade gibt es dort, Abgründe gähnen dort, aber es wohnt dort auch Gott, es leben dort Engel; in ihm wohnen das Leben und das Königreich, das Licht und die Apostel; dort sind die himmlischen Städte, die Schätze; dort sind alle Dinge.«[83]

»Alle Dinge«, wie St. Macarius sich ausdrückte, umfasst heute auch noch die neuen Entdeckungen, die eindeutig belegen, dass unser Herz in der Lage ist, Erinnerungen an Lebensereignisse zu speichern – sogar, wenn sie sich nicht länger im Körper der Person befinden, die diese Ereignisse erlebte.

ERINNERUNGEN, DIE IM HERZEN LEBEN

Eines der Mysterien bei Herztransplantationen besteht darin, dass ein ungeschädigtes Herz nach der Entfernung aus dem Körper seines ursprünglichen Besitzers weiterhin schlagen wird – manchmal für einen Zeitraum von Stunden – und in der Lage ist, seine Funktionen aufrecht zu erhalten, auch nachdem es in einen neuen Körper versetzt und mit neuen Blutgefäßen und Nerven verbunden wurde. Der Kern dieses Mysteriums ist folgender: Wenn das Gehirn wirklich das beherrschende Organ des Körpers und dafür verantwortlich wäre, dem Herzen Befehle zu senden, damit es schlägt und Blut pumpt – würde das Herz dann nicht aufhören zu schlagen und zu funktionieren, wenn es seine Verbindung zum Gehirn verloren hat? Wie kann es ohne diese Anweisungen funktionieren?

Die folgenden aus dem Leben gegriffenen Berichte und die Entdeckung, zu der sie führen, werfen ein helles Licht auf das Mysterium des Herzens und bieten neue Einsichten in dessen tiefe Bedeutung für unser tägliches Leben.

Die erste erfolgreiche Herztransplantation fand am 3. Dezember 1967 in Kapstadt in Südafrika statt. An jenem Tag transplantierte der Chirurg Christiaan Barnard das Herz einer fünfundzwanzigjährigen Frau, die bei einem schweren Verkehrsunfall ums Leben gekommen war, in den Körper des dreiundfünfzigjährigen Louis Washkansky, dessen Herz unheilbar geschädigt war.[84] Vom medizinischen Gesichtspunkt aus war diese Operation ein überwältigender Erfolg. Das Herz der Frau begann, seine Funktion im Körper des Mannes unverzüglich wiederaufzunehmen, genau wie es das Transplantationsteam erwartet hat.

Eine der größten Hürden bei allen Transplantationen, darunter auch Washanskys, besteht allerdings darin, dass das Immunsystem der Person, die das Herz (oder jedes andere Organ) bekommt, das neue Organ nicht als eigenes erkennt und versucht, das fremde Gewebe abzustoßen. Die Ärzte verwenden daher spezielle Medikamente, um das Immunsystem des Empfängers zu unterdrücken und den Körper zu überlisten, das neue Organ anzunehmen. Die gute Nachricht lautet, dass die Technik erfolgreich daran arbeitet, das Risiko der Abstoßung zu reduzieren. Der Erfolg hat freilich einen hohen Preis.

Der Empfänger eines neuen Organs wird aufgrund seines stark geschwächten Immunsystems anfälliger für Infektionen wie gewöhnliche Erkältungen, Grippe und Lungenentzündungen. Genau dies widerfuhr auch dem ersten Menschen mit einem transplantierten Herzen. Obwohl Louis Washkanskys neues Herz bis zu seinem letzten Atemzug perfekt funktionierte, starb er achtzehn Tage nach der Transplantation an den Folgen einer Lungenentzündung. Sein mehr als zweiwöchiges Überleben mit einem neuen Herzen zeigte dennoch, dass eine Organtransplantation eine reale Möglichkeit für solche Fälle darstellt, in denen ein ansonsten gesunder Körper ein Organ durch einen Unfall oder eine Erkrankung verliert.

In den Jahrzehnten nach Barnards erster Transplantation wurden die Abläufe bis zu dem Punkt verbessert, dass Transplantationen menschlicher Herzen nun zu den Routineeingriffen zählen. 2014 wurden weltweit rund fünftausend Herztransplantationen durchgeführt.[85] Obwohl diese Zahl stattlich erscheint, wird der Bedarf an Spenderorganen, angesichts einer Liste von fünfzigtausend Menschen, die auf ein neues Herz warten, auf absehbare Zeit zweifellos hoch bleiben.[86]

Ich weise deshalb hier auf diese Hintergründe von Herztransplantationen hin, weil sie einen unmittelbaren Bezug zum Thema dieses Kapitels haben. Seit der Zeit der ersten Operationen gab es stets ein seltsames Phänomen, das inzwischen von der Medizin als möglicher Nebeneffekt von Herztransplantationen anerkannt wird. Man nennt es *Erinnerungsübertragung*. Eines der ältesten Beispiele dieses Phänomens ist als persönliches Erlebnis einer Frau namens Claire Sylvia dokumentiert; es handelt sich um einen Bericht ihrer Erfahrungen als Organspende-Empfängerin, der belegt, wie sich den Forschern dadurch die Tür zu ernsthaften Untersuchungen und möglicher Akzeptanz öffnete, beziehungsweise wie die Lebenserinnerungen im Herzen selbst, unabhängig davon, in welchem Körper es seinen Sitz hat, bewahrt werden.[87]

Sylvia, die früher eine professionelle Tänzerin war, hatte sowohl das Herz als auch die Lunge von einem Organspender erhalten, dessen Identität zunächst nicht bekannt war. Nicht lange nach der Operation bekam sie Appetit auf Essen, das sie, wie zum Beispiel Chicken Nuggets und grüne Peperoni, in der Vergangenheit nie besonders gemocht hatte. Besonders ihre Gier nach den Nuggets war sehr merkwürdig: Sylvia fühlte sich auf unerklärliche Weise zu der Restaurantkette KFC hingezogen, um ihren Appetit zu stillen. Da sie niemals Geschmack an dieser Art von Essen gefunden hatte, waren auch ihre Freunde, ihre Familie und ihr Arzt verwundert über dieses Bedürfnis.

Unmittelbar vor der Operation war sie informiert worden, dass sie die Organe von einem jungen Mann erhalten würde, der bei einem Motorradunfall ums Leben gekommen sei. Details über die Spender werden den Empfängern der Organe gewöhnlich zwar nicht mitgeteilt, aber Sylvia ging der Information, die sie hatte, weiter nach und stieß in einer lokalen Traueranzeige auf die Identität des jungen Mannes sowie auf die Adresse seiner Eltern. Während eines Besuchs bei ihnen erfuhr sie mehr über die Biografie von deren Sohn Tim, dessen Herz und Lunge sie nun in ihrem Körper trug. Und diese Details bestätigten ihr, was sie bereits intuitiv zu wissen geglaubt hatte: Tim liebte speziell diese Art von Chicken Nuggets und grünen Peperoni, die sie nun auch mochte. Es war eindeutig, dass Tims Lust an dem Essen, das er zu seinen Lebzeiten genoss, jetzt ein Teil von Sylvias Erfahrung war, und dass sie diese Gelüste durch eine Erinnerungsübertragung erworben hatte.[88]

Leitsatz 18 Die wissenschaftliche Dokumentation von Erinnerungen, die von einem Organspender durch das Herz selbst in den Körper eines Empfängers übertragen wurden, belegt, wie real das Herzgedächtnis ist.

Claire Sylvias Geschichte ist eine der frühesten und am besten dokumentierten Berichte von Erinnerungsübertragung durch eine Herztransplantation, aber es sind seitdem noch weitere Fälle bekannt geworden.
In jedem ist ein Wandel der Persönlichkeit, die das neue Herz bekam,
feststellbar. Diese Wandlungen reichen von einer neuen Vorliebe für
bestimmtes Essen bis hin zu Veränderungen im Charakter und sogar
der sexuellen Orientierung, die die Neigungen und Charakterzüge des
Spenders widerspiegeln.

Und so faszinierend die Beispiele für Persönlichkeitsveränderungen
auch sein mögen – die Geschichten sind damit noch nicht zu Ende. Die
emotionalen Lebenserinnerungen scheinen so tief in unserem Herzgedächtnis verankert zu sein, dass sie mit einer erstaunlichen Klarheit
bewahrt werden und gewöhnlich von der Person, die das Herz durch
eine Transplantation erhalten hat, wieder erlebt werden.

Obwohl Skeptiker, die die Herzgedächtnis-Theorien bezweifelten,
eine Reihe alternativer Erklärungen für die Veränderungen in Persönlichkeit und Lebensstil nach der Transplantation – darunter
medizinische Reaktionen und unterbewusste Einflüsse – aufgestellt
haben, gibt es eine bestimmte Art von Erfahrungen, die durch die
Theorien der Skeptiker nicht wegerklärt werden können. Es ist diese
Art von dokumentierten Fällen, die dazu geführt hat, dass die Erinnerungsübertragung als Tatsache des Lebens und nicht als merkwür-
diger Zufall akzeptiert wurde.

Solange das Herz lebt,
bleiben die Erinnerungen erhalten

Zwei Jahre nachdem Claire Sylvias Buch 1999 herauskam, veröffentlichte der Neurobiologe Paul Pearsall, M.D., eine weitere Pionierarbeit,
die Fälle von Herzgedächtnis dokumentierte. Dieses Buch, *Heilung aus
dem Herzen*, enthielt lebensechte Berichte über die Erinnerungen und
Träume, sogar Albträume, die Menschen nach Herztransplantationen

erlebt hatten. Was einen dieser Berichte so außergewöhnlich macht, ist die Tatsache, dass die Erfahrungen des Empfängers als wirkliche Ereignisse im Leben des Spenders bestätigt werden konnten. Dieser Fall betrifft ein achtjähriges Mädchen, das das Herz eines zwei Jahre älteren Mädchens bekommen hatte.

Fast unmittelbar nach der Operation begann das Mädchen sehr heftige und fürchterliche Träume – Albträume – zu haben, in denen es verfolgt, angegriffen und getötet wurde. Ihre Transplantation war in medizinischer Hinsicht erfolgreich verlaufen, doch die psychologische Wirkung der Albträume hielt an. Sie wurde daraufhin zur Beurteilung der geistigen Gesundheit an eine Psychiaterin überwiesen. Die Ereignisse und Bilder, die das Mädchen beschrieb, waren so deutlich, stimmig und detailliert, dass die Psychiaterin überzeugt war, die Träume müssten mehr als nur wunderliche Nebenprodukte der Transplantation sein. Sie war sicher, dass das Mädchen Erinnerungen einer realen Lebenserfahrung beschrieb. Die Frage war nur, wessen Erinnerungen?

Schließlich bemerkten die Experten, die zur Begutachtung des Falles hinzugezogen worden waren, recht bald, dass das Mädchen die Details eines ungelösten Mordfalles erzählte, der sich in ihrer Stadt ereignet hatte. Sie konnte genaue Angaben machen, wo, wann und wie der Mord geschehen war. Sie konnte sogar die Worte wiederholen, die während des Angriffs gesprochen wurden, und den Mörder benennen. Aufgrund der Details, die sie angab, war die Polizei in der Lage, den Mann zu finden und festzunehmen, der den Umständen und der Beschreibung entsprach. Letztlich wurde er vor Gericht gestellt und des Mordes an dem zehnjährigen Mädchen überführt, dessen Herz sich nun im Körper des achtjährigen befand.[89]

Dieser Bericht verdeutlicht uns, wie real das kleine Gehirn in unserem Herzen ist und wie es in einer Weise funktionieren kann, die man zuvor nur beim Schädelhirn für möglich hielt. Die Entdeckung des zweiten Gehirns im Herzen und die offensichtliche Tatsache seiner Fähigkeit, zu denken und sich zu erinnern, hat einem breiten Spektrum an Möglichkeiten in unserem Leben Tür und Tor geöffnet.

Was bedeutet das verborgene Potenzial des Herzens für unser Leben? Seit der Zeit, in der Leonardo da Vinci vor fast sechshundert Jahren erstmals die Nerven, die das Gehirn mit den wesentlichen Organen des Körpers verbinden, grafisch darstellte, sind wir dazu verleitet worden, Herz und Hirn aus einer Entweder-Oder-Perspektive zu sehen.[90] Wissenschaftler, Ingenieure und analytische Problemlöser haben lange geglaubt, dass das Gehirn das zentrale Kontrollzentrum für den Rest des Körpers ist, weshalb sie das Herz oft abgewertet haben. Gleichzeitig haben Künstler, Musiker und intuitive Denker typischerweise gespürt, dass das Herz die Quelle der Inspiration, der Einsicht in die Herausforderungen des Lebens und einer tiefen Weisheit ist, die unser Leben zu leiten vermag, und darüber haben sie das Denkvermögen des Gehirns zu wenig beachtet. Heute zeigt sich, warum dieses Entweder-Oder-Denken uns nicht weiterbringt.

Wenn wir das Gehirn vom Herzen trennen, entsteht ein unvollständiger Eindruck unseres gesamten Potenzials. Je mehr wir von der Weise erfahren, wie Herz und Hirn als verbundenes Netzwerk funktionieren, um den Körper zu regulieren, desto deutlicher erkennen wir, dass unser Wohlergehen eher aus der Harmonisierung beider Organe in ihrem Zusammenwirken folgt als aus einer ausschließlichen Betrachtung des einen oder des anderen. Je mehr wir darüber lernen, wie wir eine Herz-und-Hirn-Harmonie erzeugen können, desto besser können wir dieses Verständnis nutzen, um die Kraft unseres größten Potenzials anzuzapfen!

Die Dramatikerin und Kongressabgeordnete Clare Boothe Luce sagte einmal: »Der Gipfel an Raffinesse ist Einfachheit.«[91] Die Wahrheit ihrer Worte gilt vor allem für die Natur. Die Natur ist einfach und elegant, bis wir sie durch unbeholfene Beschreibungen und komplizierte Formeln schwierig machen. Was könnte also einfacher sein als die Tatsache, dass das Gehirn in unserem Herzen und das Gehirn in unserem Kopf auf ganz natürliche Weise ein einziges, kraftvolles Netzwerk bilden, das uns befähigt, tiefe Intuition, Empathie und Mitgefühl in unserem Leben zu erfahren?

Solche bemerkenswerten Bewusstseinszustände werden gemeinhin außergewöhnlich begabten und besonders geschulter Mystikern, Mönchen und Yogis zugeschrieben, aber ich habe das Gefühl, dass sie in Wahrheit gewöhnliche, jedem von uns zugängliche Fähigkeiten sind, die unsere Kultur ganz einfach vergessen hat.

HERZENSWEISHEIT IM TÄGLICHEN LEBEN

Waren Sie mit einer Entscheidung konfrontiert, von der Sie sich völlig überfordert fühlten? Vielleicht war es die Frage, ob es richtig ist, eine medizinische Behandlung fortzusetzen, die nicht im Einklang mit Ihren Glauben stand.

Vielleicht fragten Sie sich, ob Sie eine schwierige Beziehung weiterführen oder beenden sollten. Vielleicht würde es für Sie selbst oder für eine geliebte Person in der Konsequenz um Leben und Tod gehen, wenn Sie sich falsch entschieden.

So verschieden die Themen auch sein mögen, so gewiss haben sie doch eines gemeinsam: Es gibt auf derartige Fragen keine absolut richtige Antwort. Eine solche Situation erlaubt kein Richtig oder Falsch. Es gibt kein »Buch der Wahrheit«, an das Sie sich wenden können, wenn Sie vor schwierigen Entscheidungen stehen, keinen Leitfaden, der Ihnen verraten wird, welche Wahl die beste ist.

Und wenn Sie jemals in einer Situation waren, in der Sie eine solche Entscheidung zu treffen hatten, werden Sie womöglich bemerkt haben, dass jeder Freund, den Sie um Rat fragten, seine eigene Meinung hatte, warum ein bestimmter Weg für Sie der richtige ist, sodass Sie schließlich mit einem ganzen Sammelsurium von Meinungen dastanden, die die Auswahl noch verwirrender machte.

Oder vielleicht geschah auch etwas ganz anderes. Vielleicht folgten Sie dem Rat eines engen Freundes oder Verwandten, der es gut meinte und Ihnen helfen wollte. Vielleicht versuchten Sie es auch mit der uralten Methode, Ihre Frage mit Hilfe einer Liste von Pros und

Contras zu beantworten. Das empfahl mir jedenfalls meine Mutter für den Fall, dass ich einmal eine schwere Entscheidung zu treffen hätte, als ich aufwuchs.

»Versieh ein Blatt Papier mit zwei Spalten«, pflegte sie zu sagen. »Schreibe über die eine Spalte ›Pro‹ für die guten Folgen deiner Wahl und über die andere Spalte ›Contra‹ für die weniger guten Dinge. Anschließend addierst du die Pros und Contras, und dann hast du deine Antwort. Wenn es nicht funktioniert, frag deinen Vater.«

Ich kann Ihnen aus Erfahrung sagen, dass keine dieser Lösungen funktionierte. Bevor mein Vater unsere Familie verließ, als ich zehn war, war er meistens nicht erreichbar für mich, wenn es um die großen Fragen des Lebens ging. Wenn meine Mutter meine Fragen nicht beantworten konnte, hatte ich also nur wenige Möglichkeiten. Und die Liste, die mir meine Mutter anzufertigen riet, schien sich immer in Richtung dessen zu wenden, wovon ich *wollte*, dass es die Antwort wäre, und weniger zu dem, was wirklich die beste Lösung war.

Der Grund, warum es so schwer ist, große Entscheidungen zu treffen, für die es keine eindeutigen Lösungen gibt, hängt unmittelbar mit der Art zusammen, wie wir konditioniert wurden zu denken. Die meisten von uns sind dazu abgerichtet worden, ausschließlich mit dem Gehirn zu denken. Und auch wenn es Gelegenheiten gibt, bei denen es uns definitiv nützt, die Dinge geistig abzuwägen, etwa wenn wir Schritt-für-Schritt-Konzepte entwickeln, um ein Haus zu bauen, ein komplexes mathematisches Problem zu lösen oder auf ein sicheres Einkommen in der Zukunft hinzuarbeiten, gibt es doch andere Situationen, in denen wir uns in Wahrheit selbst beschränken, wenn wir versuchen, die großen Fragen des Lebens allein durch Nachdenken zu lösen. Aus folgenden beiden Gründen kann die Lösung unserer Probleme allein durch Überlegen manchmal ein langsamer und mühevoller Prozess sein:

- **Entscheidungen auf der Basis des Denkens sind gewöhnlich durch unsere Wahrnehmungen und früheren Erfahrungen ge-**

filtert. Wenn es beispielsweise darum geht, unsere Rolle in einer intimen Beziehung zu wählen, wird unsere auf Logik beruhende Entscheidung durch die Filter unseres Selbstbildes getroffen. Deshalb ist unsere Antwort auf die Frage *Wer bin ich?* so wichtig. Unser Denken wird die Frage, ob eine Beziehung fortzusetzen oder zu beenden ist, durch die Linse unserer persönlichen Wertschätzung betrachten und beantworten. Wie wir im nächsten Kapitel sehen werden, leitet sich diese Einschätzung teilweise von der wissenschaftlichen Evolutionsgeschichte und dem Gefühl von Bedeutungslosigkeit her, das diese uns vermittelt.

- **Unsere Gemüter neigen dazu, die Antworten, zu denen wir durch Zirkelschlüsse kommen, zu rechtfertigen; also durch eine Art des Denkens, die eine Schlussfolgerung durch Neuformulierung bekräftigt.** Wenn ich beispielsweise zu Ihnen sagen würde, »Ich mag Bon Jovi, weil es meine Lieblingsband ist«, zeigt sich das Zirkuläre an der Begründung dadurch, dass ich denselben Gedanken zwei Mal zum Ausdruck bringe, indem ich die Wörter *mag* und *Lieblings-* verwende. Ich würde dadurch also den zweiten Gedanken benutzen, um den ersten zu rechtfertigen, und den ersten, um den zweiten zu begründen.

Diese Art des Argumentierens kann unerwartete Folgen haben, zum Beispiel die, dass sie unsere Angst davor verstärkt, einen neuen und herausfordernden Job anzunehmen, der uns angeboten wird, und eine Ablehnung rechtfertigt. In solchen Fällen lautet die zirkuläre Logik ungefähr so: *Ich habe schon eine sichere Stelle in einer guten Firma* → *Wenn ich den neuen Job und die neuen Verantwortungen übernehme, könnte es sein, dass ich die damit einhergehenden Erwartungen nicht erfüllen kann* → *Wenn ich den neuen Job verliere, bin ich nicht mehr abgesichert* → *Ich habe schon eine sichere Stelle in einer guten Firma.*

Um eins klar zu machen: Ich behaupte nicht, dass eine der vorangegangenen Charakteristika der geistigen Problemlösung generell gut oder schlecht ist. Was ich hier sage ist nur, dass es verschiedene Arten von Herausforderungen im Leben gibt, die am besten mit Hilfe verschiedener Arten des Denkens gelöst werden – einige mit dem Gehirn und andere mit dem Herzen.

Und auch wenn ein auf dem Herzen beruhendes Denken in unserer schnelllebigen Welt der Technologie und digitalen Informationen uns weniger vertraut erscheint, ist die im Herzen wohnende Weisheit in einem sehr realen Sinne das wohl leistungsfähigste Instrument, das uns zur Verfügung steht.

Statt die Pros und Contras einer Entscheidung durchzudenken oder die Wahrscheinlichkeit abzuwägen, dass sich eine Erfahrung der Vergangenheit in der Gegenwart wiederholt, weiß die Herzintelligenz augenblicklich, was für uns gerade wahr ist. Unabhängig davon, ob wir uns entschließen, die Herzensweisheit anzunehmen oder zu ignorieren, sie ist da und kann von uns genutzt werden. Das gilt für die Frage, was wir für andere Menschen empfinden, ebenso, wie wenn wir wichtige Entscheidungen in unserem Leben treffen. Wissenschaftliche Untersuchungen der Genauigkeit unserer ersten Eindrücke, wenn es darum geht, ob wir einer anderen Person trauen, liefern perfekte Beispiele für die Weisheit des Herzens, die wir alle irgendwann in unserem Leben schon erfahren haben.

DAS HERZ WEISS UNVERZÜGLICH BESCHEID

Eine von Alex Todorov, Ph.D., einem Psychologen an der Princeton University, geleitete Studie zeigte, dass unsere Einschätzung einer Person, die wir zum ersten Mal treffen, fast unverzüglich erfolgt. »Wir entscheiden sehr schnell, ob eine Person viele der Charakterzüge aufweist, die wir für wichtig halten, darunter Anteilnahme und Kompetenz, auch wenn wir noch kein einziges Wort mit ihr gewechselt haben«, sagt er. »Es scheint, dass wir darauf programmiert sind, diese Schlüsse auf eine schnelle, unreflektierte Weise zu ziehen.«[92]

Wenn wir bedenken, wie schnell wir uns Meinungen über Leute bilden, die wir niemals getroffen haben, dann erscheint das wirklich plausibel. Es ist eine natürliche Methode, uns abzusichern. Unsere Vorfahren verfügten nicht über den Luxus, Menschen, denen sie von Angesicht zu Angesicht begegneten, erst stundenlange Besuche abzustatten, wenn sie die Welt auf der Suche nach Nahrung und einem freundlichen Klima durchstreiften. Sie kamen nicht dazu, sich bei einem gemütlichen Glas Tee hinzusetzen und nach gemeinsamen Interessen, der Familiengeschichte oder dem Lieblingszeitvertreib der Leute zu fragen, die ihnen, in Bärenfell gehüllt, mit Speeren in der Hand drohten. Sie mussten schnell, beinahe unmittelbar, *wissen*, ob sie sicher waren oder nicht. Und wenn sie es nicht waren, brauchten sie Zeit, um zu reagieren. Wenn sie die Antworten auf diese Fragen innerhalb von einer oder zwei Millisekunden wussten, gab ihnen das die Zeit, dies zu tun.

Obwohl sich unsere Lebensumstände als Ergebnis der modernen Gesellschaft zweifellos geändert haben, bleibt unsere grundlegende menschliche Erfahrung genauso, wie sie immer gewesen ist. Wenn wir jemanden zum ersten Mal treffen, müssen wir immer noch so schnell wie möglich wissen, 1) ob wir sicher sind, und 2) ob wir ihm trauen können. Dies gilt für das Geschäftsleben, Freundschaften und ganz besonders, wenn es um Liebe, Affären und Intimität geht. Während Wissenschaftler unsere ersten Eindrücke voneinander traditionell Gehirnfunktionen zugesprochen haben, verweisen neuere Befunde darauf, dass es nicht nur das Gehirn allein ist, das zu diesem Urteil kommt. Das Herz spielt eine lebenswichtige Rolle dabei, uns zu helfen, Entscheidungen in Sekundenbruchteilen zu treffen.

Das Institute of HeartMath, oft als IHM abgekürzt, ist eine zukunftsweisende Forschungsorganisation, die sich der Erforschung und dem Verständnis des ganzen Potenzials des menschlichen Herzens widmet und dabei manchmal über das hinausgeht, was typischerweise in Universitätslabors und Klassenräumen getan wird. Zur Klarstellung möchte ich erwähnen, dass ich zwar kein Angestellter des IHM war, aber über zwanzig Jahre lang eng mit dieser Organisation zusammengearbeitet habe, um viele ihrer wissenschaftlich fundierten Entdeckungen einem breiten Publikum bekannt zu machen.[93] In den restlichen Teilen dieses Buches werde ich Forschungen, Entdeckungen und Techniken des IHM mit deren Erlaubnis heranziehen, um zu zeigen, wie wir das Potenzial unseres Herzens in unserem Leben nutzen können. Eine Zusammenfassung der vom IHM durchgeführten Studien beispielsweise im Hinblick auf die Intuition betont sehr schön die Rolle des Herzens bei unseren Entscheidungen:

> »Im Zentrum dieser Fähigkeit [der Intuition] steht das menschliche Herz, das über einen Grad von Intelligenz verfügt, dessen Bandbreite und Leistungsvermögen wir gegenwärtig erforschen. Wir wissen nun, dass diese Intelligenz auf vielerlei Weise zu unserem Vorteil kultiviert werden kann.«[94]

Wie schon erwähnt: Gerade weil die Herzintelligenz die Filter des Gehirns (Gedanken in Bezug auf frühere Erfahrungen, Selbstwertgefühl usw.) umgeht, kann sie ihre Entscheidungen hinsichtlich unserer Sicherheit und unseres Wohlergehens beinahe unmittelbar treffen. Alex Todorovs Untersuchung zeigt, dass wir in nicht mehr als einer Zehntelsekunde ein Urteil fällen, wenn wir einem neuen Gesicht begegnen.

Eine Anzahl weiterer Studien kam ebenso zu dem Ergebnis, dass der erste Eindruck, genau wie unsere Mütter es uns ganz unwissenschaftlich sagten, im Allgemeinen goldrichtig ist. Da wir aber in einer Gesellschaft leben, die Intuition in der Vergangenheit traditionell missachtete, ertappen wir uns selbst immer wieder dabei, dass wir unsere ersten Eindrücke ignorieren, wenn es um die wichtigsten Entscheidungen unseres Lebens geht.

Ich hatte beispielsweise Freunde, die mir anvertrauten, dass ihr erster Eindruck, als sie den Menschen zum ersten Mal trafen, den sie später heiraten sollten, ihnen riet wegzurennen, und zwar schnell!

Statt auf die Weisheit ihres Herzens zu hören, rationalisierten sie jedoch das Gefühlte und taten das Gegenteil. Allem äußeren Anschein nach schien es keinen guten Grund zu geben, die Beziehung nicht weiter auszubauen.

In einem Fall geschah es erst nach zwölf Jahren Ehe, dass eine Freundin, eine Frau, mit der ich mir ein Büro teilte, sich selbst eingestand, dass der erste Eindruck von ihrem Ehemann richtig gewesen war. Der Mann, den sie geheiratet hatte, gewöhnte sich in den zwölf Jahren ihrer Ehe nicht daran, sie mehr zu respektieren, als er es ihrem Gefühl nach beim ersten Treffen tat. Der Punkt ist aber, dass sie – beziehungsweise ihr Herz – fast augenblicklich gewusst hatte (nach lediglich einer Zehntelsekunde), dass die Beziehung nicht sicher war. Weil sie die Weisheit ihres Herzens ignorierte, brauchte sie zwölf Jahre ihres Lebens dafür, zu demselben Schluss zu gelangen. Während dieser zwölf Jahre machte sie Erfahrungen, die sie dazu ermächtigten, anders über sich selbst zu denken und zu akzeptieren, dass sie es wert war, mehr Respekt zu empfangen, als ihr Mann ihr erwies.

Wenn wir von Erfahrungen wie dieser hören, wird klar, dass wir nicht in Begriffen von Schwarz-Weiß-Entscheidungen denken müssen, die auf dem Papier gut aussehen, sondern die Möglichkeit haben, Wissen aus einer tieferen Weisheit zu erlangen, welche die Voreingenommenheit des Denkens transzendiert. Letztlich kommt es stets auf unsere Intuition an und auf das, was wir in unserem Herzen fühlen.

DIE WEISHEIT DES HERZENS AUFWECKEN

Die Früchte unserer Herzensweisheit anzunehmen, kann uns, was unsere Lebensweise, unsere Fähigkeit, Probleme zu lösen, und sogar unser Vermögen zu lieben betrifft, unverzüglich über traditionelle Grenzen hinwegkatapultieren. Diese Fähigkeiten sind es auch, die uns die Kraft geben, große Veränderungen in unserem Leben zuzulassen – und dies auf eine gesunde Weise. Wenn wir all das bedenken, was wir jetzt über das Herz wissen – etwa die Tatsache, dass es Teil eines ausgedehnten neuronalen Netzwerkes ist, das schon vollständig entwickelt war, als unsere Urahnen vor 200.000 Jahren auf der Erde erschienen; die Tatsache, dass wir ein kleines Hirn in unserem Herzen aus Zellen haben, die unabhängig vom Gehirn denken, fühlen und sich erinnern; und die Tatsache, dass wir die Wohltaten, die uns aus der Beziehung von Hirn und Herz erwachsen, selbst aktivieren können –, dann stellt sich uns nun die Frage, ob das Herz noch weitere Funktionen hat, die wir jetzt erst zu verstehen beginnen? Welche Fähigkeiten harren heute der Entdeckung, von denen wir entweder vergessen haben, dass wir sie besitzen, oder die wir erst jetzt neu entdecken?

Leitsatz 19   Das Herz ist der Schlüssel zur Erweckung tiefer Intuition, subtiler Erinnerungen und außerordentlicher Fähigkeiten, die in der Vergangenheit als sehr ungewöhnlich galten, sowie zur Einbeziehung dieser Eigenschaften in das tägliche Leben.

4

Die neue Menschheitsgeschichte

Leben mit einer Bestimmung

*»Wenn wir unsere Geschichten leugnen, bestimmen sie uns.
Wenn wir uns unsere Geschichten zu eigen machen, werden wir
ihnen ein neues mutiges Ende schreiben.«* [95]

‒ Brené Brown (geb. 1965) ‒
amerikanischer Forscher

Wenn wir die Frage *Wer sind wir?* vom Standpunkt der konventionellen Wissenschaft aus beantworten, kann es dann sein, dass wir nicht nur die falsche Spur verfolgen, sondern auch noch an dieser Spur kleben, und dass sie uns immer weiter von einem Verständnis derjenigen Lebenswahrheiten wegführt, die uns am meisten stärken? In der Vergangenheit waren wir auf der falschen Fährte, und die Wissenschaft taumelt noch immer, seit sie entdeckt hat, wie sehr sich eine anerkannte Theorie, entgegen allen Erwartungen, in letzter Zeit als falsch herausstellt.

DAS HATTEN SIE NICHT ERWARTET!

Bei der Fertigstellung des Human Genome Projects (HGP) im Jahr 2001 erfuhren die Wissenschaftler mit Erstaunen, dass die genetische Vorlage für einen Menschen ungefähr 75 Prozent kleiner ist, als sie geglaubt hatten. Dies war nicht nur ein lässlicher Fehler bei der Berechnung. Es war eine derart große Abweichung von den ursprünglichen Schätzungen, dass die internationale Gemeinschaft der Biologen und Genetiker, die in das Projekt einbezogen waren, einen im Hinblick auf ihre grundlegenden Annahmen schwierigen Sachverhalt anerkennen mussten.

Vor dem HGP wurde vermutet, dass es jeweils ein einziges Gen geben müsse, das jedes einzelne der Proteine, die unseren Körper bilden, hervorbringt. Auf der Basis dieser Idee einer Eins-zu-Eins-Korrespondenz erwarteten die Forscher, dass das Projekt mindestens 100.000 Gene im Bauplan des Menschen identifizieren würde. Wissenschaftler und Unternehmer waren sich dessen tatsächlich so sicher, dass sie bereits die Entwicklung pharmazeutischer Produkte geplant hatten, um die entdeckten Gene zu verändern und zu »reparieren« und eine ganze neuartige Industrie von Gen-Medizin aufzubauen, sobald die Ergebnisse des Projektes bekannt würden.[96] Niemand hatte die tatsächlichen Ergebnisse dieses Forschungsprojekts vorausgesehen. Und als es soweit war, hatten sich Wissenschaftler an Universitäten, Forschungsinstituten und medizinischen Laboratorien auf der ganzen Welt mit einer überraschenden neuen Realität zu arrangieren.

Das HGP enthüllte, dass es nur etwa 20.000 bis 24.000 Gene im menschlichen Genom gibt; 75.000 weniger, als man erwartet hatte![97] Die Frage lautete: Wo waren die »fehlenden« Gene?

Gab es sie überhaupt?

Weitere Forschungen in der Nachfolge des HGP zeigten, wo das frühere Denken der Wissenschaftler mangelhaft war. Anstatt dass *ein* Gen *ein* Protein kodiert, kann ein einzelnes Gen, wie wir heute wissen, die Codes für eine Vielzahl von Proteinen, die zuweilen in die Tausende geht, hervorbringen. Ein Gen einer Fruchtfliege beispielsweise kann nicht weniger als 38.000 verschiedene Proteine kodieren.[98] Dieselben Prinzipien scheinen auch für den Menschen zu gelten, lediglich in einem geringeren Maße. »Es scheint sich um ein Maß von durchschnittlich fünf bis sechs Proteinen pro Gen zu handeln«, sagt Victor A. McKusick, der Co-Autor des bahnbrechenden Verzeichnisses, das die Funde des HGP von 2001 beschrieb.[99]

Aber wie kann ein derart fundamentaler Denkfehler so lange unentdeckt geblieben sein? Wie konnte die grundlegende Annahme hinsichtlich des Fundaments eines futuristischen neuen Wissenschaftsgebietes – eines, von dem man glaubte, dass es zur Entstehung einer ganzen neuartigen medizinischen Industrie führen würde – so fehlerhaft sein?

Die Antwort auf diese Frage ist der Grund, weshalb ich hier über das HGP berichte. Der Fehler folgte aus der wissenschaftlichen Akzeptanz einer unbewiesenen Theorie – der Vermutung einer Eins-zu-Eins-Korrespondenz zwischen Genen und Proteinen –, die Wissenschaftler Jahre zuvor Mitte des 20. Jahrhunderts aufgestellt hatten.

Craig Venter, der Präsident einer Firma, die eines der HGP-Teams, die die Gene kartierten, leitete, erkannte unverzüglich die Bedeutung der Ergebnisse: »Es gibt beim Menschen nicht mehr als dreihundert spezifische Gene, die nicht auch bei der Maus zu finden sind. Das sagt mir, dass Gene unmöglich alles bewirken können, was uns zu dem macht, was wir sind.«[100]

Das HGP bildet das perfekte Beispiel für die Konsequenzen, die es hat, wenn eine wissenschaftliche Vermutung ohne bestätigende Belege einfach als Tatsache angenommen wird. In diesem Fall brach aufgrund von Fehleinschätzungen ein ganzes Gebiet der Wissenschaft und Medizin in sich zusammen. Weiterhin erzwang das Ergebnis des HGP die Neubeurteilung einer wesentlichen Prämisse, die von Wissenschaftlern bisher rückhaltlos für wahr gehalten und in den Seminarräumen der Universitäten gelehrt worden war. Und obgleich die Wissenschaftler sich nun anscheinend hinsichtlich der Frage, wie Gene und Proteine miteinander verbunden sind, auf dem richtigen Weg befinden, stellt das Human Genome Project nicht den einzigen Fall dar, in dem eine unbestätigte Doktrin Wissenschaftler mit ihren Annahmen in eine Sackgasse geführt hat. Wenn dies so wäre, könnten wir das, was bei dem Projekt geschah, eine Ausnahme nennen. Aber es ist keine Ausnahme. Das Beispiel des HGP veranschaulicht eine Denkweise, die wir in nicht allzu ferner Vergangenheit bereits kennengelernt haben.

DASSELBE EXPERIMENT, NEUE AUSRÜSTUNG UND EIN NEUES ERGEBNIS!

Der wissenschaftliche Glaube, dass alles, was wir sehen und anfassen können, getrennt ist von allem übrigen, ist ein weiteres Beispiel für die Denkweise, die in eine wissenschaftliche Sackgasse geführt hat. Die Idee der Getrenntheit hat ihre Wurzeln in dem berühmten Michelson-Morley-Experiment, das ursprünglich 1887 durchgeführt wurde. Das nach den beiden Forschern, die es entwickelten hatten, Albert Michelson und Edward Morley, benannte Experiment war der lang erwartete Versuch der wissenschaftlichen Gemeinschaft, ein für alle Mal die Frage zu klären, ob ein universales Energiefeld alle Dinge miteinander verbindet oder nicht.[101] Dem damaligen Denken nach würde sich so ein Feld, sollte es tatsächlich existieren, relativ zur Erde bewegen. Und weil das Feld in Bewegung wäre, müsste es möglich sein, diese Bewegung festzustellen.

Das Experiment wurde in einem provisorischen Labor im Keller eines Gebäudes der Case Western Reserve University durchgeführt. Aufgrund der Ergebnisse des Experiments, so wie die Daten von damaligen Wissenschaftlern interpretiert wurden, glaubte man bewiesen zu haben, dass es kein universales Energiefeld gäbe. Daraus zog man die Schlussfolgerung, alles wäre von allem Übrigen getrennt – was bedeutet, dass ein Ereignis an einem Ort kaum Auswirkungen, wenn überhaupt, auf ein anderes Ereignis woanders hätte.

Diese Befunde wurden zum Fundament der wissenschaftlichen Theorie wie des Schulunterrichts für beinahe ein gesamtes Jahrhundert. Bis Michelsons und Morleys Experiment aus dem 19. Jahrhundert im 20. Jahrhundert wiederholt wurde, wuchsen viele Generationen in dem

Glauben auf, wir lebten in einer Welt, in der wir voneinander sowie von der uns umgebenden Welt abgesondert wären, und alles, was wir an einem Ort tun, hätte keinerlei Auswirkungen über diesen Ort hinaus. Dieser Glauben spiegelte sich überall in unserer Zivilisation in zahlreichen Facetten wider, die von persönlichen Entscheidungen, die andere Menschen betreffen, und dem Wachstum des Wirtschaftssystems, das manche Menschen auf Kosten anderer begünstigt, bis zum Gesamtzusammenhang der Beziehungen der Menschheit zur Erde selbst reichen. Wissenschaftler auf der ganzen Welt haben die Annahmen von Michelson und Morley als Fakten akzeptiert ... das heißt, bis das Experiment 99 Jahre später erneut durchgeführt wurde.

1986 wiederholte ein Wissenschaftler namens E. W. Silvertooth das Michelson-Morley-Experiment in einer von der U.S. Air Force finanzierten Untersuchung. Die wissenschaftliche Zeitschrift *Nature* veröffentlichte die Ergebnisse unter dem bescheidenen Titel »Special Relativity« [Spezielle Relativität]. Mit Hilfe von Messgeräten, die weitaus empfindlicher als diejenigen waren, die Michelson und Morley 1887 zur Verfügung standen, *konnte Silvertooth nachweisen, dass das Feld doch existiert und sich genauso bewegt, wie Michelson und Morley es hundert Jahre zuvor für diesen Fall vorausgesagt hatten.*[102] Mit dieser Arbeit entlarvte er eine ganze Weltanschauung.

Fast ein Jahrhundert lang beruhte die führende Wissenschaft der modernen Welt auf einer Vorstellung, die ganz einfach nicht wahr gewesen ist. Zum Glück wissen wir es heute besser und können das neu gewonnene Wissen anwenden. Aber trotz des späteren Experiments, das die Existenz des Feldes und dessen entscheidende Rolle für unser Leben nachwies, wird das Prinzip der Trennung noch immer in manchen Lehrbüchern propagiert und an Universitäten gelehrt. Auf diese Weise werden Angehörige noch einer weiteren Generation in die Irre geführt.

Ich halte das Michelson-Morley-Experiment und das Human Genome Project für klassische Beispiele dafür, wie sich eine wissenschaftliche Theorie, die zu einem gewissen Zeitpunkt allgemeine

Hochschätzung genießt, wandeln kann und muss, wenn eine neue Entdeckung frühere Annahmen aufhebt.

Es ist genau diese Art von Entdeckung, die die Theorie der menschlichen Evolution zusammenbrechen lässt, und es ist von entscheidender Bedeutung, dass wir unsere früheren Vermutungen sowohl persönlich aufgeben als auch öffentlich zurückweisen, wenn sie den Glauben betreffen, dass die DNA, die uns zu dem macht, was und wer wir sind, bloß durch Zufall entstanden sei.

> **Leitsatz 20** Die Bereitschaft, eine wissenschaftliche Vermutung trotz fehlender Belege, die sie unterstützen, als Tatsache anzuerkennen, kann uns, wie es auch in der Vergangenheit geschehen ist, zu falschen Schlussfolgerungen führen, was die Art und Weise betrifft, wie wir über uns selbst und unsere Beziehungen zur Welt denken.

UNMÖGLICHE WAHRSCHEINLICHKEIT

Die konventionelle Geschichte des Lebens auf der Erde – die Theorie der Evolution – verlangt von uns zu glauben, dass vor langer Zeit genau die richtigen Umstände in genau der richtigen Weise und genau zur rechten Zeit eintraten, um genau die richtige Umwelt für die richtigen Kräfte zu schaffen, die dann perfekte Atome bildeten und diese zu den Elementen zusammenfassten, die die ersten Moleküle des Lebens gebaren. Als wäre es nicht schon eine enorme Herausforderung, von uns zu verlangen, an diese unwahrscheinliche Reihe von Ereignissen zu glauben, werden wir auch noch aufgefordert anzunehmen, dass dieses erste Lebensmolekül überlebte, gedieh, sich unzählige Male vervielfachte und diversifizierte und schließlich im Laufe der Zeit mit Hilfe einer anpassungsfähigen, als »Überleben des Stärksten« bekannten

Strategie triumphierte, um jene Körper hervorzubringen, die uns befähigen, das Leben zu führen, das wir heute leben.

Die Wahrscheinlichkeit, dass diese Kette von Ereignissen zufällig eintrat, ist geradezu unmöglich gering.

Der Chemiker und zweifache Nobelpreisträger Ilya Prigogine stimmte dem zu: »Die statistische Wahrscheinlichkeit, dass organische Strukturen und die äußerst genau harmonisierenden Reaktionen, die lebende Organismen auszeichnen, durch Zufall entstehen könnten«, sagte er, »liegt bei null.«[103] In Übereinstimmung mit Prigogine sind viele andere Wissenschaftler, die die fortschrittlichsten Methoden anwenden, nun in der Lage, uns zu erläutern, wie außerordentlich unwahrscheinlich ein zufälliger Ursprung unserer DNA ist.

Vor seinem Tod im Jahr 1989 berechnete der Schweizer Mathematiker und Physiker Marcel Golay, dass die Wahrscheinlichkeit einer zufälligen Entstehung selbst des einfachsten lebendigen Proteins bei 1 zu 10^{450} liegt, während der Pflanzenphysiologe und frühere Leiter der Universität von Utah Frank Salisbury die Wahrscheinlichkeit der Existenz eines gewöhnlichen DNA-Moleküls auf 1 zu 10^{600} berechnete.[104]

Diese Zahlen sind so unglaublich groß und repräsentieren eine dermaßen geringe Chance, etwas entstehen zu lassen, dass ich jetzt kurz etwas ausführlicher verdeutlichen möchte, was die Mathematiker uns damit sagen. Um dies klarzustellen: Die Zahl 10^{600} steht kurzschriftlich für die britische Einheit einer Zentillion beziehungsweise einer 1 mit 600 Nullen dahinter. Wenn wir diese Notation ausschreiben und hier abdrucken, sieht sie folgendermaßen aus:

1.000.000.000.000.000.000.000.000.000.000.000.000.
000.000.000.000.000.000.000.000.000.000.000.000.000.
000.000.000.000.000.000.000.000.000.000.000.000.000.
000.000.000.000.000.000.000.000.000.000.000.000.000.
000.000.000.000.000.000.000.000.000.000.000.000.000.
000.000.000.000.000.000.000.000.000.000.000.000.000.

000.000.000.000.000.000.000.000.000.000.000.000.000.000.
000.000.000.000.000.000.000.000.000.000.000.000.000.000.
000.000.000.000.000.000.000.000.000.000.000.000.000.000.
000.000.000.000.000.000.000.000.000.000.000.000.000.000.
000.000.000.000.000.000.000.000.000.000.000.000.000.000.
000.000.000.000.000.000.000.000.000.000.000.000.000.000.
000.000.000.000.000.000.000.000.000.000.000.000.000.000.
000.000.000.000.000

Diese riesige Zahl in ausgeschriebener Form veranschaulicht, wie gering die Wahrscheinlichkeit ist, dass sich das erste DNA-Molekül durch Zufall gebildet hat. Ich hebe diesen Punkt deshalb hervor, weil Wissenschaftler generell bei Wahrscheinlichkeiten von 1 zu 10^{110} (oder einer noch geringeren Möglichkeit) das Eintreten eines Ereignisses für so unwahrscheinlich halten, dass es unmöglich ist. Wenn diese Zahlen beispielsweise den Chancen auf den Gewinn der Powerball-Lotterie entsprächen, würden wir unsere Lose vermutlich wegwerfen, weil die Wahrscheinlichkeit so niederschmetternd gering ist. Die Wissenschaftler sagen uns also selbst, dass der Existenz der DNA eine so gut wie »unmögliche« Chance von 1 zu 10^{110} zugrunde liegt, und diese Unmöglichkeit kann darüber hinaus noch mit dem Faktor 5 zu 1 zu 10^{600} multipliziert werden, um sie noch unwahrscheinlicher zu machen!

Der englische Astronom Sir Fred Hoyle und der Astrobiologe und Mathematiker Chandra Wickramasinghe schätzten die Chancen in einem Buch, das sie zusammen verfassten, sogar noch weitaus geringer ein, nämlich auf weniger als 1 zu $10^{40.000}$, auf der Basis der Anzahl bekannter Enzyme, von deren Notwendigkeit für das Leben man weiß, und der Wahrscheinlichkeit ihrer zufälligen Entstehung.[105] Wenn wir anfangen, über derart geringe Chancen zu sprechen, werden die Zahlen selbst nahezu bedeutungslos.

Für Nichtmathematiker beschrieb Hoyle diese atemberaubenden Statistiken als Äquivalente eines Tornados, der über eine Müllhalde hinwegfegt und aus verstreuten Trümmern einen Düsenjet vom Typ

Boeing 747 zusammensetzt.[106] Im Licht dieser Unwahrscheinlichkeit versuchen die Wissenschaftler, die Entstehung des Lebens zu verstehen. Wenn es aber evident erscheint, dass wir das Ergebnis von mehr sind als jenem reinen Zufall, den die Evolutionstheorie annimmt, dann muss auch schon die bloße Tatsache unserer Existenz auf ganz neue Weise gedeutet werden.

> **Leitsatz 21**   Namhafte Wissenschaftler erklären uns, dass die Entstehung des genetischen Lebenscodes allein durch den Evolutionsprozess mathematisch unmöglich ist.

EVOLUTION – DIE UNMÖGLICHE QUADRATUR DES UNMÖGLICHEN KREISES

Als Darwin seine Evolutionslehre Mitte des 19. Jahrhunderts vorstellte, nahm man an, dass neue Entdeckungen die zu seiner Zeit als wissenschaftliche Tatsache anerkannte Theorie in den folgenden Jahrzehnten bestätigen würden. Was seitdem geschah, widerspricht allerdings dieser Erwartung. Die Belege unterstützen die menschliche Evolution nicht. Doch statt der Bereitschaft, aufgrund dieser Beweise eine neue Geschichte vom Ursprung des Menschen zu schreiben, gab es ein konzertiertes Bestreben, neue Entdeckungen in den Rahmen der bestehenden Evolutionsgeschichte zu pressen.

Um es noch einmal zusammenzufassen: Wir erkennen dieses Ansinnen deutlich in den Bestrebungen von Mainstream-Wissenschaftlern, eine Verbindung zwischen uralten Primatenfossilien aus ferner Vergangenheit und modernen Menschen im Primatenstammbaum zu ziehen. Angesichts mancher Veröffentlichungen von Mainstream-Medien wie PBS, die ihrem Publikum, etwa in dieser parteiischen Dokumentation über die Evolution, eine ausgewogene Perspektive verweigern, und einiger Akademiker wie dem Biologen Richard Dawkins, der so weit geht, jeden herabzuwürdigen und zu verspotten, der die konventionelle Weisheit im Hinblick auf den Ursprung des Menschen infrage stellt, erinnert das Beharren auf der Auffassung, die gefundenen Belege würden die bestehende Theorie unterstützen, an die sprichwörtliche Quadratur des Kreises. Obwohl es sicher möglich ist, einen quadratischen Zapfen mit Gewalt in eine runde Öffnung zu hämmern, wird er niemals richtig passen, weil er ganz einfach nicht dort hineingehört.

Entdeckungen an der menschlichen DNA zeigen uns, dass unsere Spezies nicht in die saubere und ordentliche traditionelle Evolutionsgeschichte hineinpasst. Nichtsdestotrotz pressen die Leute weiterhin die Fakten in diese Theorie, was uns daran hindert, das Rätsel unserer Existenz richtig zu lösen.

Unser Punkt ohne Wiederkehr – der Point of no Return

Eine Freundin von mir besaß einen Desktop-Computer, der mit der neuesten Software ausgestattet gewesen war, als sie ihn neun Jahre zuvor gekauft hatte. Als aber mit der Zeit neue Updates für das Betriebssystem verfügbar wurden, die zum Beispiel die Netzwerk-Sicherheit erhöhten, eine höhere Geschwindigkeit boten und System-Upgrades ermöglichten, weigerte sie sich, sie auf ihrem Computer zu installieren. Während sie fleißig ihrer Arbeit nachging, ignorierte sie die Nachricht *Neue Upgrades verfügbar*, die von Zeit zu Zeit auf ihrem Bildschirm erschien, denn sie hielt sie für eher unwichtig.

Während der ersten paar Jahre nach der Anschaffung hatte ihre Weigerung, ihr System auf dem neuesten Stand zu halten, nur geringen Einfluss auf ihren Computer. Einige Upgrades waren unbedeutend und betrafen ihre täglichen Bedürfnisse am Rechner nur wenig. Diese kleineren Upgrades wurden durch eine durchlaufende Zahl nach der

Version gekennzeichnet, also v1.1, v1.2, v1.3 und so weiter. Als die Entwickler aber größere Veränderungen an der Software vornahmen, die eine völlig neue Version, zum Beispiel v2.0, erforderten, war die Sache anders, da nun jede neue Software anfing, auf ihrem Computer nach den Features der vorangegangenen Version zu suchen, um auf ihnen aufzubauen.

Eines Tages war meine Freundin intensiv mit der Bearbeitung eines neuen Buches beschäftigt und versuchte, ein Dokument zu öffnen, das sie von ihrem Lektor, der ein anderes Betriebssystem verwendete, geschickt bekommen hatte. Da war nun alles anders, und sie rief mich an und bat mich um Hilfe. »Mein Computer hat sich aufgehängt! Er ist wie eingefroren, und ich kann ihn nicht einmal herunterfahren«, sagte sie.

Nach einer Reihe unnützer Ratschläge, die ich ihr gab, dämmerte mir – ich kannte ja die Aversion meiner Freundin gegen Software-Updates –, was geschehen sein könnte. »Welche Version deines Betriebssystems benutzt du?«, fragte ich sie.

Ihre Antwort enthüllte mir den Grund ihres Computerproblems. Die Software meiner Freundin war buchstäblich seit Jahren überholt. Die Software, die sie brauchte, um die Bearbeitungen ihres Buches zu lesen, benötigte die Features eines kürzlichen Upgrades, um zu funktionieren – Features, die es in ihrem Computersystem nirgends gab.

Die Alternativen, die meine Freundin nun hatte, waren ziemlich simpel: Sie konnte entweder den Nachmittag damit verbringen, jede frühere Version der Software, eine nach der anderen, herunterzuladen und zu installieren, um dem System alle Updates, die sie im Laufe der Zeit verpasst hat, einzuverleiben, oder sie konnte sich einen lange überfälligen neuen Computer kaufen, der auf dem neuesten Stand war und über die neueste Software verfügte. Da ich wusste, wie meine Freundin über Nachhaltigkeit und die Einsatzdauer ihrer elektronischen Geräte dachte, überraschte mich ihre Entscheidung nicht. Sie beschloss, den Tag mit dem Update ihres vertrauten alten Computers zu verbringen.

Die Geschichte meiner Freundin und ihrer veralteten Software ist eine Analogie zu dem, was die wissenschaftliche Gemeinschaft heute erlebt, wenn es darum geht, die Theorien zur Entwicklung des Menschen zu erweitern. Als Darwin seine Lehre 1859 vorstellte, war es sozusagen die Version 1.0 dieses Konzepts. Als mit der Zeit eine neue Technologie verfügbar wurde, die es der Wissenschaft ermöglichte, unglaubliche neue Entdeckungen im Bereich der Molekularbiologie und des menschlichen Genoms zu machen, hätte die Theorie ein Upgrade auf v1.1, v1.2 und so weiter erhalten müssen.

Aber das geschah nicht.

Die wissenschaftliche Methode beruht auf dem Prinzip der Beobachtung im Rahmen einzelner Forschungen, die zu »Upgrades« unseres gemeinsamen Wissens führen. Wissenschaft ist dazu konzipiert, fortwährend upgedatet und revidiert zu werden, wenn neue Informationen ans Licht treten.

Tatsächlich gibt es aber in den letzten einhundertfünfzig Jahren einen Widerwillen – oder gar offenen Widerstand – der akademischen und wissenschaftlichen Welt gegen die Anerkennung neuer Entdeckungen im Zusammenhang mit der menschlichen Entwicklung, die der Weigerung meiner Freundin ähnelt, gelegentliche Updates an ihrem Computersystem zuzulassen. Deshalb verändern jetzt Entdeckungen wie die DNA-Verschmelzung auf dem menschlichen Chromosom 2 scheinbar urplötzlich die gesamte Historie. Zu versuchen, diese Art von Entdeckungen in die bestehende Evolutionsgeschichte einzufügen, gleicht dem Versuch, eine völlig neue Software-Version auf einen Computer herunterzuladen, dessen System sie nicht unterstützt. Die DNA-Entdeckungen vom Typ v2.0 unterscheiden sich dermaßen stark vom ursprünglichen Konzept der Evolution, dass dort für sie kein Platz ist. Die v1.0-Theorie passt einfach nicht zu den Fakten.

Meine Freundin versuchte, einfach das zu tun, was die wissenschaftliche Gemeinschaft heute versucht: Sie bemühte sich, das bestehende

Software-System auf ihrem Computer irgendwie zu »reparieren«, damit es sich an einige Ergänzungen anpasst. Allerdings merkte meine Freundin, dass es bei Computern und der Software, die sie zulassen, irgendwann einen *point of no return* gibt, einen Punkt, von dem aus keine Rückkehr mehr möglich ist. Die für einen Computer geschriebene Software ist unmittelbar mit dem ganzen Kleinkram der Hardware verbunden: mit den Chips, Prozessoren und den Kapazitäten, für die diese entwickelt wurden. Wenn eine weiterentwickelte Software mehr Speicherkapazität oder eine schnellere Datenverarbeitung benötigt, die von der vorliegenden Hardware nicht unterstützt wird, kann die neue Software nicht verwendet werden. Trotz der ausgiebigen Bemühungen meiner Freundin, an den Level der ihr angebotenen Upgrades anzuschließen, war sie letztlich gezwungen, in einen neuen Computer zu investieren, dessen Hardware die neuesten Versionen der von ihr für ihre Arbeit benötigten Software verarbeiten konnte.

Dies ist nun genau die Situation, in der wir uns befinden, wenn es um die Geschichte des menschlichen Ursprungs geht. Der Versuch, die Geschichte der schnellen, präzisen DNA-Mutationen, wie wir sie bei FOXP2 und dem menschlichen Chromosom 2 finden, in die bestehende Historie eines langen, langsamen und allmählichen Evolutionsprozesses einzufügen, funktioniert nicht. Und das kann es auch gar nicht, da die vorangegangenen Entdeckungen von der Evolutionstheorie nicht beachtet wurden. Wir haben jetzt den Punkt erreicht, von dem aus es kein Zurück mehr gibt.

Ebenso, wie der vertraute alte Computer meiner Freundin, der ihr so gut gedient hatte, an einen Punkt gelangte, an dem er obsolet wurde, haben wir in unserer Zeit einen Punkt erreicht, an dem die Menschheitsgeschichte, die wir uns bisher gegenseitig erzählt haben, hinfällig geworden ist. Es ist nun für uns an der Zeit, in eine neue Theorie zu investieren, die die vermeintlich anomalen Informationen bejaht, mit denen die Wissenschaftler der Vergangenheit nicht umzugehen wussten.

Genau wie Genetiker und Biologen ihr Denken zu ändern hatten, um es an die Sachverhalte anzupassen, die sich aus dem Human Genome

Project ergaben, und genauso, wie Physiker ihre Theorien updaten mussten, um sie mit den jüngsten Ergebnissen des Michelson-Morley-Experiments in Übereinstimmung zu bringen, müssen wir nun Platz schaffen für zukünftige Entdeckungen, die einige der hochgeschätzten Glaubenslehren unserer führenden zeitgenössischen Denker durcheinanderbringen könnten. Es scheint auf eine schöne und vielleicht nicht beabsichtigte Weise, dass uns die Wissenschaft schon alles an die Hand gegeben hat, um dies zu tun. Die Bausteine für die Menschheitsgeschichte 2.0 existieren bereits. Es geht nur noch darum, dass wir akzeptieren, was die neuen Forschungsergebnisse uns längst enthüllt haben.

EIN UPGRADE FÜR DIE MENSCHHEITSGESCHICHTE

Auf eine Weise, die dem Ergebnis des Human Genome Project ähnelt, hat genau die Wissenschaft, von der erwartet wurde, dass sie Darwins Evolutionslehre letztlich bestätigen und das Rätsel unseres Ursprungs lösen würde, nun genau das Gegenteil getan. Neue Entdeckungen präsentieren verwirrende Implikationen, die für eine seit langem bestehende wissenschaftliche Tradition einen Schlag ins Gesicht darstellen. Ironischerweise führen die Tatsachen uns in eine Richtung, die erstaunliche Parallelen dazu aufweist, was einige unserer ältesten und am höchsten geachteten Überlieferungen diesbezüglich berichten. Der Einfachheit halber fasse ich hier die in den vorangegangenen Kapiteln beschriebenen Sachverhalte zusammen – sie sind die Bausteine für eine neue Menschheitsgeschichte.

Tatsache 1: Die Beziehungen, die der konventionelle Stammbaum des Menschen nahelegt, sind lediglich spekulativ. Während sie als existent unterstellt und als Fakten in öffentlichen Schulen gelehrt werden, ist es trotz einer hundertfünfzig Jahre andauernden Suche nicht gelungen, physische Beweise für die Existenz der angeblichen Beziehungen des evolutionären Stammbaumes zu finden.

Tatsache 2: Wenn der Fossilbericht stimmt, traten anatomisch moderne Menschen plötzlich vor rund 200.000 Jahren in Erscheinung und wiesen hoch entwickelte Merkmale auf, welche sie von jeder anderen Lebensform unterschieden, die sich bis dahin oder seitdem entwickelt hat. Zu diesen Eigenschaften, die unverändert geblieben sind, gehören:

- Ein fünfzig Prozent größeres Gehirn als das unseres nächsten Verwandten unter den Primaten, des Schimpansen.
- Eine aufrechte Körperhaltung und eine hoch entwickelte manuelle Geschicklichkeit.
- Ein hoch entwickeltes Sprachvermögen.
- Ein ausgedehntes neuronales Netz, das außerordentliche Fähigkeiten erlaubt; darunter eine ausgeprägte Intuition und der willentliche Zugang zur Weisheit des Herzens.

Tatsache 3: Das Fehlen einer gemeinsamen DNA zwischen AMHs und Neandertalern sagt uns, dass wir anatomisch moderne Menschen nicht von vorzeitlichen Neandertalern abstammen. Weitere Untersuchungen legen offen, dass unsere Vorfahren die Erde mit Neandertalern teilten, die man zuvor noch für unsere Ahnen hielt. Logischerweise können wir nicht *von* ihnen abstammen, wenn wir die Erde *mit* ihnen teilten.

Tatsache 4: Die Analyse der DNA offenbart:

- Die DNA, die uns von anderen Primaten unterscheidet, ist das Ergebnis einer mysteriösen »Verschmelzung«, die zum zweitgrößten Chromosom im menschlichen Körper führte: zum menschlichen Chromosom 2.
- Die Art der Zusammensetzung von Chromosom 2 deutet auf etwas *jenseits* der Evolution hin, das unsere Menschlichkeit erst ermöglicht hat: die »Abschaltung« oder Beseitigung ein-

ander überlappender Funktionen und die Tatsache, dass dies schnell geschah – und nicht allmählich über einen langen Zeitraum hinweg.

Allein mit diesen vier Fakten gewappnet, haben wir mehr als genug Gründe, die traditionelle Geschichte, wer wir sind, neu zu überdenken. Eindeutig sind wir nicht das Produkt eines Evolutionsprozesses, zumindest nicht der Art von Evolution, die Charles Darwin vorschwebte, als er seine Theorie im 19. Jahrhundert vorlegte. Der Blick auf die wissenschaftliche Wahrscheinlichkeit, dass die DNA, die uns zu Menschen macht, durch Zufall entstanden sein soll – ein Zufall, der damit vergleichbar wäre, dass ein Tornado auf einem Schrottplatz aus herumliegenden Teilen ein Flugzeug erschafft –, führt zu dem Schluss, dass wir Menschen nicht das Ergebnis wahlloser, rein zufällig ablaufender Ereignisse sind.

Daraus ergibt sich folgende einfache Frage: Sind wir bereit zu akzeptieren, was die beste Wissenschaft unserer Zeit uns gezeigt hat? Wenn wir Ja sagen, müssen wir auch eine neue Menschheitsgeschichte bejahen, die die Beweise, die wir gesammelt haben, besser widerspiegelt. Die moderne Wissenschaft ringt also mit dem, was die neuen Tatsachen zu bedeuten haben und wie sie in die Geschichte unseres Ursprungs hineinpassen – ein Problem, dass sich den indigenen Völkern und denjenigen, die an bestimmte besonders angesehene spirituelle Überlieferungen glauben, gar nicht stellt. Die neuen Befunde bestätigen nämlich Sachverhalte, die sich bereits in den alten Berichten finden und schon seit langer Zeit im Zentrum des Glaubens dieser Menschen stehen.

Da sich mehr als die Hälfte der Menschheit dazu bekennt, einer der drei großen Religionen anzugehören, die einer gemeinsamen Geschichte entstammen – Judentum, Christentum und Islam –, kann es daher auch nicht weiter überraschen, dass die neuen wissenschaftlichen Tatsachen von so vielen Menschen auf der Welt so gut angenommen werden.

Alte Berichte über eine bewusste Schöpfung

Fast auf der ganzen Welt stimmen die Schriften der ältesten und am höchsten geachteten spirituellen Traditionen darin überein, dass wir Menschen mit etwas jenseits von uns selbst und unserer unmittelbaren Umgebung verbunden sind. Und so sehr sich diese Traditionen auch unterscheiden – wenn es um die Geschichte vom menschlichen Ursprung geht, sind die Berichte einander doch erstaunlich ähnlich. Zu den gemeinsamen Anschauungen gehören:

- Eine hoch entwickelte Intelligenz und ein intentionaler Akt, der für unseren Ursprung verantwortlich ist.
  - Die Verwendung der Begriffe *sie* oder *Engel* (in den alten Sprachen der Autoren), wenn die geschilderte Erschaffung des Menschen darauf hindeutet, dass eine gemeinschaftliche Intelligenz daran beteiligt war.

- Beschreibungen, die erklären, dass wir das Produkt von Staub/Lehm/Erde unseres Planeten sind, die mit einer Substanz verschmolzen wurden, die nicht von dieser Welt stammt.
  - In den drei abrahamitischen Traditionen Judentum, Christentum und Islam ist es der Staub oder Lehm der Erde, der verwendet wurde, um den ersten Körper eines menschlichen Wesens zu erschaffen.
  - Nach der Formung des ersten menschlichen Körpers wurde das Leben beispielsweise in die Nasenlöcher der Person »geblasen«, und das Blut eines Wesens von höherer Intelligenz wurde dem Körper des ersten Menschen beigemischt.

Die alten Traditionen waren sehr darauf bedacht, unsere Erschaffung äußerst detailliert zu schildern. Die Art und Weise, wie unsere frühesten Vorfahren mit dem ausgestattet wurden, was als besonderer Funke einer mysteriösen Essenz beschrieben wurde, die uns für alle Zeiten miteinander verbindet – und mit etwas Unsichtbarem, das jenseits unserer physischen Welt existiert.

Während diese Details in zeitgenössischen Versionen der christlichen Bibel weitgehend ausgeblendet werden, zeigen die antike hebräische Literatur, wie die Haggada, und gewisse »verschollene« Schriftrollen, dass diese detailreiche Darstellung in den ursprünglichen Texten sehr wohl vorgesehen war. Es ist dieser mystische Funke, den die Wissenschaft bislang nicht messen konnte, der uns von allen anderen Lebensformen auf der Erde unterscheidet.

Es folgen nun einige wesentliche Beispiele für alte Schöpfungsgeschichten, welche die übereinstimmenden Elemente verdeutlichen, auf die ich mich beziehe.

Die sumerische Schöpfungsgeschichte

Im Gebiet des heutigen Irak lag das antike Sumer, das traditionell als älteste Zivilisation auf der Erde galt. (Neue Entdeckungen an Ausgrabungsstätten anderer früher Zivilisationen wie Göbekli Tepe in der Türkei deuten darauf hin, dass sich diese Stätten als genauso alt oder älter erweisen könnten.) Die sumerische Schöpfungsgeschichte wird auf einer Steintafel erzählt, die im Südosten des Irak, in der antiken Stadt Nippur, gefunden wurde.

Nach dieser Schöpfungsgeschichte, die unter Archäologen als *Eridu Genesis* bekannt ist, war Nippur der Ort, an dem der erste Mensch erschaffen wurde. Die Inschrift schildert eine Zeit, in der zahlreiche Götter über die Erde herrschten. Aus Gründen, die in dem Text genau ausgeführt werden, wurde einer dieser Götter geopfert und sein Blut mit Lehm vermischt, um den ersten Menschen zu erschaffen.

Ein Ausschnitt erzählt diese Geschichte:

»Im Lehm sollen Gott und Mensch
verbunden sein,
gefügt zu einer Einheit;

auf dass bis zum Ende aller Tage
das Fleisch und die Seele,
die in einem Gott gereift sind –
jene Seele in Blutsverwandtschaft binden möge.«[107]

Diese Geschichte deutet an, dass wir das Produkt eines willentlichen, von hoch entwickelten menschenähnlichen Wesen geplanten Aktes sind, die uns alle mit bestimmten Eigenschaften versahen, von den Göttern dem neuen Menschen mitgegeben.

Der erste Mensch in der jüdischen, christlichen und islamischen Tradition

Und wie gesagt ist das nicht das einzige Beispiel. Unter den wiederkehrenden Themen alter Schöpfungsgeschichten gibt es zahlreiche Beschreibungen vom Ursprung des Menschen, herbeigeführt von höher entwickelten und andersweltlichen Wesen.

Die mündlichen Traditionen des hebräischen Midrasch und der frühen Kabbala beispielsweise schildern, wie der Schöpfer seine Engel aufforderte:

»Geh und hole mir Staub von den vier Ecken der Erde, und ich will daraus den Menschen erschaffen.«[108]

In ähnlichen Begriffen bezieht sich der Koran auf Gottes Erschaffung des Menschen aus natürlichen Elementen:

»Wir schufen dich aus Staub.«[109]

An anderer Stelle im *Koran* heißt es aber, dass Gott sich bei der Erschaffung des Menschen einer Flüssigkeit bediente.

»Es ist Er [Gott], der den Menschen aus Wasser schuf.«[110]

Auch wenn diese beiden Beschreibungen einander zunächst zu widersprechen scheinen, ein genauerer Blick auf die Verse löst das Rätsel. In der ersten Darstellung ist die Geschichte Adams, der dem Staub entstammt, Teil eines längeren Abschnitts, der die Ereignisse beschreibt, die zu den ersten Lebewesen führten. Die Verse enthüllen, dass es nach Adams Ursprung als Staub einen Prozess der stufenweisen Erschaffung weiterer lebensähnlicher Formen gab, als der erste Mensch begann, Gestalt anzunehmen. Die Beschreibung stellt heraus, dass der Mensch zusätzlich zum Staub gebildet wurde aus

> »einem kleinen Lebenskeim, dann aus einem Klümpchen, dann aus einem Klumpen Fleisch, vollständig in der Erschaffung und doch unvollständig, wie Wir es dir deutlich machen dürfen.«[111]

Der Koran fügt den traditionellen Darstellungen der Erschaffung Adams Details hinzu, wie der »Staub« zu Fleisch wurde. Wenn wir in der westlichen Welt jemanden fragen, woraus der erste Mensch auf der Erde geschaffen worden ist, lautet die Antwort im Allgemeinen, dass wir aus demselben »Stoff« geschaffen wurden, aus dem auch die Welt besteht: aus Lehm, Schlamm oder Staub. Zur Unterstützung solcher Behauptungen werden wir oft auf die biblische Schöpfungsgeschichte im Buch Genesis verwiesen. Die von fast zwei Milliarden Menschen der jüdischen und christlichen Traditionen geteilte Geschichte Adams bietet die grundlegendste Beschreibung des menschlichen Ursprungs. In ihrer Form trügerisch einfach, erklärt die Genesis das Wunder der Erschaffung des Menschen in wenigen schlichten Worten:

> »Der Herr formte den Menschen aus dem Staub der Erde.«[112]

Die Schöpfungsgeschichte der Maya

Von ungefähr 250 bis 900 nach Christus blühte die Maya-Zivilisation in einem weiten Gebiet Nordamerikas, das sich im Süden vom heutigen nördlichen Mexiko, einschließlich der gesamten Halbinsel Yucatán und den heutigen Ländern Belize und Guatemala, bis zu Teilen von Honduras und El Salvador erstreckte. Die Hochkultur der Maya wird als eine der sechs »Wiegen der Zivilisation« betrachtet, die sich anscheinend unabhängig voneinander an verschiedenen Orten auf der Erde und zu verschiedenen Zeiten entwickelt haben. Die übrigen fünf sind Mesopotamien, die Kulturen am Nil, Indus und dem Gelben Fluss sowie die Zentralanden in Peru.[113]

Die antiken Maya besaßen ein komplexes mathematisches System, eine Hieroglyphenschrift, ein fortgeschrittenes Wissen über kosmische Abläufe und eine hoch entwickelte Schöpfungsgeschichte. Gegenwärtig ist sie als das *Popol Vuh* bekannt, und sie schildert die Erschaffung des Menschen in einer Weise, die der von den ursprünglichen semitischen Schriften erzählten Geschichte stark ähnelt.

Im *Popol Vuh* heißt es, dass der erste Versuch der Erschaffung des Menschen fehlerhaft war. Nachfolgende Versuche führten zu einer Verfeinerung des Schöpfungsprozesses.

Der Punkt, den ich hier hervorheben möchte, ist der, dass die Maya mit ihrem hoch entwickelten Wissen über den Kosmos (das erst Mitte des 20. Jahrhunderts bestätigt wurde) ihre Existenz einem intentionalen Prozess zuschrieben, der von einer bereits existierenden Intelligenz und nicht von einem zufälligen und spontanen Naturgeschehen veranlasst wurde. Die Darstellung im *Popol Vuh* beginnt folgendermaßen:

»Gemeinsam schufen sie einen Körper, aber es war noch nicht richtig so. … Wir mussten von Neuem beginnen.«[114]

Die angeführten Beispiele bieten lediglich eine Auswahl von Elementen, die vielen antiken und indigenen Berichten über den Ursprung des Menschen gemeinsam sind. Obwohl diese Erzählungen in Einzelheiten variieren, stimmen die allgemeinen Themen doch bemerkenswert überein. Wir erfahren, dass wir Folgendes sind:

1. das Produkt eines intentionalen Aktes
2. als solches in die höhere Existenz einer kosmischen Familie eingebunden und
3. mit den Wesenszügen unserer Schöpfer/unseres Schöpfers ausgestattet.

Das sind genau die Themen, zu denen die Evolutionstheorie in ihrer gegenwärtigen Form nichts beizutragen weiß.

Leitsatz 22 Beinahe weltweit betrachten antike und indigene Traditionen unseren Ursprung als Ergebnis eines bewussten und willentlichen Aktes.

EVOLUTION? KREATIONISMUS? ODER …?

Das Denken der Vergangenheit war im Hinblick auf die Frage nach unserem Ursprung binär ausgerichtet. Wenn die Evolution nicht unsere Historie ist, dann wurde die Geschichte, die die Kreationisten von einem göttlichen Anfang ähnlich dem biblischen Bericht erzählten, automatisch als Alternative angesehen. Aufgrund dieser Art von Denken mit allem »Ballast« religiöser Dogmen von kreationistischer Seite und allem »Ballast« der wissenschaftlichen Eiferer, die sich an die fundamentalistische Evolutionslehre klammern, war es nahezu unmöglich, einer dritten Möglichkeit nachzugehen. Nichtsdestotrotz sagen uns DNA-Untersuchungen, dass es eine solche dritte Möglichkeit gibt.

Die wissenschaftliche Tatsache der Mutation, die unser Gen FOXP2 und eine komplexe Sprache möglich machte, die DNA-Verschmelzung, die unser menschliches Chromosom 2 und die mit ihm zusammenhängenden Hirnfunktionen hervorbrachte, sowie die offenkundigen Belege, dass diese Mutationen nicht allein der Evolution zugeschrieben werden können, fordern uns dazu auf, etwas jenseits von Kreationismus und Evolution ins Auge zu fassen, wenn es um den Ursprung unserer Art geht. Um diese Debatte anzuregen und um die Tatsache zu würdigen, dass diese Mutationen aufgetreten sind – wobei anzuerkennen ist, dass noch etwas anderes als die Evolution selbst zu diesen Mutationen beitrug –, möchte ich diese dritte Möglichkeit als *gelenkte Mutation* bezeichnen.

Der Name sagt bereits alles. Irgendeine Macht, deren Existenz von der Wissenschaft derzeit nicht in Betracht gezogen wird, ist für die Genauigkeit, den Zeitpunkt und die Präzisierung der Mutationen verantwortlich, die uns zu denen machen, die wir sind. Jene unbekannte Macht lenkte die Mutationen, die die Wissenschaft nun als real nachgewiesen hat. Und da die Formulierung *gelenkte Mutation* hinsichtlich dessen, was sie beschreibt, äußerst zutreffend ist, ergibt sich daraus die naheliegende Frage, wer oder was hier gezielt eingriff.

Natürlich führt uns schon die bloße Erwägung einer gelenkten Mutation in einen historisch für religiöse Erklärungen unserer Existenz reservierten Bereich oder in neuerer Zeit zu Mutmaßungen über Interventionen Außerirdischer, was dann nicht mehr in die Zuständigkeit der Wissenschaft fällt – jedenfalls so, wie wir die Wissenschaft gegenwärtig kennen. Da Wissenschaft darauf beruht, die Natur und die mannigfachen Ausdrucksformen der natürlichen Welt zu verstehen, muss eine übernatürliche Erklärung des menschlichen Ursprungs *per definitionem* jenseits der Natur und des wissenschaftlichen Verständnisses liegen.

Nach meiner Ansicht – als Wissenschaftler – geht die Möglichkeit einer gelenkten Mutation sowohl über Darwins Theorie als auch über den Kreationismus hinaus. Die vorliegenden Beweise erfordern, wie ich glaube, keine übernatürliche Erklärung, sondern führen uns unmittelbar zu einem neuen und erweiterten Verständnis der natürlichen Welt sowie der Natur selbst. Dieses neue Verständnis könnte das Potenzial haben, uns Lichtjahre über die begrenzten Ansichten hinaus zu katapultieren, an denen wir hinsichtlich der Frage, wie wir entstanden sind, bisher festgehalten haben. Mit anderen Worten: Durch unsere

Bereitschaft, uns für die tiefsten Wahrheiten unseres Ursprungs zu öffnen, kann es uns endlich gelingen, die tiefsten Mysterien des Kosmos zu entschlüsseln und unseren Platz darin zu erkennen.

Dieser Weg der Forschung führt zu etwas, das manche Wissenschaftler als Pandoras Büchse der Möglichkeiten bezeichnet haben – wenn die Büchse einmal geöffnet ist, können die Inhalte nicht wieder hineingestopft werden. Von dem Rätsel, was uns zu Menschen macht, über die geringe Zahl von Genen, die vom Human Genome Project entdeckt wurden, bis zum Mysterium der Mutationen, die zum Gen FOXP2 und dem menschlichen Chromosom 2 führten – die neue Geschichte des Menschen legt uns nahe, dafür, dass unsere Vorfahren anatomisch modern wurden – also genauso gebaut wie wir –, eine Erklärung in Betracht zu ziehen, die jenseits rein zufällig entstandener günstiger Gene und Mutationen liegt.

Unsere Bereitschaft, die gelenkte Mutation als dritte Option zu bejahen, versetzt uns direkt in das Reich noch nicht vermessener Gebiete, ungesehener Kräfte und einer noch unbekannten Intelligenz, deren Existenz zu erwägen die Wissenschaft bisher wenig geneigt war. Und genau an diesem Punkt, an dem sich die wissenschaftliche Frage *Wer sind wir?* stellt, beginnt der grundlegende Wandel.

Wenn wir neue Interpretationen der tatsächlichen Gegebenheiten zulassen, können die neuen, sich daraus ergebenden Schlussfolgerungen uns auch neue Möglichkeiten eröffnen – und wir können über uns selbst und unser Potenzial ganz neu nachzudenken.

Außerdem können sich daraus neue Perspektiven dafür entwickeln, wie wir unser Leben führen und unsere Probleme lösen.

Und was vielleicht am wichtigsten ist: Dieses neue Wissen hat das Potenzial, unser Selbstwertgefühl und unsere Wahrnehmung des Wertes allen menschlichen Lebens zu verändern.

Auf die gleiche Weise, wie wir heute Stunden damit verbringen, staubige Archive und Webseiten mit Stammtafeln zu durchforsten, damit wir mehr über die Vergangenheit unserer Familie erfahren und uns als Individuen besser verstehen, so sehnen wir uns meiner Ansicht nach auch danach, uns mit der tieferen Wahrheit zu verbinden, woher wir als Menschen denn eigentlich kommen.

Wir spüren eine stärkere Zugehörigkeit und oft einen gewissen Stolz, wenn wir unsere Abstammung erforschen und erfahren, was unsere Ahnen alles leisteten und bewältigten, damit unser heutiges Leben möglich wurde. Und dasselbe Gefühl von Stolz und Zugehörigkeit kommt auf, wenn wir entdecken, dass unser Leben Resultat einer bewusst gelenkten Mutation ist.

Ich habe mit Biologen, Anthropologen und anderen Mitgliedern der wissenschaftlichen Gemeinschaft über die in den vorangegangenen Kapiteln dargelegten Tatsachen und ihre Konsequenzen gesprochen.

Ihre Antworten waren vorhersagbar. Zunächst halten sie meinen Einwurf, unsere Existenz beruhe nicht auf zufälliger Evolution, für einen Scherz.

Sobald sie dann merken, dass ich es völlig ernst meine, ändern sich der Gesprächston und ihr Gesichtsausdruck. Manche werden aggressiv und empört. Sie nehmen die Sache persönlich und fragen mich, warum ich, als ihr Freund, daran arbeiten würde, ihre jahrzehntelange Lehrtätigkeit und ihren guten Ruf zu untergraben.

Andere wiederum werden, oft noch während des Gesprächs, plötzlich still und ziehen sich zurück. Unter vier Augen sagen sie mir dann manchmal, sie hätten längst geahnt, dass diese Diskussion irgendwann unvermeidlich sein würde – unvermeidlich, weil sich, wie sie mir sagen, Entdeckungen, die früher als Anomalien klassifiziert wurden, dermaßen gehäuft haben, dass offensichtlich ist, wie sehr die Wissenschaft bei der Suche nach einer Lösung für das Rätsel unseres Ursprungs auf dem Holzweg ist.

Dort am Fundament der neu sichtbar werdenden Geschichte des menschlichen Lebens offenbart sich uns vor dem großen Hintergrund des Universums selbst eine weitere Geschichte, die eine andere Art des Lebens beschreibt.

In einem lebendigen Universum den »Tod« denken

Mehr als dreihundert Jahre lang hat uns die wissenschaftliche Geschichte vom Ursprung unseres Universums zu dem Glauben geführt, dass wir in einem »toten« Universum leben. Aus dieser Perspektive besteht der Kosmos aus einer trägen Masse, ähnlich wie der Stoff explodierter Sterne oder der Schutt von zusammengestoßenen Asteroiden und aus ihren Bahnen geratenen Planeten. In einem toten Universum gibt es keinen Hinweis auf Leben und keinen Grund zu leben. Aber neue Entdeckungen von führenden Wissenschaftlern liefern uns sehr gute Gründe dafür, die Geschichte vom toten Universum zu überdenken – es könnte also letztlich doch einen Sinn haben zu leben.

Was die Klärung der Frage angeht, wie das neue wissenschaftliche Paradigma eines lebendigen Universums uns in unserem täglichen Leben beeinflussen könnte, leistet der Sozialwissenschaftler Duane Elgin bahnbrechende Pionierarbeit. Auf der Grundlage wissenschaftlich anerkannter Beweise geht Elgin davon aus, dass das Universum eine lebende Entität ist, die, anders als ein lebloses System, wächst und sich entwickelt. Wie wir unser Leben führen, unsere Probleme lösen und, vor allem, wie wir uns gegenseitig behandeln, hängt nach Elgins Philosophie davon ab, wie wir über unser Universum und unsere Stellung darin denken.

Wenn es wahr wäre, dass wir in einem toten Universum leben, hätte es tatsächlich einen Sinn, das zu tun, was wir schon in der Vergangenheit getan haben, also jede zugängliche Ressource so weit wie möglich auszubeuten und daraus Gewinne zu ziehen. In Elgins Worten beziehen wir uns auf unseren Glauben, in einem leblosen Universum zu existieren, »indem wir im Namen des Lebendigen Nutzen aus dem ziehen, was tot ist. Konsumismus und Ausbeutung sind die natürlichen Ergebnisse einer Weltsicht, die das Universum für tot hält«.[115] Und so hat die Menschheit, mit wenigen Ausnahmen, bis heute gelebt.

Es ist kein Zufall, dass Elgins Beschreibung von Konsumismus und Ausbeutung die Welt, in der wir uns gegenwärtig wiederfinden, spiegelt.

Ebenso wie die Evolutionstheorie uns zu dem Glauben führt, dass menschliches Leben das Ergebnis zufälliger Ereignisse ist, so wurden wir auch dazu gebracht, das Universum für eine Ressource zu halten, die uns zum Zweck der Beherrschung und Ausbeutung gehört.

Das Problem an dieser Art zu denken besteht darin, dass sie uns letztlich zum Raubbau an natürlichen Ressourcen, zu nicht nachhaltigen Formen der Nahrungsmittelproduktion und zu den Konflikten um knappe Ressourcen geführt hat, die die Wurzel so vieler heutiger Leiden bilden.

Elgin nimmt jedoch an, dass wir Teil eines lebendigen Systems sind und dass sich, wenn wir diese Wahrheit erkennen, unser Umgang miteinander verändert und wir einem nachhaltigeren Lebensstil auf der Basis von Kooperation entwickeln.

Die Parallelen, die es überall im Universum, in jedem bekannten lebenden System, gibt, verleihen dieser Sicht Glaubwürdigkeit. Von Mikroben und neuronalen Netzwerken bis zu Ökosystemen und dem Verhalten ganzer Populationen zeigen alle lebendigen Systeme, unabhängig von ihrer Größe, Merkmale des Austauschs von Energie und Information. Auf Grundlage seiner Theorie beschreibt Elgin das Universum als

- vollständig einheitlich und in der Lage, mit sich selbst augenblicklich ortsunabhängig zu kommunizieren und dabei die Grenzen der Lichtgeschwindigkeit zu überschreiten,
- genährt und bewahrt durch den Strom einer unvorstellbar großen Menge an Energie,
- auf seinen tiefsten quantenphysikalischen Ebenen frei.[116]

Elgin räumt durchaus ein, dass diese Merkmale an und für sich noch nicht bedeuten, dass wir Teil eines lebendigen Universums sind, weist aber darauf hin, dass die Zahl der Informationen, die seine Theorie stützen, derzeit stetig wächst.[117] Es zeigt sich, dass wir als lebende Wesen ein Teil dieses Austauschs von Energie und Information sind.

Unsere Existenz hat somit einen Sinn, der darüber hinausgeht, unsere Rechnungen fristgerecht zu bezahlen.

> **Leitsatz 23**   Ein wachsendes Maß an Belegen deutet darauf hin, dass wir als Teile eines lebendigen und pulsierenden Universums existieren – und nicht eines leblosen Universums, das lediglich aus trägem Stoff, Gas und leerem Raum besteht.

IN EINEM LEBENDIGEN UNIVERSUM HAT DAS LEBEN EINEN SINN

In einem Universum, das lebt, ist es folgerichtig, dass lebende Systeme häufig und in vielfältiger Form vorkommen. Es ist folgerichtig, weil das Leben selbst die Kraft ist, die das System antreibt. Die Entdeckung, dass wir als Lebewesen innerhalb des Kontextes eines weitaus größeren lebendigen Systems existieren, impliziert, dass zu unserem Leben mehr gehört, als geboren zu werden, ein paar Jahre auf der Erde zu genießen und zu sterben. Sie impliziert, dass unser Leben, als Grundlage für alles, was wir wissen und sehen, Bestimmung und Sinn hat.

Und dies ist der Punkt, an dem unsere Geschichte uns über die Grenzen der heute akzeptierten Wissenschaft hinaus führt.

> **Leitsatz 24**   Wenn wir das Ergebnis von mehr als bloßem Zufall sind, erscheint es sinnvoll, dass es in unserem Leben um mehr als das reine Überleben geht. Es bedeutet, dass unser Leben einen Sinn hat.

Als Gesellschaft finden wir uns nun an einem Punkt wieder, an dem zwei Denkweisen über uns selbst und das Universum, in dem wir leben, zusammentreffen. Elgins lebendiges Universum bietet das große Panorama eines Lebens, das auf allen Ebenen sinnerfüllt ist – vom Makrorahmen des Universums als lebender Entität bis zur Mikroebene, wo die lebendigen Zellen die Grundlage dafür bilden, dass unsere Körper sich selbst zum Ausdruck bringen. Die Entdeckungen, von denen ich im vorliegenden Buch berichtet habe, liefern die Belege dieser Bewegung der untersten zur höchsten Ebene – von der Mikrowelt einer mutierten DNA, die komplexere Ausdrucksmöglichkeiten des Lebens innerhalb des Makrokontextes von Elgins lebendigem Universum ermöglicht.

Wenn wir das Universum als etwas Lebendiges betrachten, ändert sich alles. Elgins Worte verdeutlichen diese Perspektive sehr schön:

>In einem lebendigen Universum wird unsere physische Existenz von einer Lebendigkeit durchdrungen und getragen, die vom größeren Universum nicht zu trennen ist. Uns als Teil eines ununterbrochenen Schöpfungsgeschehens zu sehen, weckt in uns die Erkenntnis, dass wir mit der Gesamtheit des Lebens verbunden sind, und damit weckt sie unser Mitgefühl. Wir erkennen unseren Körper dann als kostbares, biologisch abbaubares Vehikel für sich immer weiter vertiefende Erfahrungen von Lebendigkeit.«[118]

Hierin können wir unsere Antwort auf die Frage nach dem Sinn des Lebens finden. Die Existenz eines lebendigen Universums sagt uns, dass wir ein Teil der Welt um uns herum und nicht von dieser zu trennen sind und dass unsere Lebendigkeit Teil einer größeren Lebendigkeit ist. Und so wie das eigentliche Ziel des Universums darin besteht zu wachsen, sich zu wandeln und selbst aufrecht zu erhalten, so sind es genau diese Qualitäten, die wir während unserer Lebenszeit als menschliche Wesen in dieser Welt möglichst bejahen sollten.

Durch jede Erfahrung, die wir im Leben machen – durch die Befriedigungen und Frustrationen in jedem Beruf, die Leidenschaft und gebrochenen Herzen jeder intimen Beziehung, die unbeschreibliche Freude, ein Kind auf die Welt zu bringen, und den unerträglichen Schmerz, ein Kind zu verlieren, die Entscheidung, ein anderes menschliches Leben zu nehmen, und die Fähigkeit, ein Leben zu retten, durch jeden Krieg, den wir führen, und jeden Zeitpunkt, an dem wir einen Krieg beenden – durch all diese Erfahrungen und so viele weitere lernen wir uns selbst als Individuen wie auch als Spezies besser kennen.

Auf einem unausgesprochenen, vielleicht unbewussten Level verschaffen wir uns möglicherweise genau diese Erfahrungen, um die Grenzen all dessen auszuloten, was wir über uns selbst für wahr und im Leben für möglich halten. Und jedes Mal, wenn wir an unsere Grenzen gehen und wachsen, entdecken wir, dass es noch viel mehr zu lernen gibt. Wir erfahren unsere Lebendigkeit, und wenn wir das wollen, genießen wir sie auch.

Das ist genau die Definition eines lebendigen Universums und unserer Rolle darin. Unser Leben und unsere Lebensspannen sind unsere Art und Weise, die Essenz unserer einzigartigen Erfahrung in eine bereits lebendige und äußerst vielfältige Entität einzuspeisen. Vielleicht hat Ray Bradbury dies am besten formuliert:

»Wir sind das Wunder an Macht und Materie, das sich selbst zu Vorstellungskraft und Willen wandelt. Unglaublich. Die Lebenskraft, die mit Formen experimentiert. Du mit der einen, ich mit einer anderen. Das Universum hat sich selbst ins Leben gerufen. Wir sind einer dieser Rufe.«[119]

Innerhalb der Grenzen, die sich die Wissenschaft heutzutage selbst auferlegt hat, findet sich kein unmittelbarer Weg, um den Sinn des Lebens sicher zu erkennen. Vielleicht liegt die Antwort auf diese Frage offen vor uns und ist uns nur verborgen, weil wir noch nicht gelernt haben, richtig hinzusehen.

Wir könnten entdecken, dass bereits in der Tatsache, dass wir über hoch entwickelte Fähigkeiten verfügen – Intuition, Anteilnahme, Empathie und Mitgefühl – der Schlüssel zur Lösung dieses Rätsels liegt.

Albert Einsteins wissenschaftliches Werk führte ihn genau zu diesem Schluss. Es war wie bei so vielen Wissenschaftlern, die danach streben, die tiefsten Mysterien unserer Existenz zu ergründen: Je tiefer sie mit ihren Entdeckungen vorstoßen, desto mehr erkennen sie, dass es mit der menschlichen Existenz mehr auf sich hat, als ein unfruchtbares, bedeutungsloses Universum durch Zufall hervorbringen würde. Als Einstein nach dem Sinn unseres Lebens gefragt wurde, war seine Antwort sehr elegant. Ich schließe hier einen relativ langen Auszug aus Einsteins Gedanken an, um die von mir kursiv hervorgehobene Stelle im richtigen Kontext seiner Antwort präsentieren zu können:

»Ein menschliches Wesen ist ein Teil des Ganzen, das wir als das ›Universum‹ bezeichnen, ein durch Raum und Zeit begrenzter Teil. Es nimmt sich selbst, seine Gedanken und Gefühle, als etwas vom Rest Getrenntes wahr – eine Art optische Täuschung seines Bewusstseins. Dieses Trugbild ist eine Art von Gefängnis, in dem wir uns befinden; es beschränkt uns auf unsere persönlichen Wünsche und unsere Zuneigung zu wenigen, uns am nächsten stehenden Personen. Unser Ziel muss darin liegen, *uns selbst aus dieser Gefangenschaft zu befreien, indem wir unseren Kreis des Mitgefühls auf alle lebenden Geschöpfe und die ganze Natur in ihrer Schönheit erweitern.* Niemand ist in der Lage, dies vollständig zu erreichen, aber das Streben nach einer solchen Leistung ist an sich schon ein Teil der Befreiung und eine Grundlage für innere Sicherheit.«[120] (Hervorhebung vom Autor)

Die Schönheit von Einsteins Äußerung besteht darin, dass sie Zahlen, Statistiken und Logik überschreitet. Sie ist eine rein intuitive Antwort auf eine ernste wissenschaftliche Frage. Und sie ist auch ein perfektes Beispiel dafür, wie uns Fortschritte der modernen Wissenschaft an den Rand dessen geführt haben, was uns die Wissenschaft mit Sicherheit mitteilen kann. Es gibt einen Punkt – eine unausgesprochene Grenze –, an dem die beschränkten Formeln und Muster wissenschaftlicher

Erklärungen versagen, wenn es darum geht, das Leben selbst zu beschreiben. Sie müssen scheitern, weil wir mehr sind als Zellen, Fleisch und Knochen. Es gibt eine Qualität des menschlichen Lebens, die einfach nicht in rein wissenschaftlichen Begriffen, so wie wir Wissenschaft heute kennen, definiert werden kann. Und es ist diese Qualität, die das Potenzial hat, uns zu einem Verständnis der tiefsten Wahrheiten unserer Existenz zu führen.

Wenn sie die Tatsache anerkennen würde, dass die Evolution nicht länger unsere Geschichte sein kann, wäre das für die Wissenschaft angeblich so, als käme plötzlich aus dem Nichts eine Abrissbirne und würde einfach hundertfünfzig Jahre Forschung und harte Arbeit zertrümmern – und damit viele lebenslange, auf dieser Arbeit beruhende Lehrtätigkeiten. Ich kann durchaus verstehen, warum manche Leute so denken. Niemand möchte mitansehen, wie die Grundlage des eigenen Lebenswerkes zerstört wird.

Aber ich sehe auch, dass etwas ganz anderes geschieht. So wichtig die Wissenschaft in der heutigen Welt sein mag – in dem Maße, in dem wir die Grenzen wissenschaftlichen Wissens zum äußersten Rand wissenschaftlicher Erklärungsmöglichkeiten verschieben, erkennen wir, ab welchen Punkt die Wissenschaft uns nicht weiterhelfen kann. Und das ist dann der Punkt, an dem die Wissenschaft, wie wir sie heute kennen, in sich zusammenbricht. Es gibt Eigenschaften des menschlichen Lebens, die einfach nicht gemessen und definiert werden können.

WISSENSCHAFT KANN DIE FÄHIGKEIT ZU LIEBEN NICHT MESSEN

In mancher Hinsicht denken wir möglicherweise zu hoch von der Wissenschaft. Wir vertrauen zu sehr auf das, was die Wissenschaft unserer Meinung nach vollbringen kann. Vielleicht haben wir die Wissenschaft und ihre Methode auf einen derart hohen Sockel gestellt, dass wir einfach annehmen, sie verfüge über die Antworten oder zumindest das Potenzial, die tiefsten Rätsel des Lebens, wie etwa den Sinn unseres individuellen Daseins, zu lösen. Erwarten wir also möglicherweise von der Wissenschaft einfach zu viel, wenn es um die Frage geht: *Wer sind wir?*

Der deutsche Philosoph Karl Jaspers erinnert uns daran, wenn er sagt: »Die Grenzen der Wissenschaft waren immer die Quelle bitterer Enttäuschung, wenn die Menschen etwas von der Wissenschaft erwarteten, was sie nicht zu leisten im Stande ist.«[121]

Die »bittere Enttäuschung«, die Jaspers beschreibt, könnte genau jene Quelle der Frustration sein, die wir in der wissenschaftlichen Gemeinschaft bemerken, wenn es darum geht, die bestehende Theorie vom Ursprung des Menschen mit den neuen Entdeckungen in Einklang zu bringen. Vielleicht verlangen wir dann etwas von der Wissenschaft, was sie nicht leisten kann und wozu sie niemals entwickelt worden ist. Ich sage dies aufgrund der Natur der Wissenschaft selbst. Die Wissenschaft kann uns nur mitteilen, *wie* die Moleküle unseres Körpers sich verhalten und *wie* sie sich in der Vergangenheit verhalten haben. Aber sie kann uns nicht verraten, *warum* diese Moleküle überhaupt entstanden sind.

Einer der Gründe, warum die Wissenschaft nicht in der Lage ist, diese Antwort zu geben, liegt darin, dass wissenschaftliche Informationen auf Ereignissen beruhen, die entweder in der Natur beobachtet oder im Labor wiederholt wurden, um eine Theorie zu überprüfen. Es ist jedoch eine Tatsache, dass niemand, der heute lebt, dabei war, als das erste menschliche Leben auf der Erde erschien. Und im Labor ist der Prozess, der ein derart fantastisches Ereignis möglich machen würde, noch niemals reproduziert worden.

Zwar gibt es schriftliche Berichte über die Erschaffung des Menschen, die mit religiösen Überlieferungen zusammenhängen, aber auch diese sind viel später entstanden, sodass es heute keinen Bericht aus erster Hand über den tatsächlichen Augenblick der Erschaffung des Menschen gibt – es gibt nur das Erschaffene selbst: nämlich uns. Wenn wir versuchen, das »Warum« unseres Ursprungs in einem lebenden Universum zu klären, müssen wir über den Prozess, wie wir an den Ort gelangt sind, an dem wir uns heute befinden, *hinausschauen* – ihn transzendieren – und bedenken, was wir von unserer Reise mitgenommen haben.

Dies zu tun, ist vielleicht gar nicht so schwer, wie es klingt. Die Hinweise, die uns zu dem Wissen und der Erkenntnis führen, ob es einen Lebenssinn gibt, sind möglicherweise sogar jedem von uns zugänglich und befinden sich an einem Ort, an dem sie schon immer gewesen sind. Sie leben in jedem von uns in den außerordentlichen Fähigkeiten, die uns unsere genetische Zusammensetzung mitgibt, sowie in der Macht, mit der uns unser ausgedehntes neuronales Netzwerk der Herz-Hirn-Kommunikation ausstattet.

> **Leitsatz 25** Unsere Befähigung zu tiefer Intuition, Anteilnahme, Empathie, Mitgefühl und der Selbstheilung, die uns erlaubt, lange genug zu leben, um diese Fähigkeiten zu teilen, sind die Nadel eines Kompasses, der direkt auf unseren Lebenssinn ausgerichtet ist.

Keine andere Lebensform auf der Erde verfügt über die Kapazität, selbstlos zu lieben, sich freiwillig und auf gesunde Weise selbst zu verändern, sich zu heilen, eigene Langlebigkeit herbeizuführen oder willentlich Immunreaktionen zu aktivieren. Und keine andere Lebensform hat die Fähigkeit, ein hohes Maß an Intuition, Anteilnahme, Empathie und letztlich auch Mitgefühl – allesamt Ausdrucksformen der Liebe – zu erfahren, und das auch noch auf Abruf.

Diese einzigartigen menschlichen Erfahrungen sagen uns, dass unser Leben einen Sinn hat, und dieser Sinn besteht einfach darin, derartige Fähigkeiten einzusetzen, um uns durch ihre Existenz und ihr Vorhandensein selbst zu erkennen.

TEIL 2

Erweckung der neuen Menschheitsgeschichte

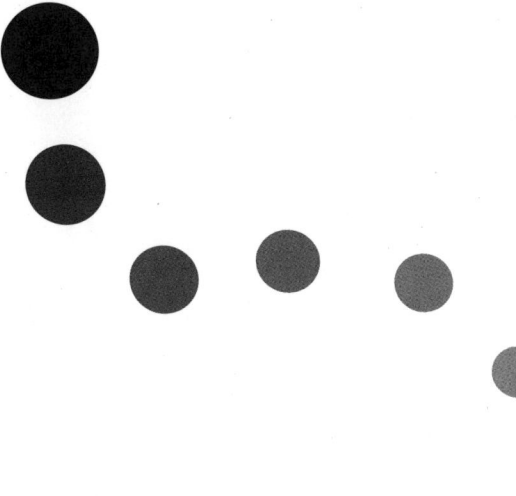

5

Wir sind wie geschaffen für Verbundenheit und Kommunikation

Wie wir in uns selbst Intuition, Empathie und Mitgefühl erwecken können

»Die einzige Zeit, die wir verschwenden, ist die Zeit, die wir damit verbringen zu denken, wir wären allein.« [122]

~ Mitch Albom (geb. 1958) ~
amerikanischer Schriftsteller und Journalist

Haben Sie jemals einen dieser Momente erlebt, in denen Sie mit dem ganzen Universum eins zu sein scheinen? In der einen Minute sind Sie noch mit den profanen Routinen des Alltags beschäftigt, und einen Augenblick später finden Sie sich unerwartet in vollständiger und absoluter Harmonie mit allem Leben, allen Menschen und der ganzen Welt. Vielleicht saßen Sie in Ihrem Auto oder Lastwagen vor einer Ampel und warteten darauf, dass das Licht von Rot auf Grün wechselte. Oder vielleicht schauten Sie auch nur aus dem Autofenster, während Sie darauf warteten, Ihre Kinder von der Schule abzuholen.

Unabhängig vom jeweiligen Szenario ist es im Allgemeinen so, dass »es« geschieht, wenn Sie gerade an nichts Bestimmtes denken. Sie stehen *zwischen* den Gedanken und konzentrieren sich auf nichts Besonderes, da taucht tief in Ihnen ein Gefühl auf. Vielleicht wird Ihr Körper von Wärme durchflutet. Vielleicht bekommen Sie Gänsehaut auf den Armen oder spüren ein Kribbeln im Nacken. Dann ist es plötzlich so, als risse der Schleier zwischen den Welten weit auf und Sie bekämen einen Platz in der ersten Reihe, um die Bedeutung Ihres Lebens zu erkennen. Sie erhalten Antworten auf all Ihre Fragen und sehen den Fahrplan zur Erfüllung Ihres Schicksals deutlich vor sich.

Und dann ist es, so jäh wie es begonnen hat, auch schon wieder vorbei. Die Ampel schaltet auf Grün. Der Fahrer hinter Ihnen hupt und fordert Sie auf, die Kreuzung zu überqueren. Und – *puff!* Schon hat sich die Klarheit dessen, was Sie nur Sekunden zuvor gesehen hatten, in Nebel aufgelöst. Es ist weg! Und Sie müssen sich auf die Welt des Kerls konzentrieren, der da hinter Ihnen hupt, und darauf, was Sie zum Abendessen kochen werden. Und vielleicht fragen Sie sich, wohin Ihr klarer Einblick in den Sinn des Lebens eigentlich so plötzlich verschwunden ist.

MIT ALLEM ÜBERALL VERBUNDEN

Auch wenn das vorherige Szenario ein bisschen übertrieben erscheint, ist es das wahrscheinlich gar nicht. Wir hatten alle schon Momente kristallklarer Klarheit, in denen wir das Gefühl haben, dass wir »in der Zone« sind. Wir haben das Gefühl, dass wir genau da sind, wo wir sein sollen, genau zu der Zeit, wann wir dort sein sollen, in perfekter Harmonie und im Einklang mit der Welt. Es kann sich zeitlos anfühlen, wenn wir »in der Zone« sind, weil wir an nichts denken. Und das ist der Schlüssel. Sobald wir anfangen, unser Erlebnis zu analysieren, bricht die Zone zusammen. Sie tut dies, weil wir beim Denken aus dem natürlichen »Aufenthaltsort« unseres Bewusstseins, wenn wir nicht an nichts Bestimmtes denken – aus dem Herzen –, herauskatapultiert werden an den Ort, an dem es uns Mühe macht, unseren Fokus aufrechtzuerhalten – den Verstand.

Die Zone, die uns ein Gefühl der Verbundenheit, des Vertrauens, des All-Wissens und des Friedens vermittelt, ist ein natürlicher Seinszustand, den wir als *Intuition* kennen. Er beginnt in unserem Herzen. Die auf dem Herzen beruhende Intuition umgeht die konventionelle Vernunft und Logik des denkenden Gehirns. Sie zapft etwas an, das tiefer und älter ist als das abstrakte Denken, und dennoch hat die Intuition für die meisten Menschen etwas Vertrautes. Wenn wir darüber nachdenken, sollte uns diese Vertrautheit nicht überraschen. Intuition ist die innere Sprache, die unser Körper seit unserer Geburt verwendet hat, um mit uns zu kommunizieren. Wir fühlen in unseren Zellen, lange bevor wir lernen, mit unserer Stimme zu sprechen. Und weil wir das tun, ergibt es einen perfekten Sinn, dass diese ursprünglichste Form der Kommunikation – das intuitive Gefühl – die Sprache ist, die unser Körper verwendet, um wichtige Botschaften hinsichtlich Vertrauen, Sicherheit und Überleben zu vermitteln.

Die vorhergehenden Beispiele von Zeiten, in denen wir unbeabsichtigt Harmonie und Verbundenheit erleben, während wir gar nichts Besonderes tun, veranschaulichen eine bestimmte Art von Intuition: die *spontane Intuition*. Das ist die Art von Intuition, die kommt, wann sie will. Es ist auch die Art, die zu gehen scheint, wann sie will – normalerweise bevor wir bereit dafür sind.

Die Frage ist: Können wir diese mächtige Form der Intuition absichtlich aktivieren, wenn wir sie am meisten brauchen?

DER IMPULS, VERBINDUNG AUFZUNEHMEN

Manchmal zeigt sich unsere spontane Intuition auf einfache Weise, wenn wir zum Beispiel zum Telefon greifen, um einen Freund oder einen geliebten Menschen anzurufen, und dann entdecken, dass er bereits in der Leitung ist, wenn wir anrufen. Das kann man heute mit Handys so zwar nicht mehr erleben, aber es gab eine Zeit in meinem Leben, als ich diese Art von Intuition mit meiner Mutter erlebte. Wir hatten jeden Sonntag ein festes Anrufritual. Wo auch immer ich mich auf der Welt befand, würde ich mein Bestes tun, um meine Mutter anzurufen und zu hören, was während der Woche in ihrem Leben geschehen war, und ihr wiederum mitzuteilen, was in meinem geschehen war.

Nach ihrer Scheidung von meinem Vater Mitte der 1960er Jahre beschloss meine Mutter, alleine zu leben. Unsere physischen Besuche waren dünn gesät, und es waren die wöchentlichen Telefonanrufe, durch die wir Kontakt hielten.

Während dieser Sonntagsanrufe, vor der Verbreitung des Handys, trat oft etwas Rätselhaftes auf, das die Intuition veranschaulicht, die ich in diesem Kapitel beschreibe. Ich nahm den Hörer ab, um Moms Nummer zu wählen, nur um sie schon in der Leitung zu haben, ohne dass das Telefon überhaupt geklingelt hatte.

»Hi!«, pflegte sie zu sagen. »Hier ist Mom.«

»Ich weiß«, antwortete ich dann.

»Ich wollte gerade deine Nummer wählen, aber du bist schon dran.«

Sie war von der ganzen Sache weniger überrascht als ich und ging spielerischer damit um.

»Ach, weißt du«, sagte sie. »Wir sind eben miteinander verbunden – geistig! Unser PSI funktioniert heute wieder!«

Wir lachten, und es war immer eine großartige Möglichkeit, unseren wöchentlichen telefonischen Austausch zu beginnen.

Ich erzähle das, um etwas zu veranschaulichen. Die Verbindung zwischen zwei Personen, die solche gleichzeitigen Anrufe möglich macht, wie ich sie mit meiner Mutter erlebt habe, ist nicht das Produkt eines bewussten Gedankens.

Es geht nicht darum, einen Termin in einem Kalender festzumachen, um an einem bestimmten Tag zu einem bestimmten Zeitpunkt anzurufen. Es ist sogar fast unmöglich, eine so tiefe Verbindung bewusst herbeizuführen. Der Denkprozess darüber, wann und wo ein solcher Anruf stattfinden soll, erzeugt eine Störung, die diese intuitive Verbindung verhindert.

Wenn ich zum Telefon griff, um meine Mutter anzurufen, reagierte ich in diesem Moment auf ein Zeichen aus meinem Unterbewusstsein. Es war eher ein Gefühl, dass es an der Zeit war anzurufen, als der Gedanke: »*Jetzt ist die Zeit gekommen, meinen Anruf zu machen.*« Ich steckte in meinen typischen Tagesabläufen und verspürte plötzlich den Impuls – einen intuitiven Drang –, nach dem Telefon zu greifen und genau in diesem Moment den Anruf zu tätigen. Und *weil* ich auf einen intuitiven Hinweis reagierte, war es nicht ungewöhnlich, dass meine Mutter schon in der Leitung war.

Die Intuition, die mich veranlasste, den Anruf zu tätigen, war eine Reaktion auf die Erwartung meiner Mutter, dass wir miteinander in Verbindung traten. Hätte ich darüber nachgedacht, den Anruf zu tätigen, hätte ich, und sei es nur um wenige Sekunden, den Augenblick verpasst und die intuitive Verbindung mit meiner Mutter niemals hergestellt.

Aus solchen intuitiven Erfahrungen in unserem Leben lassen sich unmittelbar zwei universale Prinzipien ableiten:

- Der Impuls, sich miteinander zu verbinden, ist gewöhnlich kein bewusster Gedanke.
- Der wechselseitige Drang zur Verbindung tritt dann spontan auf, wenn wir ihn nicht erstreben oder erwarten.

IST ES INTUITION ODER INSTINKT?

Wenn wir in unserem Leben eine tiefe intuitive Verbindung erlebt haben, wie die Weisheit, die an einer Ampel aufscheint, oder die Telefonverbindung, die ich mit meiner Mutter teilte, und diese Erfahrung dann endet, entstehen Fragen: Wird es jemals wieder passieren? Und wenn ja, wann? Warten wir einfach darauf, dass das Universum uns auf die Schulter klopft, in der Hoffnung, dass die nächste intuitive Erfahrung für uns verfügbar sein wird, wenn wir sie brauchen, oder ist mehr dran als das? Sind wir irgendwie befähigt, unsere intuitiven Schleusen zu öffnen, wenn wir das wollen?

Das sind gute Fragen. Und so unterschiedlich sie uns auch erscheinen mögen: Die Antwort auf jede dieser Fragen findet sich am selben Ort. Es geht darum, Intuition für uns selbst zu erfahren.

Allerdings hat das Wort *Intuition* für verschiedene Menschen verschiedene Bedeutungen.

Beginnen wir also am Anfang. Was ist Intuition, und wie zeigt sie sich in unserem Leben?

Intuition ist unmittelbares Wissen, das sich aus der Art und Weise ergibt, wie wir sinnliche, bewusste und unbewusste Wahrnehmungen empfangen. Wie bereits erwähnt, liegt der Schlüssel hier darin, dass unsere Intuition nicht auf Denken beruht. Vielmehr handelt es sich um eine unbewusste Abschätzung des gegenwärtigen Moments, die auf Faktoren wie Gewieftheit, Lebenserfahrung sowie unseren physischen Sinnen und Instinkten beruht und uns eine Bewusstheit verleiht, die nicht auf logischem Denken beruht. Durch unsere Intuition können wir auf diese Faktoren zugreifen und sie schnell verarbeiten, ohne uns die Zeit zu nehmen, wirklich darüber nachzudenken. Dieses Bewusstsein wird manchmal als Kompass der Seele beschrieben, weil es uns hilft zu wissen, was für uns in einem bestimmten Moment richtig und wahr ist. Der amerikanische Autor Dean Koontz beschreibt diesen Sinn gut, indem er sagt: »Intuition ist Sehen mit der Seele.«[123]

Es gibt einen Unterschied zwischen der Erfahrung von Intuition und dem damit verwandten Phänomen des Instinkts. *Instinkt* ist der Weg der Natur, uns schnell darüber zu informieren, was für uns am besten ist und wie wir im gegenwärtigen Moment mit Reaktionen antworten können, die in unserem Unterbewusstsein »voreingestellt« oder »fest verschaltet« sind. Unsere Instinkte basieren auf Erfahrungen der Vergangenheit. Und während die Vergangenheit, die uns informiert, manchmal unsere persönliche Vergangenheit ist, kann sie auch die kollektive Vergangenheit der Reaktion unserer Vorfahren auf eine ähnliche Situation einschließen. Wenn etwas von vielen Menschen oft erlebt worden ist, verankert es sich tief in der kollektiven Psyche.

Ein Beispiel dafür wäre die angeborene Angst eines Kindes, im Gang eines Supermarktes – wenn auch nur für ein paar Sekunden – allein gelassen zu werden, während die Mutter oder der Vater des Kindes weggeht, um eine Dose Suppe zu holen. In dem kurzen Moment, in dem Kinder sich umsehen und erkennen, dass ihre Eltern weg sind, ist ihre Reaktion meistens vorhersehbar. Es ist üblich, dass sie vor Verzweiflung weinen oder sogar vor Entsetzen schreien, wenn sie erkennen, dass sie plötzlich allein sind.

Was dieses Beispiel so aufschlussreich macht, ist, dass Kinder in der Tat sehr reale Gefahren wahrnehmen, auch wenn sie in der Vergangenheit nie eine schlechte Erfahrung gemacht haben, die ihre Ängste rechtfertigen würde. Wenn so etwas passiert, ist es sehr wahrscheinlich, dass die Angst des Kindes auf Instinkt beruht.

Unsere instinktiven Reaktionen beruhen auf der kollektiven Erfahrung vieler Menschen, die im Laufe zahlloser Generationen gelernt haben, wie im vorhergehenden Beispiel, dass es sicherer ist, mit anderen zusammen in einer vertrauten Umgebung als allein in einer fremden zu sein. Die Angst des Kindes ist ein gemeinsamer Urinstinkt zur Sicherheit und zum Überleben, der auf unterbewusster Ebene wirkt.

Typischerweise berücksichtigen unsere Instinkte nicht die Faktoren persönlicher Kenntnisse und Erfahrungen, die eine unterbewusste Reaktion beeinflussen können. Unsere Instinkte können uns zum Beispiel sagen, dass wir uns gegen Freunde oder Kollegen, durch deren Kritik wir uns angegriffen fühlen, wehren und verteidigen müssen. Ob wir uns vor zehntausend Jahren von der Spitze des Feuersteinspeeres eines Eindringlings in unserer Höhle bedroht gefühlt hatten oder die »Speerspitze« verletzender Kritik von jemandem zu spüren bekommen, den wir heute kennen, der Instinkt ist derselbe – wenn wir uns angegriffen fühlen, reagieren wir schnell und mit Nachdruck, um uns zu verteidigen. In der gleichen Situation kann uns die Intuition jedoch auch sagen, dass eine sanftere, maßvolle Antwort angebrachter wäre.

Weil unsere Intuition zusätzliche Faktoren berücksichtigt, die über unsere fest verschalteten Instinkte hinausgehen, können wir auf wohlbedachte und weniger verletzende Weise reagieren. Ein Beispiel dafür wäre unsere persönliche Erfahrung mit der Person, die uns kritisiert, sowie das Wissen, dass sie sich eigentlich um uns kümmert und dass das, was wir als persönlichen Angriff wahrgenommen haben, im Grunde als konstruktive Kritik gedacht war. In einem solchen Szenario ist der Instinkt, sich zu verteidigen, noch immer gegenwärtig, doch wir verfügen über die intuitive Weisheit, unsere Reaktion zu mäßigen. Wir können den Freund oder Kollegen wissen lassen, dass wir uns von seiner Kritik angegriffen fühlen, ohne auf verletzende Weise zum Gegenangriff auszuholen. Unsere Reaktion derart an den Augenblick anzupassen, dient potenziell dazu, uns vor irreparablen Schäden in unserer Beziehung zu bewahren.

> **Leitsatz 26** Intuition ist eine Einschätzung in Echtzeit, die sich auf persönliche und frühere Erfahrungen und sensorische Hinweise stützt, während der Instinkt eine Reaktion darstellt, die als Überlebensmechanismus fest in unserem Unterbewusstsein »verschaltet« ist.

DEN UNTERSCHIED KENNEN

Vielleicht erinnern wir uns nicht mehr an unsere Reaktionen, wenn wir als Kind allein gelassen wurden, aber als Erwachsene finden wir uns gewöhnlich in Situationen wieder, in denen unser Instinkt uns sagt, dass etwas nicht in Ordnung ist und wir in Gefahr sind. Das unbehagliche Gefühl, das wir bekommen, wenn wir um ein Uhr nachts eine dunkle Straße in einer unbekannten Gegend entlanggehen, ist ein perfektes Beispiel dafür. Auch wenn wir nie persönlich schlechte Erfahrungen damit gemacht haben, nachts irgendwo auf der Welt eine dunkle Straße entlangzugehen – andere Leute haben sie gemacht. Unabhängig von unserer persönlichen Lebenserfahrung, die sich auf eine bestimmte Straße oder einen bestimmten Teil der Stadt bezieht, ist unsere instinktive Angst größtenteils eine unterbewusste Reaktion, die auf den gesammelten Erfahrungen vieler Menschen beruht, die seit Hunderten von Generationen unter den gleichen Bedingungen auf dunklen Straßen unterwegs waren.

Ähnlich wie es für ein Kind beängstigend sein kann, an einem fremden Ort allein zu sein, bedeuteten dunkle Straßen oft Unannehmlichkeiten für diejenigen, die allein durch die Nacht gingen, und wir haben heute dieselben Bedenken. Wenn bei Dunkelheit weniger Menschen unterwegs sind, ist es zum Beispiel leichter, von jemandem mit bösen Absichten überrascht zu werden. Gehen wir also nachts allein auf einer dunklen Straße, erwachen unsere Instinkte, um uns an unsere kollektive Erfahrung zu erinnern und uns auf die Möglichkeit einer ähnlichen Erfahrung im gegenwärtigen Moment vorzubereiten.

Ich unterscheide hier zwischen Intuition und Instinkt wegen der Art und Weise, wie Intuition funktioniert. Statt ausschließlich anhand einer Bibliothek vergangener Erfahrungen zu reagieren, informiert uns unsere Intuition darüber, was im gegenwärtigen Moment gerade los ist. Sie kann dies schnell und in Echtzeit tun, weil sie nicht erst die Filter aller Erfahrungen auf dunklen Straßen in unserer kollektiven Vergangenheit oder die neuesten Zeitungsberichte über lokale Verbrechen durchsieben muss. Unsere Intuition beginnt in unserem Herzen – besonders mit dem kleinen Gehirn in unserem Herzen. Dabei handelt es sich um eine Gruppe spezialisierter Zellen, die unabhängig vom Gehirn in unserem Kopf oder unserem Bauchgefühl denken, fühlen und sich erinnern.

Unsere intuitiven Antworten und Instinkte können sich manchmal widersprechen, und es kann verwirrend sein, wenn sie gleichzeitig in verschiedene Richtungen weisen. Während der Instinkt uns vielleicht sagt, dass die Straßen bei Dunkelheit nicht sicher sind, kann uns das Herz erzählen, dass wir auf dieser bestimmten Straße in diesem Moment sicher sind. Was sollen wir bei so einem Erlebnis machen? Woher wissen wir, welche Stimme aus dem Bauch und welche aus dem Herzen kommt – und welcher sollen wir folgen?

Wir alle erleben fast täglich Instinkt und Intuition, aber die höchsten Ebenen der Selbstmeisterung erfahren wir, wenn wir das eine vom anderen unterscheiden können und in unserem Leben beides miteinander versöhnen. Dazu müssen wir klar verstehen, wo Intuition eigentlich genau herkommt.

DAS EINZIGE AUGE DES HERZENS

Einige meiner Vorfahren waren Cherokee aus dem Südosten Amerikas. In ihrer Sprache gibt es einen Begriff für die Intuition, die bereits in jedem von uns angelegt ist – jenseits von Logik und Vernunft: *Chante Ishta*, was »schoon-tei isch-tah« ausgesprochen wird. Genau wie das Sanskrit-Wort *Prana* kein Äquivalent in der englischen Sprache hat und frei als »Lebenskraft« übersetzt wird, gibt es auch für *Chante Ishta* keine direkte Übersetzung. Eine Annäherung an seine Bedeutung ist »das einzige Auge des Herzens« oder »ein Auge des Herzens«.

Chante Ishta bezeichnet eine Information, die aus der natürlichen Weisheit des Herzens kommt. Das ist nur eine andere Formulierung für das, was die Wissenschaft jüngst herausgefunden hat: Intuition ist ein Wissen, das durch die spezialisierten Zellen ermöglicht wird, die das sekundäre Gehirn im Herzen bilden. Die Zellen unseres Herzens sind dahingehend verschaltet, dass sie den gegenwärtigen Augenblick spüren und uns über unsere unmittelbare Umgebung informieren. Es ist allerdings unserem Gehirn überlassen, ob es auf das hört, was die Herzzellen spüren und herausfinden.

Wir haben die Fähigkeit, unabhängig vom Gehirn und unseren instinktiven und erlernten Reaktionen auf die Weisheit des Herzens zu hören. Der Schlüssel besteht darin, zu vermeiden, dass die Informationen, die wir aus dem Herzen empfangen, durch die Bibliothek von Instinkten in unserem Unterbewusstsein gefiltert werden.

Der Wert einer solchen Weisheit liegt darin, dass sie uns eine klare Sichtweise auf die Handlungen, Lebensereignisse und Situationen anderer Menschen bietet, jenseits der Polaritäten unserer Vorurteile und Ängste.

DIE WEISE NUTZUNG VON MACHT

Das Herz weiß nichts von gesellschaftlichen Verhaltensnormen und staatlicher Gesetzgebung. Es weiß nichts von Richtigkeit oder Unrichtigkeit in Kultur, Gesellschaft, Politik oder von politischer Korrektheit.

Das einzige Auge des Herzens weiß nur, was in einem bestimmten Moment für Sie wahr ist. Es bietet Ihnen einen Orientierungspunkt, wenn Sie vor einer schwierigen Entscheidung in Ihrem Leben stehen und es niemanden gibt, den Sie fragen oder an den Sie sich wenden können. Die Weisheit Ihres Herzens liefert Ihnen ungefilterte, unzensierte und unvoreingenommene Informationen über Ihre unmittelbare Situation.

Davon abgesehen gibt es eine Verantwortung, die mit allem einhergeht, was uns im Leben befähigt. Wenn es um die Kraft der Herzweisheit geht, ist es unsere Verantwortung, unsere Macht weise, mit gesundem Menschenverstand zu gebrauchen, und zwar auf eine Art und Weise, die uns selbst zur Ehre gereicht und anderen gegenüber gütig ist. Damit meine ich, dass die Intuition des Herzens ein nützlicher

Leitfaden für unser Leben sein kann, doch ist sie keine Grundlage für starre Regeln, die uns versklaven.

Es liegt an Ihnen, das anzuwenden, was Ihnen Ihr Herz weise mitteilt, indem Sie Ihre Intuition auf eine gesunde und verantwortungsvolle Weise, die unter den Umständen des Augenblicks sinnvoll ist, im Gleichgewicht halten.

Die Wissenschaft der Intuition

Viele der jüngsten Erkenntnisse hinsichtlich der Intuition und dessen, was sie für unser Leben bedeutet, verdanken wir Wissenschaftlern am Institute of HeartMath. Ähnlich den Schlussfolgerungen, zu denen die Wissenschaftler Anfang des 20. Jahrhunderts gekommen sind, legen moderne IHM-Studien nahe, dass die Aufgabe unseres Herzens viel tiefer und erheblich subtiler ist, als bisher erkannt wurde.

Wenn wir verstehen, welche Bedingungen im Körper die Intuition unterstützen, dann können wir diese Bedingungen durch bewusste Entscheidung herbeiführen, statt darauf zu warten, dass sie sich gelegentlich und rein zufällig einstellen, wie das bei den Anrufen meiner Mutter der Fall war. Glücklicherweise haben die Forscher am IHM nach zwei Jahrzehnten Forschung Methoden entwickelt, die uns helfen, genau das zu tun. Eine Studie, die sie 2007 durchgeführt hatten, lieferte einige der ersten wissenschaftlichen Erkenntnisse darüber, was in intuitiven Momenten in unserem Herz und Gehirn geschieht, und schlägt vor, wie wir diese Bedingungen willentlich herbeiführen können.

Das Ziel der IHM-Studie war es, eine der stärksten emotionalen Verbindungen zu untersuchen, die es gibt: die intuitive Bindung zwischen Mutter und Kind. Basierend auf früheren Befunden, die zeigen, dass »vom Herz erzeugte Signale die Fähigkeit haben, andere um uns herum zu beeinflussen«,[124] wurden in dieser speziellen Studie Monitore verwendet, um sowohl die Gehirnströme der Mutter (wie ein herkömmliches

EEG) als auch den Herzschlag des Babys (wie ein konventionelles EKG) zu messen, während die Mutter das Baby auf ihrem Schoß hielt. Die Prognose lautete, dass die Interaktion zwischen den elektrischen Feldern des Herzens des Babys und dem Gehirn der Mutter die Frau auf die Bedürfnisse ihres Babys aufmerksam machen würde.[125]

Zunächst war der Einfluss des Herzschlags des Babys im Gehirn der Mutter nicht nachweisbar. Als die Mutter jedoch gebeten wurde, ihre Aufmerksamkeit zu verlagern und sich speziell auf ihr Baby zu konzentrieren, veränderte sich das Wellenmuster in ihrem Gehirn auf tiefgehende und unerwartete Weise. *Während die Mutter ihre Aufmerksamkeit auf ihr Baby richtete, spiegelte sich der Herzschlag des Babys in ihren Gehirnwellen.* Die Studie kam zu dem Schluss, dass die Mutter durch die Absicht, ihre Aufmerksamkeit auf ihr Baby zu verlagern, sensitiver und auf die elektromagnetischen Signale des Herzens ihres Babys eingestimmt wurde.[126]

Diese Studie hat für viele Bereiche unseres Lebens Bedeutung, aber der Grund, warum ich sie hier erwähne, lässt sich am besten in den Worten der beteiligten Wissenschaftler selbst zum Ausdruck bringen: »Diese Ergebnisse haben verblüffende Implikationen, die darauf hindeuten, dass eine Mutter in einem psychophysiologisch kohärenten Zustand sensibler auf die subtilen elektromagnetischen Informationen reagiert, die in den elektromagnetischen Signalen ihres Säuglings kodiert sind.«[127] *Kohärenz* kann hier als energetische Harmonie definiert werden, die sich als elektrisches Signal zwischen zwei Organen im Körper aufbaut – in diesem Fall zwischen dem Herzen der Mutter und ihrem Gehirn.

Weiterführende Studien des IHM und anderer Forschungseinrichtungen legen heute nahe, dass sich die Art von intuitiver Verbindung, wie sie zwischen Mutter und Baby besteht, auch auf die Fähigkeit erstreckt, unsere Gehirnwellen auf die feinstofflichen Energiefelder anderer Menschen einzustimmen – aufgrund von Motiven, die von emotional unterstützenden, heilenden Gebeten bis hin zu Informationsübertragungen reichen, unabhängig von der Entfernung zwischen ihnen und uns.

Nun dürfte es niemanden mehr überraschen, dass die Ergebnisse der Studie mit dem übereinstimmen, was früher während der Telefonate am Sonntagnachmittag zwischen meiner Mutter und mir geschah. Sie erklären auch, wie eine Mutter, deren Sohn oder Tochter sich in einer militärischen Kampfzone auf der anderen Seite der Welt befindet, sich auf das, was im Leben ihres Kindes geschieht, einstimmen kann, so wie es bei Kaye Young und den Ereignissen im Leben ihres Sohnes Ronald der Fall war.

INTUITION IN DER REALEN WELT

Im Jahr 2003 war Ronald Young jr. Offizier in der amerikanischen Armee und diente in Fort Hood, Texas, in der Vierten Brigade. An einem Sonntagabend hatte seine Mutter Kaye ein Gefühl – ein intuitives Gespür –, dass sich ihr Sohn in Schwierigkeiten befand. Zu dieser Zeit flog er gerade einen Apache-Hubschrauber auf einer militärischen Mission südwestlich von Bagdad im Irak. In Kayes eigenen Worten: »Ich bekam ein sehr mütterliches Gefühl – und hatte den Eindruck, dass Ron bei mir war. Es fühlte sich an, als würde er seine Arme um mich legen.«[128]

Nicht lange nach Kayes Vorahnung wurden ihre Befürchtungen bestätigt. Armee-Angehörige besuchten das Haus der Familie und informierten Kaye und andere Familienmitglieder darüber, dass Rons Hubschrauber am Abend zuvor über der Stadt Kerbela abgestürzt war. Die Informationen waren spärlich, und Rons Aufenthaltsort war leider unbekannt. Er wurde von der Armee als »im Einsatz vermisst« geführt.

Kaye erinnert sich, dass sie, als sie die offizielle Bestätigung bekam, dass Ron vermisst wurde, sofort geschrien hatte: »Ich wusste es! Ich wusste es! Ich wusste es!« Und sie hatte es gewusst. Sie wusste vielleicht nicht, was genau geschah, aber sie hatte unmissverständlich gespürt – ihre Intuition hatte es ihr gesagt –, dass ihr Sohn in Schwierigkeiten war. Erst durch einen Fernsehbericht, der in Abu Dhabi, der Hauptstadt der Vereinigten Arabischen Emirate, gezeigt wurde, erfuhr die Familie von Rons Schicksal.

Er und ein anderer Pilot wurden lebend und in Gefangenschaft gezeigt. Im Film sprachen sie mit jemandem, der nicht vor der Kamera zu sehen war. Und obwohl sie Kriegsgefangene waren, schienen sie in relativ guter Verfassung zu sein.[129]

Zum Glück nahm diese Geschichte ein positives Ende. Ronald Young wurde im April 2003 in einer waghalsigen Rettungsaktion von US-Marines aus der Gefangenschaft befreit. Zusammen mit Young wurden der andere Pilot seines Hubschraubers, David S. Williams, und fünf weitere Kriegsgefangene der 507. Maintenance Company gerettet.[130] Die intuitive Verbindung, die Kaye Young zu ihrem Sohn hatte, verschaffte ihr einen Einblick in die Erlebnisse ihres Sohnes, bevor irgendetwas offiziell bekannt wurde. Das ist ein gutes Beispiel dafür, wie wichtige Informationen über unsere Angehörigen spontan in unserem Alltag auftauchen können.

> **Leitsatz 27** Die emotionale Bindung, die zwischen einer Mutter und ihren Kindern besteht, wird heute durch wissenschaftliche Studien dokumentiert, welche Einsichten in die intuitive Verbindung bieten, die wir alle in unseren Beziehungen entwickeln können.

INTUITION AUF ABRUF

In den vorherigen Beispielen trat die intuitive Verbindung zwischen den Menschen spontan auf. Sie haben nicht versucht, die Erfahrung bewusst herbeizuführen. Es schien einfach so zu passieren. Üblicherweise erleben wir diese Art von Intuition mit Menschen, zu denen wir eine starke emotionale Bindung haben, denn was in ihrem Leben passiert, ist auch für unser Leben von Bedeutung. Der Fachbegriff für diese intuitive Erfahrung ist *psychophysische Kohärenz*, oft auch nur kurz *Kohärenz* genannt.

Nun ist es, obwohl das Spüren einer tiefen Verbindung zu einer anderen Person eine schöne Erfahrung sein kann, schwierig, sich darauf zu verlassen, dass sie uns gerade dann zuverlässig zur Verfügung steht, wenn wir sie am meisten brauchen. Kommt diese Verbindung spontan zustande, können wir nie wissen, wann oder ob wir dieses Erlebnis wieder haben werden.

Wenn wir einfach irgendwo sitzen und darauf warten, dass die Schleier fallen und das Universum uns die richtige medizinische Entscheidung zeigt, die wir treffen sollen, das beste Jobangebot, den besten Moment, um eine Beziehung zu beenden, oder ob wir einen Freund, um den wir uns Gedanken machen, anrufen sollen oder nicht, dann können wir lange warten. Der Grund ist, dass spontane Intuition eben genau das ist – spontan! Sie geschieht, wenn sie es will, und nicht immer, wenn wir sie brauchen.

Hier kommt die Intuition auf Abruf ins Spiel.

Genauso wie es möglich ist, unseren Fernseher einzuschalten und uns an dem Tag und zu der Zeit, die wir wählen, im eigenen Heim einen Kinohit anzuschauen, können wir auch Kohärenz zwischen unserem Gehirn und Herzen schaffen und die tiefsten möglichen Intuitionen auslösen, wenn wir uns dafür entscheiden. Unsere Fähigkeit, bewusst und willentlich eine tiefe Intuition herbeizuführen, ist es, die die Weisheit des Herzens weckt, die in der Vergangenheit sporadisch und schwer fassbar schien. Wenn wir an die Verbindung zwischen Kaye und ihrem Sohn im Irak denken, beginnen wir, das ungenutzte Potenzial einer solchen Fähigkeit in unserem Leben zu erkennen.

Dieses Potenzial steht uns in unserem Alltag zur Verfügung. Und gewöhnlich sind es die Herausforderungen des Alltags, in denen wir unsere Intuition am meisten brauchen. Zu entscheiden, ob man in den späten 1990er Jahren die Führung einer Reisegruppe nach Ägypten übernehmen sollte oder nicht, ist ein perfektes Beispiel für die Art von

Frage, auf die es keine eindeutige Antwort gibt. Es ist auch ein perfektes Beispiel für einen Zeitpunkt, an dem die intuitive Führung des Herzens klar, direkt und zutreffend war.

Eine Herzensentscheidung auf Leben oder Tod

Im November 1997 sollte ich eine Reisegruppe nach Ägypten bringen. Es war Teil einer jährlich stattfindenden Pilgerreise, die ich seit 1992 durchgeführt hatte. Zu sagen, dass es fantastisch ist, Ägypten zu bereisen, wäre eine Untertreibung – es ist unglaublich! Tatsächlich vor der Sphinx zu stehen, einer mysteriösen Figur, die ich als Kind auf Bildern betrachtet hatte, oder am Fuß der Großen Pyramide und auf über zwölf Meter hohe Steine zu schauen, die einst von einer Schicht bedeckt, aber nun nackt und sichtbar waren, ist eine Erfahrung fürs Leben. Und ich stand unter Vertrag, eine multinationale Gruppe in die ägyptische Wüste zu führen, um genau diese Art von Erfahrungen zu machen.

Dann begannen die nationalen Medien, in den Abendnachrichten schreckliche Bilder von den Ereignissen des 17. November zu zeigen. Obwohl die Einzelheiten sich erst noch abzeichneten, war der Kern der Geschichte klar. Bewaffnete Terroristen hatten achtundfünfzig ausländische Touristen und vier Ägypter bei einem besonders brutalen Angriff auf den Tempel der Königin Hatschepsut, eine beliebte archäologische Stätte in der Nähe der Stadt Luxor, getötet.[131] Ich sollte mit meiner Gruppe in der folgenden Woche zu unserer Tour aufbrechen, wozu auch ein Zwischenstopp am Schauplatz dieses schrecklichen Verbrechens gehörte.

Was mittlerweile als Massaker von Luxor bekannt ist, erwies sich damals für das Land Ägypten auf mehreren Ebenen als verheerend. Die Tourismusindustrie brach zusammen. Hunderte von Reiseveranstaltern stornierten sofort ihre Touren und zogen sich aus dem Land zurück. Fluggesellschaften flogen Kairo nicht mehr an. Die Hotels blieben leer. Und der Stolz des ägyptischen Volkes war tief verletzt. »Das sind wir nicht«, sagten mir meine ägyptischen Freunde am Telefon und flehten: »Bitte denkt nicht so von uns.«

Sofort bekam ich Anrufe, die die geplante Tour betrafen. Die Leute, die sich für die Reise angemeldet hatten, baten mich, nicht abzusagen. Die ägyptischen Behörden waren besorgt wegen eines etwaigen weiteren Angriffs. Und die Reisegesellschaft wartete darauf, dass ich eine Entscheidung traf und dies schnell erledigte. Meine Familie und Freunde drängten mich, nicht zu reisen. Die Wahlmöglichkeiten waren klar: Ich konnte die Reise auf einen anderen Zeitpunkt verschieben, ganz absagen oder wie geplant mit der Reise fortfahren. Ich hatte den Eindruck, dass alle Seiten an mir zogen. Jeder, mit dem ich sprach, hatte eine Meinung, und ihre Meinungen ergaben alle einen Sinn. Und wenn ich dachte, ich hätte meine Entscheidung getroffen, rief mich jemand an und gab mir einen guten Grund, mich doch anders zu entscheiden. Offensichtlich war dies eine jener Zeiten, in denen die Entscheidung nicht schwarz oder weiß war. Es gab kein Richtig oder Falsch in dieser Situation und keine Möglichkeit zu wissen, was in den folgenden Tagen und Wochen passieren würde. Es gab nur mich, meine Instinkte, meine Intuition und mein Versprechen, die für meine Gruppe und mich bestmögliche Wahl zu treffen.

Die Sprache des Herzens

Überwältigt vom Chaos der Informationen und Meinungen, stellte ich das Telefon ab, um mich von den Einflüssen anderer abzuschotten. Von meinem Haus in der Hochwüste des nördlichen New Mexico aus machte ich einen langen Spaziergang über eine unbefestigte Straße, die ich früher oft entlanggegangen war, wenn ich eine schwierige Entscheidung zu treffen hatte. Und dabei habe ich genau die Methode angewandt, die ich später in diesem Kapitel noch erläutern werde, und eine Verbindung zwischen meinem Kopf und meinem Herzen hergestellt, um hinsichtlich der Tour mit meiner tiefsten Intuition in Kontakt zu treten. Ich blieb lange genug stehen, um meine Augen zu schließen, meine Aufmerksamkeit nach innen zu richten und mich auf mein Herz zu konzentrieren.

Aufgrund der Belehrungen durch tibetische Mönche, Nonnen und Yogis, die ich im Laufe des Lebens getroffen hatte, und einiger einheimischer Freunde wusste ich, dass es helfen würde, den Herzbereich mit den Fingerspitzen zu berühren, um mein Bewusstsein an den Ort der Berührung zu führen. Und als ich anfing, meine Atmung zu verlangsamen, spürte ich ein vertrautes Gefühl der Ruhe in meinem Körper. Ich fühlte mich wie ich selbst, und je mehr ich das tat, desto mehr nahmen die schrecklichen Ereignisse des Tages eine neue Bedeutung an. Als ich Gefühle der Dankbarkeit empfand – in diesem Fall für die Ruhe in meinem Körper und für die Möglichkeit, eine kraftvolle Entscheidung zu treffen –, stellte ich die Frage, die mir niemand sonst beantworten konnte. Von einem Ort der Herzintelligenz aus fragte ich schweigend, ohne meinen denkenden Verstand zu benutzen: *Ist dies eine gute Zeit für meine Gruppe, die Geheimnisse Ägyptens zu erfahren?*

In den Jahren der Anwendung herzbasierter Intelligenz habe ich gelernt, dass das Herz am besten funktioniert, wenn man ihm kurze Formulierungen gibt, auf die es antworten soll, statt mehrerer langer Sätze. Das Herz braucht keine Einführung in die Frage, die wir stellen, oder eine Erklärung der Geschichte der vorliegenden Entscheidung. Unser Herz weiß all diese Dinge bereits.

Für manche Menschen ist die Weisheit des Herzens ein Gefühl. Für andere ist es eine Art Wissen, das einfach ungefragt da ist, während für wiederum andere die Antwort als eine vertraute Stimme erscheint, die sie schon ihr ganzes Leben kennen. Für mich ist es im Allgemeinen eine Kombination aus allen drei Erfahrungen. Ich höre oft zuerst eine subtile Stimme, verstärkt durch ein sicheres Gefühl der Beruhigung, Sicherheit und Gewissheit, gefolgt von einem Gefühl der Lösung und Vollständigkeit. Und genau das geschah an jenem Tag in der Hochwüste.

Noch bevor ich die Frage gestellt hatte, empfing ich die Antwort vollständig, direkt und klar. Sofort spürte – *wusste* – ich, dass unsere Reise in Ordnung gehen würde. Ich wusste, dass wir sicher sein würden, wenn wir unserer Intuition gestatteten, uns auf jedem Schritt unserer Reise zu führen. Ich wusste in diesem Moment, dass ich bald mit meiner Gruppe in Ägypten sein würde.

Es gibt hier etwas, auf das ich klar und unmissverständlich hinweisen möchte: *Meine Entscheidung, die Reise durchzuführen, beruhte auf den sensorischen Eindrücken, die ich als Ergebnis eines methodischen und wissenschaftlich fundierten Prozesses erhielt.* Sie wurde nicht aus einem Gefühl der Hoffnung getroffen, dass schon alles gutgehen und nach Plan verlaufen würde. Auch wenn diese Art von Vertrauen für einige Situationen perfekt ist, braucht es für eine Entscheidung, bei der es um Leben und die Sicherheit einer Reisegruppe geht, eine fundiertere Grundlage. Für mich war das die Weisheit der tiefen Intuition.

Die Schritte, die ich anwandte, um meine tiefe Intuition zu aktivieren, ähneln einer Methode, die andere Menschen manchmal weniger strukturiert, aber mit ähnlichen Ergebnissen anwenden. Der Wert des Zugangs zur Herzintelligenz besteht darin, dass es möglich wird, unsere Fragen ohne Anhaftung an das Ergebnis zu stellen, durch *Chante Ishta*, das einzige Auge des Herzens.

Als ich mir über meine Entscheidung im Klaren war, rief ich persönlich jeden an, der sich für die Tour angemeldet hatte, um die Teilnehmer zu informieren. Alle, unabhängig von ihrem Alter oder ihrer Nationalität, sagten mir, dass sie mir vertrauten und die Reise antreten würden, unter der Voraussetzung, dass ich dabei ein gutes Gefühl hatte – was sich dann auch als richtig erwies.

> **Leitsatz 28** Der intentional herbeigeführte Herzfokus befähigt uns, tiefe Intuition konsequent zu erleben, wenn wir uns dies wünschen.

Die Belohnung für das Vertrauen in meine Intuition

Eine Woche danach reisten wir ganz wie geplant nach Ägypten, wo mit vierzig erstaunlichen Menschen ein herzliches Abenteuer begann, das voller Überraschungen steckte. Wir kamen in einem Land an, das den Verlust vieler Menschen betrauerte und durch die Auswirkungen des Angriffs verunsichert war. Der damalige Präsident Ägyptens, Hosni Mubarak, war ein Freund unseres Reiseleiters und sehr dankbar, dass wir in dieser schwierigen Zeit in sein Land kamen. Wir erhielten einen offiziellen Brief von Mubarak, in dem er dem Department of Antiquities die Erlaubnis erteilte, während unserer gesamten Tour seltene archäologische Stätten für uns zu öffnen. Einige dieser Stätten waren, wie wir später herausfanden, der Öffentlichkeit seit ihrer Ausgrabung im späten 19. Jahrhundert nicht mehr zugänglich gewesen und wurden seit unserer Tour auch nie wieder geöffnet! Die Eindrücke dieser Reise erfüllten uns mit tiefer Ehrfurcht, und zwischen den Mitgliedern unserer Gruppe und den Ägyptern entstanden Freundschaften, die bis heute andauern.

Das Schöne an der Weisheit auf Herzensbasis und den Entscheidungen, die aus dieser Weisheit heraus getroffen werden, ist, dass wir von der Last befreit sind, unsere Entscheidungen im Nachhinein noch in Zweifel zu ziehen. Auf der Grundlage dessen, was ich damals für wahr hielt, hatte ich das Gefühl, dass meine Entscheidung, die Reise durchzuführen, richtig war. Ich glaube allerdings auch, dass es eine ebenso gute Entscheidung gewesen wäre, wenn ich die Reise wegen dem, was geschehen war, abgesagt hätte.

Nachdem ich die Entscheidung, die Reise fortzusetzen, aus der Weisheit meines Herzens heraus getroffen hatte, hatte ich das Gefühl, dass ich die Menschen, die mir vertrauten, und mich selbst dadurch ehrte, dass ich die bestmögliche Entscheidung traf.

Diese Geschichte ist nur ein Beispiel dafür, wie das Werkzeug der tiefen Intuition mir in der realen Welt immer wieder gedient hat. Und während dieses Beispiel eine große Entscheidung mit vierzig Personen und einer Reise um die halbe Welt betrifft, benutze ich genau die gleiche Methode manchmal täglich, um mir bei meiner Zeitplanung zu helfen, Beziehungen zu entspannen und die Prinzipien zu achten, die für mich wichtig sind, wenn das Leben mich auf eine Probe stellt.

Was ich mit Sicherheit weiß, ist, dass wir niemals falsch liegen können, wenn wir auf unser Herz achten.

Ich weiß auch, dass die Herzintelligenz, wenn sie für mich funktioniert, auch für Sie funktioniert.

DIE WEISHEIT IHRES HERZENS
GILT NUR FÜR SIE

Die Intelligenz Ihres Herzens ist immer bei Ihnen. Sie ist konstant. Sie können ihr vertrauen. Es ist wichtig, dies anzuerkennen, weil es bedeutet, dass die Weisheit des Herzens – die Antworten auf die tiefsten und geheimnisvollsten Fragen des Lebens, die niemand sonst beantworten kann – schon immer in Ihnen existiert. Anders als etwas, das erst noch gebaut oder geschaffen werden muss, bevor es verwendet werden kann, ist die Verbindung zwischen Ihrem Herzen und dem Ort, der Ihre Antworten enthält, bereits hergestellt. Und während sie seit Ihrer Geburt bei Ihnen ist, entscheiden Sie, wann Sie diese Verbindung als »Hotline« zu den tiefsten Wahrheiten Ihres Lebens nutzen.

Sie können sich dafür entscheiden, die Weisheit Ihres Herzens nur unter besonderen Umständen anzuzapfen, wenn es keinen Ort gibt, an den Sie gehen, und niemanden, an den Sie sich wenden können. Oder Sie entscheiden sich dafür, zu Ihrem Herzen eine Beziehung zu entwickeln, die Ihnen in Fleisch und Blut übergeht und zu einer an jedem Tag Ihres Lebens zugänglichen Quelle der Führung wird. Unabhängig von der Rolle, die Sie der Herzintelligenz in Ihrem Leben beimessen, liegt es an Ihnen, wie Sie nutzen, was Sie von Ihrem Herzen vernehmen, und wie Sie mit der Realität Ihrer Alltagswelt umgehen. Hier kommt Ihr Urteilsvermögen ins Spiel.

Während die Führung Ihres Herzens für Sie wahr ist, mag sie für eine andere Person nicht wahr sein. Unsere Freunde, Kinder, Geschwister, Lebenspartner und Verwandte haben alle ihre eigene Herzensweisheit. Wenn wir versuchen, in einem isolierten Moment eine lebensverändernde Entscheidung für andere Menschen zu treffen, können wir unmöglich mit Sicherheit wissen, was für sie in diesem Moment wahr ist. Wir können unmöglich zum Beispiel intime Details ihrer Lebensgeschichte aus der Zeit ihrer Geburt kennen, die sie zum gegenwärtigen Augenblick und in ihre gegenwärtigen Umstände geführt haben. Und weil wir diese Dinge nicht mit Gewissheit wissen können, können wir nicht voraussehen, wie die gut gemeinte Mitteilung unserer Weisheit die Erfahrung einer anderen Person beeinflussen wird.

Ich erwähne das jetzt nur als Überlegung.

Wenn Sie sich fragen, ob Sie mitteilen sollten, was Ihr Herz Ihnen offenbart hat, empfehle ich als Leitlinie die folgenden drei Fragen:

1. Welche Absicht verbinde ich mit der Weitergabe dessen, was ich herausgefunden habe?
2. Wer wird davon profitieren, wenn ich diese Informationen weitergebe? Oder genauer gesagt: Welchen Vorteil hat _____ _____ davon, wenn ich diese Informationen mit ihm teile? (Schreiben Sie in das freie Feld den Namen der Person, an die Sie Ihre Offenbarung weitergeben möchten.)
3. Wer könnte durch meine Entscheidung, diese Informationen weiterzugeben, verletzt werden?

Der Schlüssel zur Beantwortung dieser Fragen liegt darin, sich bei der allerersten Frage absolut klar zu sein. Sich Ihrer Absicht bewusst zu sein, ist die Grundlage Ihrer persönlichen Verantwortung. Wenn Ihre Absicht feststeht, wird es leicht, Ihre Antworten auf die nächsten beiden Fragen zu bewerten, um zu sehen, ob sie Ihrer erklärten

Absicht entsprechen. Mit Hilfe dieser einfachen Methode finden Sie die Antwort auf die Frage, ob es angemessen ist, Ihr tiefes Wissen weiterzugeben.

Lassen Sie uns mit diesen Gedanken im Hinterkopf erörtern, wie Sie kohärente Schritte anwenden können, um auf die Intelligenz und Führung Ihres Herzens zuzugreifen.

STELLEN SIE IHREM HERZEN EINE FRAGE

Nun, da ich die Rolle des Herzens beim Zugang zur tiefen Intuition beschrieben habe, möchte ich die Gelegenheit nutzen, um eine bewährte Methode zu erläutern, die es Ihnen ermöglicht, auf seine Weisheit zurückzugreifen. Und ich möchte, dass diese Übung persönlich ist – also werde ich den vorliegenden Abschnitt so darlegen, als spräche ich direkt zu Ihnen, während Sie mit mir in meinem Wohnzimmer sitzen. Diese Übung ist eine jener Situationen, in denen sich Wissenschaft und Spiritualität wunderbar überschneiden. Während die Wissenschaft die enge Beziehung zwischen dem Herzen und dem Gehirn beschreiben kann, tun dies die alten spirituellen Praktiken und Techniken zur Selbstmeisterung, die den Menschen seit Jahrtausenden helfen, sich auf diese Beziehung zu verlassen, ohne eine wissenschaftliche Erklärung zu benötigen.

Es ist wahrscheinlich kein Zufall, dass die streng wissenschaftlichen Methoden, die von den Forschern am Institute of HeartMath entwickelt wurden, eng mit einigen der Techniken übereinstimmen, die in alten Klöstern oder von indigenen spirituell Praktizierenden bewahrt werden. Wir alle lernen auf ganz unterschiedliche Weise, und mein Gefühl ist, dass etwas, wenn es wahr ist, in der Welt in verschiedenen Formen erscheint, um die Variationen in unserem Lernen widerzuspiegeln.

In Anbetracht dieser Idee habe ich beschlossen, die folgende IHM-Methode – mit Erlaubnis – wiederzugeben, da sie sicher ist und auf gut recherchierten wissenschaftlichen Erkenntnissen beruht, die die Schritte bestätigen, und sie wurde so vereinfacht, dass sie zugänglich und in unserem Alltag einfach anzuwenden ist.

Wie bei jeder Technik, die von Lehrer zu Schüler weitergegeben wird, werden die Schritte zur Schaffung der Herz-Gehirn-Kohärenz am besten mit einem erfahrenen Praktiker vorgenommen, um den Prozess zu erleichtern. Während ich diese Prinzipien zur Schaffung von Herz-Hirn-Kohärenz in den folgenden Absätzen beschreibe, möchte ich Sie ermutigen, sie selbst zu erleben, indem Sie die kostenlosen Online-Anweisungen auf der Website des Institute of HeartMath verwenden (zu finden in der Rubrik »Resources«).

Die Technik zur Erzeugung von Herz-Hirn-Kohärenz wird sehr passend als Quick Coherence®-Technik bezeichnet und wurde vom Institute of HeartMath in Form der ersten drei unten beschriebenen einfachen Schritte präzisiert. Jeder Schritt sendet, unabhängig voneinander, ein Signal an den Körper, dass eine bestimmte Verschiebung in Gang gesetzt wurde. Zusammengenommen schaffen die Schritte ein Erlebnis, das uns zu einer natürlichen Harmonie zurückführt, die früher in unserem Körper existierte, bevor wir anfingen, unser Herz-Hirn-Netzwerk durch unsere Konditionierung zu trennen. Die Schritte 4 und 5, bei denen wir auf die Weisheit unseres Herzens zugreifen, bauen auf der in den Schritten 1 bis 3 geschaffenen Kohärenz auf.

Übung

Fünf Schritte, um Ihrem Herzen eine Frage zu stellen

Die Schritte zur schnellen Herbeiführung einer Kohärenz für den Zugriff auf die Intelligenz Ihres Herzens verlaufen wie folgt:

Schritt 1: Stellen Sie den Herzfokus her

- **Handlung:** Erlauben Sie Ihrem Bewusstsein, sich von Ihrem Verstand in den Bereich Ihres Herzens zu bewegen.

- **Ergebnis:** Dies sendet ein Signal an Ihr Herz, dass eine Verschiebung stattgefunden hat. Sie sind nicht mehr mit der Welt um sich herum beschäftigt und werden sich der Welt in Ihnen bewusst.

Schritt 2: Verlangsamen Sie Ihre Atmung

- **Handlung:** Beginnen Sie, etwas langsamer zu atmen. Nehmen Sie sich ungefähr fünf bis sechs Sekunden Zeit zum Einatmen und verwenden Sie dasselbe Tempo beim Ausatmen.

- **Ergebnis:** Dieser einfache Schritt sendet ein zweites Signal an Ihren Körper, dass Sie sicher und an einem Ort sind, der Ihren Prozess unterstützt. Tiefes, langsames Atmen ist seit langem dafür bekannt, die Entspannungsreaktion des Nervensystems (auch als *parasympathische Reaktion* bezeichnet) anzuregen.

Schritt 3: Spüren Sie ein verjüngendes Gefühl

- **Handlung:** Spüren Sie nach besten Kräften ein echtes Gefühl der Fürsorge, Wertschätzung, Dankbarkeit oder Mitgefühl für irgendetwas oder irgendjemanden. Der Schlüssel zum Erfolg liegt darin, dass dieses Gefühl so aufrichtig und herzlich wie möglich ist.

- **Ergebnis:** Die Qualität dieses Gefühls steigert die Kohärenz zwischen Ihrem Herzen und Ihrem Gehirn. Obwohl jeder in der Lage ist, in sich ein solches Gefühl hervorzurufen, ist dies einer jener Prozesse, mit dem Sie vielleicht erst experimentieren müssen, um herauszufinden, was für Sie am besten funktioniert.

Mit dem erfolgreichen Abschluss von Schritt 3 wurde die Verbindung hergestellt, die Herz und Gehirn zusammenbringt und zur Herz-Hirn-Kohärenz führt. An diesem Punkt kommunizieren das Herz und das Gehirn über das neuronale Netzwerk, das sie verbindet. Technisch gesehen ist die Quick-Coherence®-Methode damit an sich zwar abgeschlossen, aber es ist zugleich ein erster Schritt zu weiteren Prozessen. Wir können die Kohärenz, die wir geschaffen haben, jetzt nutzen, um tiefere Bewusstseinszustände zu erreichen, einschließlich der tiefen Intuition, die in diesem Kapitel beschrieben wird. Aus einem Zustand der Herz-Hirn-Kohärenz heraus haben wir Zugang zu unserer tiefen Intuition und empfangen die Führung unserer Herzintelligenz. Die Schritte 4 und 5 beschreiben ein Verfahren, mit dem wir genau dies tun können.

Schritt 4: Stellen Sie Ihrem Herzen eine Frage

- **Handlung:** Die vorherigen drei Schritte schaffen die Harmonie zwischen Ihrem Gehirn und Ihrem Herzen, die es Ihnen ermöglicht, die Intelligenz Ihres Herzens anzuzapfen. Während Sie weiter atmen und sich auf den Fokus in Ihrem Herzen konzentrieren, ist es Zeit, Ihre Frage zu stellen.

  Die Herzintelligenz funktioniert im Allgemeinen am besten, wenn die Fragen kurz und auf den Punkt gebracht sind. Denken Sie daran: Ihr Herz benötigt keine Einführung oder genaue Herleitung einer Situation. Stellen Sie lautlos Ihre Frage in einem einzigen kurzen Satz und lassen Sie dann Ihr Herz auf die Weise antworten, die bei Ihnen funktioniert.

- **Ergebnis:** Ihre Intuition öffnet sich, und Sie beginnen einen Dialog.

Ich werde oft gebeten, die Symbole, die sich in den Träumen der Menschen zeigen, oder die Bedeutung einer Erfahrung, die sie in ihrem Leben gemacht haben, zu interpretieren. Natürlich kann ich dazu meine Meinung äußern, aber mehr als das ist es eben auch nicht. Es ist *mein* Gefühl, was das Bild oder die Erfahrung in *ihrem* Leben bedeuten mag. Die Wahrheit ist, dass ich unmöglich wissen kann, was die Träume oder die Erfahrungen einer anderen Person für sie selbst bedeutet. Doch ebenso wahr ist, dass sie selbst es wissen kann!

Der Schlüssel zu einem erfolgreichen Dialog mit Ihrem Herzen ist folgender: *Wenn Sie dazu ermächtigt sind, eine Erfahrung zu machen, dann sind Sie auch ermächtigt, selbst zu wissen, was Ihre Erfahrung denn eigentlich bedeutet.*

Obwohl ich Ihren Frageprozess nicht beeinflussen möchte, ist ein Beispiel manchmal hilfreich. Ein geheimnisvoller Traum ist die perfekte Gelegenheit, Herzensweisheit auf eine reale Situation anzuwenden. Stellen Sie aus der in den vorherigen drei Schritten hergestellten Herz-Hirn-Kohärenz heraus einfach die folgenden Fragen und füllen Sie die leeren Felder mit den Namen der Personen, Symbole oder Identitäten, nach denen Sie fragen. Das sind lediglich Beispiele. Sie können eines auswählen, das für Sie passend ist, oder Ihr eigenes erstellen, indem Sie eines der folgenden als Vorlage verwenden.

- »Aus dem tiefsten Wissen meines Herzens ersuche ich darum, dass sich die Bedeutung von _____ _____ in meinem Traum zeigt.«

- »Vom einzigen Auge meines Herzens, das allein meine Wahrheit kennt, erfrage ich die Bedeutung des _____ _____, das ich in meinem Traum gesehen habe.«

- »Bitte hilf mir, die Bedeutung von _____ _____ in meinem Leben zu verstehen.«

Schritt 5: Lauschen Sie nach einer Antwort

- **Handlung:** Achten Sie darauf, wie Ihr Körper sich anfühlt, unmittelbar nachdem Sie Ihre Frage bei Schritt 4 gestellt haben. Notieren Sie sich alle Empfindungen – wie Wärme, Kribbeln oder Klingeln in den Ohren – und Emotionen, die auftreten können. Für Menschen, die bereits auf ihren Körper und die Intelligenz ihres Herzens eingestimmt sind, ist dieser Schritt der einfachste Teil des Prozesses. Für diejenigen, die vielleicht weniger Erfahrung darin hatten, ihrem Körper zuzuhören, ist dies eine Übung zur Steigerung der eigenen Bewusstheit.

- **Ergebnis:** Jeder lernt und erlebt auf seine eigene einzigartige Weise. Es gibt keinen richtigen oder falschen Weg, die Weisheit Ihres Herzens zu empfangen. Der Schlüssel hier ist herauszufinden, was für Sie am besten funktioniert.

Wie ich bereits erwähnt habe, neige ich dazu, die Weisheit meines Herzens in Form von Worten wahrzunehmen, während ich gleichzeitig Wärme in meinem Körper spüre. Andere Menschen hören keine Worte, sondern erleben nur nonverbale Kommunikationsformen wie zum Beispiel Wärme, die von ihrem Herzen oder in die Körpermitte ausstrahlt. Manchmal spüren die Menschen auch eine Welle des Friedens, wenn sie die Antwort auf ihre Frage erhalten. Denken Sie daran, dass Sie und Ihr Körper einzigartige Partner sind. Wichtig ist hier, auf den eigenen Körper zu hören, um zu lernen, wie er mit Ihnen kommuniziert, und ihm die Möglichkeit zu geben, gehört zu werden.

Damit haben Sie eine Schritt-für-Schritt-Methode, die Ihnen hilft, sich den größten Herausforderungen des Lebens gewachsen zu fühlen. Während Sie wahrscheinlich die Situationen um sich herum nicht ändern können, ist es Ihnen nun definitiv möglich, die Art und Weise zu verändern, wie Sie sich fühlen, und auf diese Situationen gelassen zu reagieren. Wenn Sie es noch nicht herausgefunden haben, werden Sie vielleicht spätestens jetzt feststellen, dass die Weisheit Ihres Herzens zu einem großartigen Freund und zu einer der größten Kraftquellen in Ihrem Leben für Sie wird. Die Beschaffenheit und die Genauigkeit von herzbasierten Lösungen befähigen Sie, jeder Situation mit einem Vertrauen zu begegnen, das in Momenten, in denen Sie sich hilflos, überwältigt, machtlos und verloren fühlen, nur schwer zu mobilisieren ist.

Ich kann ehrlich sagen, dass die Weisheit meines Herzens mich nie dazu gebracht hat, eine schlechte Entscheidung zu treffen. Und obwohl ich diese Methode nicht bei jeder großen Entscheidung, die ich in meinem Leben traf, verwendet habe, waren die einzigen Entscheidungen, die ich bereute, diejenigen, bei denen ich nicht auf die Weisheit meines Herzens hörte.

Während Sie diese Übung abschließen, fordere ich Sie auf, einen wichtigen Punkt im Gedächtnis zu behalten: Es gibt keinen richtigen oder falschen Weg, die Weisheit des Herzens zu empfangen. Jeder von uns wird mit einem eigenen einzigartigen Code geboren, der uns erlaubt, auf die Weisheit unseres Herzens zuzugreifen und sie in unserem Leben anzuwenden. Das Geheimnis des Codes besteht darin, zu wissen, was für Sie am besten funktioniert.

Leitsatz 29: Wir können die Weisheit unseres Herzens durch eine Methode erreichen, die in fünf einfachen Schritten zusammengefasst werden kann: Fokussieren, Atmen, Fühlen, Fragen und Zuhören.

ES IST IHRE ZWEITE NATUR, IHR HERZ ZU FRAGEN

Ihre Intuition kann Ihnen helfen, sich angesichts der größten Herausforderungen des Lebens besser zu fühlen. Jedes Mal, wenn Sie auf die Weisheit Ihres Herzens zurückgreifen, kräftigen und verstärken Sie die neuronalen Verbindungen, die unsere Herz-Hirn-Verbindung möglich machen. Ich höre häufig von Menschen, die Herzintelligenz in ihr tägliches Leben integrieren, dass die Quick-Coherence®-Methode im Laufe der Zeit einfacher wird.

In der Tat geht manchen Menschen die Erfahrung in Fleisch und Blut über, sodass es für sie eine automatische Reaktion und keine strukturierte Technik mehr ist. Sie richten instinktiv mehrmals im Laufe eines Tages ihre Wahrnehmung auf ihr Herz, um die Herausforderungen des Lebens zu erkennen und die Anforderungen des Lebens im Gleichgewicht zu halten. Sie entdecken auch, dass die Fähigkeit, Lebensthemen auf eine mitfühlende Weise anzunehmen, zur Selbstverständlichkeit wird, sobald sie aus dem Herzen leben.

Wenn Menschen von solchen Erlebnissen berichten, wundere ich mich – obwohl ich vor diesem Prozess immer einen mächtigen Respekt habe – nicht über das, was ich höre, denn die Intuition, die natürlich aus unserem Herzen strömt, liefert uns ein Sprungbrett, um die tiefsten Ebenen der Anteilnahme, Empathie und schließlich des Mitgefühls in unserem Leben zu erfahren. Wenn wir darüber nachdenken, macht dieser Erfahrungsfluss vollkommen Sinn. Wie können wir uns jemandem voller Mitgefühl zuwenden, wenn wir uns nicht zuerst – auf eine gesunde Weise – mit dem Leid identifizieren konnten, das er oder sie erfährt?

Die Fähigkeit, sich mit der Erfahrung von Verletzungen, Bedrängnissen oder Traumata eines anderen Menschen zu identifizieren, ohne sein Leiden als unser eigenes anzunehmen – was manchmal als *Überfürsorge* bezeichnet wird –, ist der Schlüssel dazu, jemanden in seinem Schmerz, seiner Not und seinem Trauma wirkungsvoll zu unterstützen. Hier kommt Empathie ins Spiel.

Die Fähigkeit, sich in einen anderen Menschen – oder eigentlich in jede Art von Lebewesen – auf einer tiefen Ebene einzufühlen, wird als *Empathie* bezeichnet. Unsere Fähigkeit zur Empathie ist der Schlüssel zu unserer Fähigkeit, Mitgefühl zu empfinden.

EMPATHIE – EIN SPRUNGBRETT ZUM MITGEFÜHL

In der beliebten TV-Serie *Star Trek – Das nächste Jahrhundert* (1987-1994) ist eine der Hauptfiguren, die Beraterin Deanna Troi (gespielt von Marina Sirtis), eine *Empathin* – eine Person, die die Gefühle und Emotionen eines anderen Wesens wahrnehmen kann, indem sie sie auf einer persönlichen Ebene erlebt. Wenn man weiß, dass es die erklärte Mission ihrer zukunftsweisenden Reise durch das Universum ist, »fremde neue Welten zu erforschen, neues Leben und neue Zivilisationen zu suchen und mutig dahin zu gehen, wo noch niemand zuvor gewesen ist«, macht es auf jeden Fall Sinn, einen erfahrenen Empathen als integralen Bestandteil der Schiffsbesatzung zu haben. Durch die mehrjährige Dauer der Mission der *Enterprise* ist es wahrscheinlich, dass die Crew Lebensformen antreffen wird, die nicht mit Worten kommunizieren wie wir Menschen. Und genau das passiert in der gesamten Serie. Dank der empathischen Fähigkeiten von Troi ist dieser nonverbale Austausch jedoch kein Problem. Obwohl jede Begegnung mit einer außerirdischen Spezies einzigartig ist, tendieren solche Begegnungen dazu, einem gemeinsamen Muster zu folgen, das in etwa folgendermaßen aussieht:

Der Captain der *Enterprise* kommuniziert mit dem Kommandanten eines fremden Raumschiffs, das plötzlich mit unbekannten Absichten aufgetaucht ist. Während der Anführer des unbekannten Schiffes dem Captain sagt: »Wir kommen in Frieden«, spürt Troi hinter seinen Worten nonverbal eine andere Absicht. Als Empathin bemerkt sie die Gefahr. Während der Captain der *Enterprise* dem Alien zuhört, flüstert die Beraterin Troi ihm das, was sie spürt, ins Ohr, etwa: »Sie wollen uns zerstören.« In diesem Fall ist leicht zu erkennen, warum eine solche Beraterin wie Troi für die Mission der *Enterprise* so wertvoll ist.

Auch wenn die Fernsehserie Science-fiction ist – die empathischen Fähigkeiten von Counselor Troi sind es nicht. Sie sind real, und wir alle erleben sie mehr oder weniger in unserem täglichen Leben, oft ohne zu wissen, was dabei in uns vorgeht.

Was also ist Empathie? Wie hängt sie mit Anteilnahme zusammen? Und wie können wir beide auf eine gesunde Weise erleben?

Sowohl Empathie als auch Anteilnahme sind Formen der Intuition, und die englischen Wörter, die diese Zustände beschreiben, nämlich *empathy* und *sympathy*, haben einen gemeinsamen Ursprung in der griechischen Sprache. Sie entstammen dem Wurzelwort *Pathos*, was »Gefühl« bedeutet. Bereits geringe Griechischkenntnisse ermöglichen hier eine klare Unterscheidung zwischen ihren Bedeutungen. Die griechische Vorsilbe *sym-* in *sympathy* bedeutet »mit«. Die Vorsilbe *em-* in *Empathie* bedeutet »innerhalb«. Aus der Übersetzung dieser einfachen Präfixe wird der Unterschied deutlich: *sympathy* zu haben, also Anteil zu nehmen, heißt, sich *mit* anderen in ihrem Schmerz oder Leiden zu identifizieren. Wenn wir Anteil nehmen, sagen wir, dass wir mit der Notlage oder dem Verlust einer anderen Person mitfühlen. Erleben zum Beispiel Freunde oder Familienangehörige den Tod eines geliebten Menschen, schicken wir Beileidskarten, um sie wissen zu lassen, dass wir ihren Verlust anerkennen, und spüren, was es für sie bedeuten muss.

Empfinden wir anderen Wesen gegenüber Anteilnahme, sind wir Beobachter, die sich danach sehnen, zu ihnen zu stehen und sie in ihrer Erfahrung zu unterstützen. Wir sagen manchmal, dass wir uns »nur vorstellen können«, wie ein solcher Verlust sich anfühlen mag. Und wenn wir das sagen, ist unsere Aussage vollkommen korrekt. Weil der Verlust, an dem wir Anteil nehmen, uns nicht direkt betrifft, bleibt es uns überlassen, uns mit dem Schmerz geliebter Menschen zu identifizieren, indem wir uns auf Erinnerungen an eigene Erfahrungen stützen, um uns dem anzunähern, was sie fühlen müssen. Anteilnahme ist der erste Schritt zur Empathie.

Wenn wir *Empathie* für andere aufbringen, gehen wir über die Anteilnahme hinaus. Wir beginnen, die Lücke zwischen der Anerkennung des Leidens eines anderen aus der Distanz und dem eigenen Einfühlen in sein Leiden zu schließen. Wir stellen uns wahrnehmend und emotional auf ihre Situation ein, um zu erfahren, was sie erfahren. Auf diese Weise identifizieren wir uns noch tiefer mit dem Leiden anderer.

Anteilnahme und Empathie sind Vorläufer des *Mitgefühls*. Wir müssen uns zuerst in das Leiden eines anderen Menschen einfühlen können, bevor wir aus unserem Mitgefühl heraus handeln können. Um es klarzustellen: Empathie in einer Situation bedeutet nicht unbedingt, dass wir mitfühlend werden. Es ist möglich, Einfühlungsvermögen in die Erfahrung eines anderen Menschen zu zeigen, ohne dass Empathie zu Mitgefühl führt.

Ein mitfühlender Mensch zu sein, ist eine Entscheidung. Und wenn wir eine solche Entscheidung treffen, gelangen wir auf eine tiefere Erfahrungsebene.

Leitsatz 30   Intuition, Anteilnahme und Empathie sind unser Weg
zum Mitgefühl.

Als Mitfühlende werden wir zu Beteiligten. *Wir tun tatsächlich etwas,*
um das Leiden eines oder mehrerer anderer zu lindern. Und während wir
hoffen, dass unsere Handlungen letztlich dazu beitragen werden, das
Leiden anderer zu lindern, geht es beim Zweck des Mitgefühls weniger
um das Ergebnis als solches als vielmehr um uns selbst und darum,
wie wir durch die Entscheidung für das Mitgefühl verändert werden.
Sobald unser Leben das Mitgefühl zum Ausdruck bringt, für das wir
uns entschieden haben, kann dieses Mitgefühl, zu dem wir geworden
sind, sich in allem widerspiegeln, was wir tun.

Seit Jahrhunderten erinnern uns die großen spirituellen Meister
schon daran, dass eine mitfühlende Reaktion auf unsere Welt bei uns
selbst anfängt und auf die Weise lebt, in der wir uns mit der Welt
verbinden. Aus dieser Perspektive können wir sagen, dass Mitgefühl
eine kraftvolle innere Methode ist, eine fortgeschrittene Form der
Intuition, die uns die Kraft gibt, nachhaltige Lösungen auf einer sehr
persönlichen Ebene hervorzubringen.

Alle Zweifel, die ich ursprünglich in Bezug auf die Kraft des Mitgefühls in unserem Leben hatte, verschwanden, nachdem ich Gelegenheit hatte, Zeit mit Tibetern zu verbringen, die von klein auf von den
Traditionen des Mitgefühls durchdrungen waren.

DAS TREFFEN MIT DEM ABT

An einem eisigen Morgen in großer Höhe im Frühjahr 1998 fand ich
mich in einer Wirklichkeit wieder, von der ich geträumt hatte, so lange
ich denken konnte. Ich leitete eine kombinierte Forschungsreise und
Pilgerfahrt zu einem der prächtigsten, unberührtesten, entlegensten

und absolut schönsten Orte der Welt, im zerklüfteten tibetischen Hochland, einer Gegend, in der buddhistische Klöster seit mehr als tausendfünfhundert Jahren der rauen Witterung trotzen.

Am sechzehnten Tag der Reise saß ich mit einigen Mitgliedern meiner Gruppe in den engen Räumen einer winzigen Kapelle zusammen, die tief in den massiven Mauern des alten Klosters verborgen war, das wir an diesem Tag besuchten. Umgeben von buddhistischen Altären und verblichenen, im Dämmerlicht kaum sichtbaren *Thangkas* (kunstvollen, in Brokat gefassten Wandteppichen, die die großen Lehren der Vergangenheit bewahren), saßen wir dem alten Abt des Klosters gegenüber. Der Geschicklichkeit unseres Übersetzers hatten wir es zu verdanken, dass dieser Mönch, der sein Leben lang Meditation und Mitgefühl praktiziert hatte, uns eine Privataudienz gewährte.

Während dieser intimen Begegnung, die etwa eine Stunde dauerte, hatte ich Gelegenheit, Fragen nach tibetischen Traditionen, Glaubensrichtungen und den tiefsten Geheimnissen des Lebens zu stellen. Meine Fragen waren direkt und auf den Punkt gebracht, und der Abt genoss ganz offensichtlich die Abwechslung, die das Treffen mit uns ihm bot – so sehr, dass er sogar dem Drängen seiner Gehilfen widerstand, die es ihm erleichtern wollten, uns zu verlassen, um einen anderen Termin wahrzunehmen.

Ich berichte davon, weil das Vertrauen und die Freundschaft, die bei diesem ersten Treffen entstanden, den Weg für eine zweite Begegnung in einer anderen Kapelle desselben Klosters sieben Jahre später ebneten.

Im Jahr 2005 hatte ich nämlich erneut Gelegenheit, die Klöster des tibetischen Hochplateaus zu besuchen. Dieses Mal war ich mit einer anderen Gruppe von Forschern und Pilgern unterwegs, und unsere Reise dauerte insgesamt achtzehn Tage. Als wir in das Kloster zurückkehrten, das ich zuvor besucht hatte, erfuhren wir, dass der ältere Abt, der 1998 so großzügig mit seiner Zeit gewesen war, nicht mehr unter uns weilte – er war gestorben. Obwohl wir nie erfuhren, wann und wie er gegangen war, ließen die Mönche keinen Zweifel daran, dass er nicht mehr lebte. Aber offensichtlich waren die Freundschaften, die wir sieben Jahre zuvor geschlossen hatten, den früheren Assistenten des älteren Abtes und anderen Mönchen im Kloster gut im Gedächtnis geblieben. Obwohl wir den neuen, jüngeren Klostervorsteher – der erst jetzt, in seinen späten Achtzigern, an die Stelle des alten Abts getreten war –, noch nicht kennengelernt hatten, eilte uns unser guter Ruf voraus. Als der neue Abt hörte, dass unsere Gruppe zurückgekehrt war, wurden wir herzlich willkommen geheißen und bekamen Gelegenheit, die tiefgründige Unterhaltung fortzusetzen, die sieben Jahre zuvor begonnen hatte.

DIE KRAFT, DIE ALLE DINGE VERBINDET

An einem weiteren frostigen tibetischen Morgen saßen wir, diesmal in einer anderen Kapelle des Klosters, mit dem neuen Abt zusammen. Nur wenige Minuten zuvor waren wir durch einen gewundenen, von Steinen gesäumten Durchgang geführt worden, der zu diesem winzigen, kalten und spärlich beleuchteten Raum führte. Während wir auf den Abt warteten, so erinnere ich mich, dachte ich noch bei mir, dass wir uns die Gespräche, Lehren und Einweihungsprozesse, die sich an dem Ort, an dem wir uns an diesem Morgen befanden, ereignet hatten, nur vorstellen konnten. In der Ferne hörte ich das leise Geräusch von Ledersandalen, die gegen die kalten Steinböden klatschten. Ich wusste, dass es der Abt war, der zu unserem Treffen kam. Als der Ton lauter wurde, konnte ich die wachsende Erwartung im Raum und die Erkenntnis spüren, dass unser Treffen trotz Verspätung nun wirklich stattfinden würde.

Der Abt schob den schweren Bildteppich beiseite, der im Eingang hing, um die kalte Luft draußen zu halten (oder um die wärmere Luft im Raum zu bewahren). Mit einem strahlenden Lächeln berührte er mit dem Daumen seiner rechten Hand sein Herz, führte die Finger zu einem halben Gebetsmudra zusammen und deutete Richtung Himmel, während die andere Hand auf seinem Gewand ruhte. Nach den Formalitäten der Einführung und der Segnung der *Khatas* – zeremonieller weißer Seidentücher, die jeder Besucher ihm traditionell zur Segnung anbietet – signalisierte der Abt, dass er nun für Fragen zur Verfügung stand. Hier, in der Stille des alten Klosters, stellte ich eine Frage zum Thema des Buches, an dem ich damals schrieb: *Im Einklang mit der göttlichen Matrix.*

»Was ist Ihrer Tradition nach«, begann ich, »die Kraft, die uns mit anderen Menschen, unserer Welt und allen Dingen verbindet? Was ist der Kanal, der unsere Gebete über unseren Körper hinausträgt, und der Stoff, der das Universum zusammenhält?«

Mit dem Lächeln, das niemals sein Gesicht verließ, hielt der Abt den Augenkontakt zu mir, während unser Übersetzer meine Frage auf Tibetisch wiederholte. Was dann geschah, überraschte mich und die anderen im Raum.

Sofort begannen die beiden Männer – der Abt und sein Übersetzer – einen lauten und lebhaften Austausch mit quirligen Gesten und enthusiastischer Betonung, der sich anhörte wie ein tibetischer Schreiwettkampf! Obwohl mein Tibetisch furchtbar ist und ich kein einziges Wort der beiden Männer verstehen konnte, schien die Art der Unterhaltung offensichtlich zu sein. Sie stritten über die Bedeutung meiner Frage und darüber, wie sie zu den Lehren des Abtes passte. Er war es gewohnt, solche Fragen von ihm vertrauten Schülern zu hören, die bereits bei ihm studiert und eine jahrelange Ausbildung genossen hatten, die sie auf ein derartiges Gespräch vorbereitete. Aber mich kannte der Abt nicht. Er hatte keine Ahnung von meinem Hintergrund, meinen Traditionen oder meiner spirituellen Erfahrung und wusste einfach nicht, wo und wie er mit seiner Antwort beginnen sollte.

Wenn er mir antwortete, wie er einem lebenslangen Mönch antworten würde, wäre es so, als würden Eltern einem kleinen Kind erzählen, wo die Babys herkommen, ohne dass das Kind zuvor etwas über die Biologie intimer menschlicher Beziehungen erfahren hätte. Selbst wenn eine solche Frage beantwortet werden könnte, würde die Antwort für das Kind ohne Vorwissen keinen Sinn ergeben. In ganz ähnlicher Weise wusste der Abt zwar, *dass* er meine Frage hinsichtlich der Kraft, die alle Dinge verbindet, beantworten konnte. Aber ob ich seine Antwort auch *verstehen* würde, das wusste er nicht.

Eine Naturkraft, menschliche Erfahrung oder beides?

Plötzlich wurde es still im Raum. Alle hörten auf zu reden, und der Abt hob seinen Blick zu den Thangkas, die die Wände der Kapelle bedeckten. Nachdem er die kühle, dünne Luft tief eingeatmet hatte, beantwortete er meine Frage auf überraschende und unerwartete Weise. Er schaute mich an und sprach einfach ein tibetisches Wort. Instinktiv warf ich einen Blick auf den Übersetzer. »Was hat er gerade gesagt?«, fragte ich. »Es war nur ein Wort!«

Ich war auf das, was ich als Nächstes von meinem Übersetzer hörte, nicht vorbereitet. »Mitgefühl«, sagte er. »Der *Geshe* sagt, dass ›Mitgefühl‹ die Antwort auf deine Frage ist. Mitgefühl ist das, was uns mit jedem Geschöpf und allen Dingen verbindet.«

Der Grund, warum mich die Antwort überraschte, war, dass nach meinem Dafürhalten Mitgefühl etwas war, das durch Erfahrung und Praxis weitergegeben wurde. Wir *empfinden* Mitgefühl für uns selbst und für andere, die mit schwierigen Lebensumständen konfrontiert sind. Wir *erfahren* auch Mitgefühl als eine Praxis in unserem täglichen Leben. Wenn ich die Antwort des Abtes richtig verstand, sagte er uns jetzt, dass Mitgefühl mehr war als ein Gefühl – es war eine Naturkraft.

Noch nie hatte ich gehört, dass Mitgefühl als physische Kraft bezeichnet wurde. Doch dieses eine Wort war seine Antwort auf meine Frage: »Was verbindet uns mit unserer Welt?« Und dieser scheinbare Widerspruch war die Quelle meiner nächsten Frage. »Wie kann das sein?«, fragte ich den Übersetzer und suchte nach Klarheit in dem, was ich hörte. »Sagt er uns damit, dass Mitgefühl eine *Naturkraft* ist, die alle Dinge verbindet, oder sagt er uns, dass es eine menschliche *Emotion* ist, *die wir erfahren?*«

Wieder entspann sich ein ernster Dialog, als der Übersetzer meine Frage an den Abt weitergab. Erneut wandte der Abt seinen Blick von mir, atmete tief durch, schaute auf den Übersetzer und beantwortete meine Frage mit einem einzigen Wort. »Ja!«, sagte er auf Tibetisch. Das war seine Antwort. Es war auch das Ende unseres Austausches.

Nach einem fast zehnminütigen lebhaften Zwiegespräch, das offensichtlich die tiefsten Aspekte des tibetischen Buddhismus einbezog, war alles, was ich mitnehmen konnte, das tibetische Wort für *Mitgefühl*. Ich erinnere mich, dass ich mich, als ich das Kloster an diesem Tag verlassen hatte, unvollständig fühlte, als gäbe es etwas, das in der Übersetzung buchstäblich verloren gegangen wäre. Die Antwort des Abtes war ein wenig mysteriös und schien mir keinen Sinn zu ergeben. Irgendetwas passte einfach nicht.

Ein paar Tage später entdeckte ich den Grund dafür.

In einem anderen Kloster, diesmal mit einem gelehrten Mönch und nicht mit einem hochrangigen Abt, fand ich mich noch einmal in demselben Gespräch wieder. Diesmal jedoch saßen wir in der ungezwungenen Umgebung der Zelle des Mönches. Es war der winzige, schmucklose Raum, in dem er aß, schlief, betete und studierte, wenn er sich nicht in der großen Gesangshalle des Klosters aufhielt.

Inzwischen hatte sich unser Übersetzer mit der Form meiner Fragen und dem, was ich zu verstehen versuchte, vertraut gemacht. Als wir uns um die Hitze der Yakbutterlampen drängten, die in dem verräucherten Raum brannten, schaute ich zu der niedrigen Decke auf. Sie war mit dem schwarzen Ruß ähnlicher Lampen aus unzähligen Jahren bedeckt, die brannten, um Hitze und Licht zu spenden, so wie sie es an diesem kalten Nachmittag getan hatten.

Wieder einmal stellte ich dem Mönch durch den Übersetzer dieselbe Frage: »Ist Mitgefühl eine Kraft der Schöpfung, oder ist sie eine Erfahrung im Körper?« Der Mönch verdrehte die Augen zu dem Ruß an der Decke, wo ich erst vor Sekunden hingesehen hatte. Mit einem tiefen Seufzer erwog er wohl einen Moment lang, was er seit seinem Eintritt in das Kloster im Alter von acht Jahren gelernt hatte. Mittlerweile schien er Mitte zwanzig zu sein. Langsam senkte er den Blick und sah mich an, als er antwortete.

Die Antwort war kurz. Sie war kraftvoll. Und sie war enorm bedeutungsvoll. »Sie ist beides!«, lauteten die Worte, die von dem Mönch zurückkamen. »Mitgefühl ist *sowohl* eine Kraft der Natur *als auch* eine menschliche Erfahrung.«

In diesem Moment ergab die frühere Begegnung mit dem Abt plötzlich einen Sinn, und ich verstand die tiefe Lehre, die er mir und den Mitgliedern meiner Reisegruppe mitgegeben hatte.

> **Leitsatz 31** Mitgefühl ist sowohl eine Kraft der Natur als auch eine emotionale Erfahrung, die uns mit der Natur und allem Leben verbindet.

Einsteins Mitgefühl

An diesem Tag in einer Mönchszelle eine halbe Welt entfernt – und Stunden von der nächsten Stadt –, fast fünfhundert Meter über dem Meeresspiegel, vernahm ich eine einfache, aber mächtige Weisheit, die viele westliche Traditionen, einschließlich der Wissenschaft, bis zum heutigen Tag übersehen haben. Der Mönch hatte uns gerade daran erinnert, dass eine bestimmte menschliche Erfahrung, die uns von allen anderen Lebensformen unterscheidet – Mitgefühl –, die gleiche Naturkraft ist, die uns mit allen Dingen aufs Innigste verbindet. Wenn wir wahres Mitgefühl erfahren, verschwindet unser Gefühl der Trennung zwischen uns selbst und anderen, allem Leben und der Welt, wie auch in uns selbst.

Albert Einstein kannte die Kraft des Mitgefühls in unserem Leben und ihr Potenzial, Leiden zu lindern. »Unser Ziel muss darin liegen«, sagte er, »uns selbst ... zu befreien, indem wir unseren Kreis des Mitgefühls auf alle lebenden Geschöpfe und die ganze Natur in ihrer Schönheit erweitern.«[132] Der vierzehnte Dalai Lama übertrug dieses Verständnis von der persönlichen Heilung auf das globale Überleben und erklärte: »Ich glaube wirklich, dass Mitgefühl die Grundlage des menschlichen Überlebens bildet.«[133] Die Anerkennung der Rolle des Mitgefühls in unserem Leben öffnet die Tür zu den Tiefen unserer größten Selbstmeisterung und den außergewöhnlichen Erfahrungen, die uns zu Menschen machen.

Als meisterhafter Lehrer hatte der Abt sich verpflichtet gefühlt, die Fragen seiner Schüler auf eine Weise zu beantworten, die sowohl ehrend als auch bedeutungsvoll ist. Ohne etwas über mich, meine Herkunft, meine Geschichte und meinen Glauben zu wissen, war es ihm nicht möglich gewesen abzuschätzen, ob seine Weisheit auch für mich ehrend oder bedeutungsvoll sein würde. Er wusste einfach nicht, wie kompatibel seine Worte zu meiner Lebenserfahrung waren. Das war der Grund für die Diskussion zwischen ihm und dem Übersetzer, bevor er über das *Mitgefühl* sprach.

Zu meinem Glück waren der Übersetzer und ich gut befreundet. Er kannte mich. Er kannte meine Familie, mein Leben, meinen beruflichen und akademischen Hintergrund, meine Ausbildung und meine spirituelle Reise. Mit diesem Wissen gerüstet war er in der Lage, dem Abt zu versichern, dass jede Weisheit, die er mitzuteilen wählte, auf respektvolle und gesunde Weise ihren Weg zu meinem Geist und meinem Herzen finden würde. Das war alles, was der Abt hören musste, um sicher zu sein, dass er nicht verantwortungslos handelte, wenn er meine Fragen beantwortete. Seine Worte erweiterten meine kulturell erlernte Vorstellung davon, was Mitgefühl ist und welche Rolle es in unserem Leben spielt.

MITGEFÜHL, WEISHEIT UND GLEICHGEWICHT

Die Lehren unseres tibetischen Abtes im Besonderen und des tibetischen Buddhismus im Allgemeinen beruhen auf den Traditionen des Mahayana-Buddhismus, eines der beiden (oder nach manchen Klassifizierungen auch drei) Hauptzweige des Buddhismus. Nach seinen Lehren ist Mahayana der Weg, der einen Menschen schnell dazu bringt, Erleuchtung zu einem einzigen Zweck zu erlangen: damit er diese Erleuchtung nutzen kann, um das Leiden derer zu lindern. Jemand, der einem solchen Pfad folgt, wird *Bodhisattva* genannt. Ich gebe diesen Hintergrund hier wegen des Kontextes wieder, den er bietet, um Mitgefühl zu verstehen.

Die sinnliche Natur und die poetische Sprache der Mahayana-Lehren (bekannt als *Sutras*) haben mich mit ihrer Schönheit immer berührt. Sie waren auch eine Zuflucht und eine Quelle des Trostes in einigen der schwierigsten Zeiten meines Lebens. Wenn es in den Sutras zum Beispiel um die Beschreibung des Mitgefühls geht, werden die Bodhisattvas mit zwei Flügeln dargestellt, die sie zum Ziel der Erleuchtung tragen. Der eine Flügel ist der Flügel der Weisheit, der andere der des Mitgefühls. Die Sutras beschreiben diese beiden Eigenschaften als gleichrangig in einer Partnerschaft, die für jeden von uns notwendig ist, wenn wir uns für einen der Pfade zur Erleuchtung entscheiden.

Auf besonders kraftvolle Weise beschreiben die Sutras, inwiefern Bodhisattvas keine Anhaftungen in der Welt haben. Der Grund ist, dass es nichts gibt, was sie ihr Eigen nennen können. Sie haben kein Land, keinen Besitz und keinerlei Bindungen. Doch die Vorstellung reicht noch weiter und durchdringt die Essenz der Art und Weise, wie wir über uns selbst in der Welt denken. Diese tiefere Schicht des Bodhisattva wird am besten in den Worten der buddhistischen Gelehrten Joanna Macy, beschrieben: »Es gibt auch kein festes Selbst und keine unveränderliche Identität oder Sicherheit, so wie wir Sicherheit verstehen«, sagt sie.[134] Stattdessen ziehen Bodhisattvas zuversichtlich durch die Welt und vertrauen auf die Weisheit und das Mitgefühl, das sie erlangt haben, um durch jede Situation zu navigieren, die ihnen das Leben zu Füßen legt.

Die wesentliche Erkenntnis ist hier, dass Mitgefühl, wenn es uns auf heilsame Weise dienen soll, durch Weisheit ausgeglichen werden muss. Mitgefühl und Weisheit müssen zu unseren Verbündeten werden, wenn wir die tiefsten Wahrheiten unseres Menschseins zum Ausdruck bringen wollen.

Meine Reise, um das Geheimnis der Intuition und des Mitgefühls in meinem eigenen Leben zu entschlüsseln, hat mich an einige der abgeschiedensten und geheimnisvollsten Orte geführt, die auf Erden übriggeblieben sind. In den alten Mönchs- und Nonnenklöstern, auf den brüchigen Seiten der uralten Handschriften und unter den Ureinwohnern Tibets selbst wurde ihre Weisheit für uns Heutige bewahrt. Statt an diesen Orten auf fertige Antworten zu stoßen, habe ich die Schlüssel zu einer Art des Denkens gefunden, die neue Antworten und neue Denkweisen ermöglichen. Vielleicht sollte es nicht überraschen, dass die Hinweise auf die tiefsten Geheimnisse unseres Körpers und unsere größten Kräfte im schlichten Blick unserer alltäglichen Erfahrungen verborgen liegen. Und das Geheimnis endet nicht, wenn wir die Sprache des Herzens lernen.

Genau wie die Einführung eines Buches der Leitfaden ist, der uns auf die folgenden Kapitel vorbereitet, führt uns unser Empfinden der Intuition und des Mitgefühls durch die Zwischentöne des Lebens und gibt uns ein Mittel an die Hand, um die Fragen zu beantworten, die sich im täglichen Leben stellen.

6

Es gibt in uns ein »Programm« für Heilung und langes Leben

Wie wir die Macht unserer unsterblichen Zellen
erwecken können

> *»Viele Dinge können unser Leben verlängern,*
> *doch nur die Weisheit kann es retten.«* [135]
>
> ~ Neel Burton (geb. 1978) ~
> britischer Psychiater und Philosoph

»Von dem Moment an, in dem wir geboren werden, fangen wir an zu sterben.«

Ich hörte diese Worte von einem lieben Freund, den ich aus meinen Teenagerjahren im Norden von Missouri kannte. (Ich werde ihn Michael nennen, um seine Privatsphäre zu wahren.) Wir haben beide so ähnliche Geschichten erlebt, dass es klingt, als wären wir Brüder. Unsere Väter hatten beide unsere Familien verlassen, als wir zehn Jahre alt waren. Wir hatten beide ein jüngeres Geschwisterkind. Wir lebten beide in demselben einkommensschwachen, staatlich subventionierten Wohnviertel und gingen jeden Morgen zur selben Schule in dieselbe Klasse. Und wir hatten uns beide der Musik zugewandt, die uns dabei half, in der turbulenten Welt der zerrütteten Familien zurechtzukommen, in der wir uns befanden; ich war Gitarrist und Michael Schlagzeuger. Es war das Jahr 1968, und wir erlebten gemeinsam im Fernsehen die Nachwirkungen der Ermordungen von Martin Luther King jr. und dann Robert Kennedy – kaum zwei Monate später – sowie das Entsetzen über die Tötung von Demonstranten auf dem Campus der South Carolina State University und die Brutalität der Polizei während der Anti-Vietnam-Aufstände beim Parteitag der Demokraten in Chicago. Wir spielten zusammen in derselben Rockband, und nach unseren schon bis in die späte Nacht dauernden Proben blieben wir bis in die frühen Morgenstunden wach und unterhielten uns über Amerika, die amerikanische Politik und die Zukunft der Welt.

Vor dem Hintergrund dieser Freundschaft formulierte Michael seine Lebensphilosophie, *dass wir in dem Moment zu sterben beginnen, in dem wir geboren werden*. Zwar kannte ich diesen Spruch, hatte ihn aber bisher immer als abseitige Vorstellung abgetan – eine, der ich nicht unbedingt zustimmte –, als eine der vielen neuen Sichtweisen, die zu der Zeit entstanden. Aus dem Mund meines Freundes klang die Sache aber dann doch etwas anders. Diesmal kamen die Worte von jemandem, den ich gern hatte, und dienten dazu, eine Denk- und Lebensweise zu rechtfertigen, die zu Exzess und Überfluss führte und letztlich böse enden würde.

Michael und ich waren sehr beschäftigt mit einem Gespräch über das Leben und darüber, wie man es zur Gänze auskosten kann. Es war ein Gespräch, wie es aus unterschiedlicheren Perspektiven heraus nicht hätte stattfinden können. Michael glaubte an das, was er gehört hatte – *dass wir von dem Moment an zu sterben beginnen, in dem wir geboren werden* –, und er hatte sich dies als seine oberste Lebensphilosophie zu Herzen genommen. Er glaubte buchstäblich, dass unser Leben wie ein verschlossener Krug voller Potenzial ist. Wenn wir geboren sind, öffnen wir den Krug und fangen an, unser Potenzial vom Augenblick unseres ersten Atemzuges an zu verbrauchen.

»Wir haben das, was wir haben, und wenn es vorbei ist, ist es vorbei«, sagte er. »Wenn es weg ist, dann ist es weg.«

LEBEN WIR IM AUGENBLICK ODER LEBEN WIR FÜR DEN AUGENBLICK?

Für Menschen, die so denken wie mein Freund Michael, gibt es zwei geheimnisvolle Unbekannte, die uns begleiten, wenn wir unser Leben beginnen. Die erste ist, dass wir einfach nicht wissen, wie voll unser »Krug des Lebens« ist, wenn wir auf diese Welt kommen. Die zweite ist, dass wir nicht wissen, wie schnell wir das Leben, das uns gegeben ist, verbrauchen werden. Wir könnten mit einem Krug gesegnet sein, der von strahlender Lebenskraft überquillt. Wenn dem so ist, könnten wir hundert Jahre oder länger auf dieser Welt sein. Oder wir könnten unser Leben mit nur halbvollem Krug beginnen – etwas, was Michael »mit halbem Tank anfangen« nannte. Er dachte, wenn wir mit weniger anfingen, würden wir das, was wir haben, schneller aufbrauchen; unser Leben wäre kurz und wir stürben jung. Michaels Überzeugung war, dass es gerade, *weil wir nicht wissen*, wie voll oder leer unser eigenes Lebensgefäß ist, sinnvoll sei, das Leben in vollen Zügen für den einzigen Augenblick zu leben, der sicher ist: den jetzigen Augenblick.

Obwohl ich begriff, was er meinte, und die den Worten meines Freundes zugrundeliegende Philosophie verstand, weiß ich auch, dass diese Art des Denkens für verschiedene Menschen unterschiedliche Bedeutungen hat. Für Michael bedeutete die Idee, *für* den Augenblick zu leben, das auszusprechen, was ihm gerade in den Sinn kam, und aus den Motiven heraus zu handeln, die ihn in einem bestimmten Moment bewegten. (Das ist etwas ganz anderes, als *in* dem Moment zu leben, in dem wir unsere Sinneseindrücke vollständig annehmen, uns unserer Umgebung gewahr werden und aus einem erhöhten Bewusstsein heraus bewusst und verantwortlich leben, handeln und sprechen.) Michael fühlte, dass es aus seiner Sicht keine Filter für das geben konnte, was er sagte oder tat, wenn er in ehrlicher Weise ein spontanes Leben führen wollte. Jeder Augenblick *war* einfach das, was er war. Und gerade dieses Denken war es, das unser Gespräch angeregt hatte.

Es überrascht nicht, dass sich Michael in einem ausgewachsenen Lebenskrisen-Modus befand, als wir uns an diesem Tag trafen. Seine Interpretation des Lebens *für* den Augenblick hatte ihn dazu gebracht, alle Verpflichtungen um jeden Preis zu meiden: Verpflichtungen sich selbst, seiner Familie, seinem Körper und seiner Gesundheit, anderen Menschen, Freundschaften und der Intimität gegenüber. Die Konsequenzen seiner Lebenseinstellung hatten ihn eingeholt und brachten ihm Enttäuschung, unerfüllte Träume und das Gefühl, dass es immer nur anderen Menschen, aber niemals ihm, möglich war, ein erfolgreiches, gesundes und von Liebe erfülltes Leben zu führen.

Zum Zeitpunkt unseres Gesprächs erlebte Michael eine gesundheitliche Krise. Er war erst in den Zwanzigern, doch die Intensität seines Drogen- und Alkoholkonsums hatte zu einer Lebererkrankung geführt, die sofortige ärztliche Behandlung erforderte. Er war auch allein mit seinem Leben. Er hatte kein Geld, keinen Ort, wo er leben, und niemanden, an den er sich wenden konnte. Soweit ich wusste, war ich sein einziger verbliebener Freund. Und auch wenn ich gelernt hatte, mich zurückzuhalten, wenn es darum geht, Freunden persönliche Ratschläge zu erteilen (außer, wenn ich darum gebeten werde), schien mein Freund so tief in seinen Schmerz verstrickt zu sein, dass ihm nie in den Sinn gekommen war, es könnte noch eine andere Denkweise als seine Lebensphilosophie geben. Ich nahm die Gelegenheit wahr und bot meinen Rat an. »Was, wenn die Lebensphilosophie, von der du gehört hast, über das Sterben von dem Moment an, in dem wir geboren werden, ein bisschen daneben liegt?«, begann ich.

Der Blick in Michaels Gesicht, als er meine Frage hörte, sagte mir, dass ich seine Aufmerksamkeit geweckt hatte. »Was meinst du mit ›ein bisschen daneben‹?«, wollte er wissen.

»Ich war nett«, erwiderte ich mit einem Lächeln. »Ich wollte nicht deine gesamte Weltanschauung mit einem einzigen Satz zunichtemachen.«

»Okay, hab's kapiert!«, sagte er. »Was willst du mir sagen? Sag's mir einfach.«

Zu hören, wie mein Freund mich um Klarheit bat, war genau das, was ich mir erhofft hatte. Es war der Zugang – meine Chance, ihm eine andere Sichtweise anzubieten, und ich ergriff diese Gelegenheit sofort. »Was ist, wenn das Leben auf eine Art und Weise funktioniert, die genau das Gegenteil von dem ist, was sie dich glauben gemacht haben?«, fragte ich. *» Was würde es bedeuten, wenn du entdeckst, dass in dem Moment, in dem wir geboren werden, unsere Heilung beginnt?«*

Michael blickte fassungslos drein. Diese einfache Verschiebung des Denkens war ihm noch nie in den Sinn gekommen. Nur die Worte zu hören, öffnete ihm schon die Tür zu einer Möglichkeit, über die er nie nachgedacht hatte. »Mensch! Wenn das wahr wäre«, sagte er, »würde das alles ändern. Es würde bedeuten, dass wir unseren Lebenstank für immer füllen könnten – oder zumindest für eine lange Zeit.«

»Ich weiß«, entgegnete ich. »Das ist der springende Punkt. Und wir müssen uns nicht fragen, was es bedeuten würde, *wenn* wir diese Möglichkeit entdecken, denn wir haben sie bereits entdeckt. Alte Traditionen wie Yoga, Qigong und ayurvedische Medizin haben längst herausgefunden, dass unser Körper von Geburt an *ganz buchstäblich auf Heilung programmiert ist*. Sie haben auch herausgefunden, dass *wir* diejenigen sind, die den Prozess starten und stoppen können. Der Schlüssel dazu ist, *die Bedingungen zu schaffen, die Heilung ermöglichen*. Es gibt viele Möglichkeiten, dies zu tun, und deshalb können wir uns das Leben in Form eines Tanks vorstellen, den wir ständig befüllen, statt eines Tanks, der mit jedem Tag leerer wird.«

Kurz nach unserem Gespräch zog Michael in eine andere Stadt. Sein Vater, von dem er sich entfremdet hatte, hörte, was passiert war, kontaktierte Michael und bot ihm ein Zuhause an, während er seine gesundheitlichen Probleme wieder in den Griff bekam.

Im Laufe der Jahre verlor ich meinen Freund aus den Augen. Ich habe ihn nie mehr wiedergesehen. Aber wenn ich an diese Jahre im nördlichen Missouri zurückdenke, bin ich immer dankbar für die tiefen Gespräche, die uns beiden neue Wege zeigten, die Welt zu sehen und über unser Leben nachzudenken.

Je mehr ich über die Weisheit des menschlichen Körpers gelernt und je mehr Zeit ich mit indigenen Menschen verbracht habe, die gemäß dieser Weisheit leben, desto mehr habe ich das Potenzial erkannt, das ich mit Michael teilte. Die Fähigkeit zu heilen ist etwas, das wir bereits besitzen und das in jedem von uns lebt. Bei Yogis, Mönchen und Nonnen bis hin zu Schamanen, Mystikern und *Curanderos* – Menschen, deren jeweilige Traditionen sich stark voneinander unterscheiden – gibt es ein grundlegendes Thema, das die Fäden jeder Tradition zu einem einzigen, machtvollen Teppich verwebt. Diese alten und indigenen Traditionen lehren, *dass unsere Lebensqualität und unsere Lebensdauer im Grunde davon abhängig sind, wie wir von uns selbst in der Welt denken.*

Die einschränkenden Glaubenssätze, die wir von unseren Familien, Freunden und gesellschaftlichen Institutionen erlernt haben, durch neue, das Selbst stärkende Perspektiven zu ersetzen, bedeutet mit Michaels Worten wirklich, »alles zu verändern«. Für mich selbst entdeckte ich dies auf die direkteste Weise, die möglich war, als ich einer tibetischen Nonne begegnete, welche der konventionellen Weisheit trotzte, die ich über die Bedeutung des Alters und die Rolle der Langlebigkeit in unserem Leben gelernt hatte.

DAS GEHEIMNIS DER NONNE

Nach fast zwei Wochen der Akklimatisierung in Höhen von rund fünfhundert Metern über dem Meeresspiegel, auf den steifen Federsitzen eines alten chinesischen Schulbusses, der Straßen entlang holperte, die kaum mehr als ausgewaschene Spurrinnen waren, erreichten wir endlich das abgelegene Kloster. Es lag Stunden vom nächsten Dorf entfernt und wurde nur von einer Gruppe von etwa hundert tibetischen Nonnen bewohnt, die wenig Kontakt zur Außenwelt hatten und äußerst selten Besucher empfingen. Der Bus wirbelte eine Menge Staub auf, während wir durch die umliegenden

Hügel fuhren. Das machte die Nonnen im Voraus darauf aufmerksam, dass wir zu ihnen unterwegs waren. Sie erwarteten uns schon, als wir ankamen, und standen still inmitten einer Schar neugieriger, aber schüchterner Kinder, ortsansässiger Bauern und Yakhirten sowie wettergegerbter Nomaden.

Es scheint, dass jede Fotogelegenheit in Tibet etwas war, was die Mitglieder unserer Gruppe als »*National Geographic*-Moment« bezeichneten, womit sie meinten, dass sich ein Bild, das die Situation einfing, als Titelbild für die beliebte Zeitschrift eignen könnte. Dieser Augenblick war nicht anders. Drei der Nonnen traten sofort hervor und teilten uns nach einigen herzlichen Begrüßungsworten mit, dass sie unsere offiziellen Führerinnen sein würden. Diese Frauen trugen die traditionelle Nonnentracht: einen tiefbraunen Umhang (*Zhen*) über einem braunen Rock (*Shemdop*) für den unteren Bereich des Körpers und ein gelb-braunes Wickelhemd (*Dhonka*), das den Oberkörper bedeckt. Das breite Lächeln auf ihren Gesichtern und ihre lebhafte Konversation sagten mir, dass die Gelegenheit, uns zu treffen, sie begeisterte.

Durch unseren Übersetzer vertrauten die Nonnen uns an, dass das Leben an einem solchen Ort seine Vor- und Nachteile hat. Auf der einen Seite war das Klostergelände dermaßen abgelegen, dass Regierungsinspektoren und Landspekulanten sich nur selten die Mühe machten, ihre Religionsgemeinschaft zu stören. Auf der anderen Seite lebten die Nonnen so weit von der nächsten Stadt entfernt, dass sie entsprechend isoliert waren, und die Straße zum Kloster war so schlecht, dass der Tourismus, der normalerweise die Wirtschaft eines solchen Ortes ankurbelte, fast gar nicht existierte.

In unserem Bus fanden vierzig Personen Platz, dazu ein Reiseleiter, ein Übersetzer und ich. Unnötig zu erwähnen, dass der Anblick von dreiundvierzig Menschen, die sich dem Kloster näherten, willkommen war und den Hof schlagartig zum Leben erweckte, indem plötzlich, soweit das Auge reichte, wie von Zauberhand überall kleine Stände aus dem Boden sprossen. Für ungefähr eine Stunde tat unsere Gruppe unser Bestes, um die lokale Wirtschaft zu unterstützen. Wir waren gute Konsumenten und erwarben wunderschöne tibetische Teppiche, farbenprächtige Thangkas und religiöse Hilfsmittel, von langen Seilen mit Gebetsfahnen und riesigen tibetischen Klangschalen aus Messing bis hin zu Schnüren voller Gebetsperlen, mit denen man abzählen konnte, wie oft ein Gesang wiederholt wurde.

Plötzlich veränderte sich die gesamte Szenerie. Als würden sie alle einem inneren Ruf folgen, wurden die Teppiche aus Yakwolle, der türkisfarbene Schmuck, die Klangschalen und die Bilder in große Wolltaschen gepackt, die Stände abgebaut, und die Nonnen schritten schweigend zu den Gebäuden. »Wir gehen jetzt in den Gesangssaal« flüsterte mir unser Reiseleiter zu, als ich ihn um eine Erklärung bat. »Für die Nonnen ist es Zeit zum Gebet.«

Als wir einem schmalen Weg folgten, der in die Flanke des Berges gehauen war, fügte es sich, dass eine der Nonnen neben mir ging. Ich war sofort von ihrer Anwesenheit fasziniert. Sie war mir nahe genug, dass ich ihre Größe gut abschätzen konnte. Meine Mutter ist genau einen Meter zweiundvierzig groß, und das Gesicht der Nonne befand sich auf der gleichen Höhe meiner Brust wie das meiner Mutter, wenn wir zusammen spazieren gingen. Aber es faszinierte mich an ihr weitaus mehr als ihre Größe.

EINHUNDERTZWANZIG JAHRE LEBENSZEIT

Die Augen dieser Frau waren klar und hell, und sie hatte die ganze Zeit, die wir nebeneinander hergingen, ein Lächeln auf dem Gesicht. Obwohl ihre Haut gesund aussah, wusste ich, dass die tiefen Falten um ihre Augen und auf der Stirn nur durch viele Jahrzehnte der Sonneneinwirkung in dieser Höhe, der Naturelemente und Herausforderungen eines Lebens als Frau inmitten dieser rauen Umgebung entstanden sein konnten. Ihr Haupt war frisch rasiert, aber ich sollte noch erfahren, dass dies wohl eher auf das Fehlen sanitärer Einrichtungen zurückzuführen war, was das Baden des ganzen Körpers unmöglich machte, statt auf Haarverlust infolge des Alters. Auf dem gemeinsamen Weg zeigte es sich, dass meine tibetischen Sprachkenntnisse noch viel schlechter waren als ihr begrenztes Englisch, und wir merkten schnell, dass wir keine intensive Unterhaltung führen konnten – jedenfalls nicht verbal. Gemeinsam gingen wir schweigend zum Gebetsraum, während sie ihren Blick abwechselnd auf den Pfad und auf meine Augen richtete.

Als wir die Tür zum Gesangssaal erreichten, zog die Nonne mit einem schnellen Nicken den in Brokat gefassten Wandteppich zurück, der Staub, Wind und helles Sonnenlicht aus dem Gebetsraum fernhielt. Meine neue Freundin trat zuerst ein, und bevor ich folgen konnte, hielt mich unser Reiseleiter für einen Augenblick auf.

»Hast du deine Unterhaltung mit der *Geshe* genossen?«, fragte er. *Geshe* ist das tibetische Wort für einen großen Lehrer, und obwohl ich spürte, dass die Frau, die mich begleitet hatte, eine angesehene Älteste war, wusste ich nicht, warum sie so hochgeschätzt wurde. Außerdem ist dieser Titel, auch wenn mein Reiseleiter diese Nonne salopp als *Geshe* bezeichnete, im tibetischen Buddhismus traditionell nur hochgebildeten *Männern* vorbehalten. Erst im Jahr 2011, drei Jahre nach unserer Reise nach Tibet, schrieb Kelsang Wangmo Geschichte, indem sie die erste offiziell anerkannte weibliche *Geshe* wurde und damit eine neue Ära der Möglichkeiten für Frauen im tibetischen Buddhismus einläutete.

Ich war nicht auf das vorbereitet, was ich als Nächstes hörte. »Die Nonne, mit der du gingst, bewahrt die Erinnerung an diesen Ort und die Tradition dieser Frauen«, erklärte mein Führer. »Ich habe sie *Geshe* genannt, weil sie die Geschichte nicht nur *kennt*, sie *erinnert* sich tatsächlich an die Geschichte.«

»Wie meinst du das, ›sie erinnert sich an die Geschichte‹?«, fragte ich. »Wie ist das möglich? Wie kann sie sich an Dinge erinnern, die hundert Jahre zurückliegen?«

»Deshalb ist sie die *Geshe*«, antwortete er mit einem Grinsen. Dann blickte er mir direkt in die Augen und offenbarte das Geheimnis, warum er gewollt hatte, dass ich der Frau begegne, mit der ich gerade den Pfad entlanggegangen war.

»Die Nonne, die du gerade begleitet hast«, sagte er, »erinnert sich an die Geschichte, weil sie die Geschichte erlebt hat. Sie wurde hier 1888 geboren und hat ihr ganzes Leben in diesem Dorf verbracht.« Zuerst dachte ich, dass mein Reiseführer sich über mich lustig machte. Mir wurde schnell klar, dass das nicht der Fall war.

»Ja«, sagte er. »Die Mutter Oberin hat mir ihre Papiere gezeigt. Die Nonne ist einhundertzwanzig Jahre alt.« (Das Jahr dieser besonderen Reise war 2008.) »Und sie ist nicht die Älteste dieser Leute«, fuhr er fort. »Es gibt noch andere hier in den Bergen, die viel älter sind.«

»Wie viel älter?«, wollte ich wissen.

»Das ist das Problem«, sagte er. »Die ältesten sind Männer, die heute Yogis sind. Sie leben in den Höhlen zwischen Lhasa und dem heiligen Berg Kailash. Laut den Dorfbewohnern sind einige von ihnen sechshundert Jahre alt! Das Problem ist, dass sie vor sechshundert Jahren keine Geburtsurkunden und Pässe hatten. Wir können ihr Alter nicht mit Sicherheit beweisen.«

Und genau deshalb schätzte ich mein Treffen mit der tibetischen Nonne und denen, die sie kannten, so sehr. Ihr genaues Alter war bekannt, und es konnte dokumentiert werden, weil ihre Unterlagen in der Bibliothek des Klosters erhalten geblieben waren. Sie war immer noch sehr lebendig, sehr lebhaft und gerne bereit, über ihr langes Leben und das Geheimnis, wie sie dieses Alter erreicht hatte, zu sprechen. An diesem Nachmittag fragte ich sie durch den Übersetzer, was ihrer Meinung nach das Geheimnis ihrer Langlebigkeit sei.

Meine neue Freundin zögerte nicht mit der Antwort. Schnell, wie auf ein Stichwort hin, war ihre Antwort einfach, kurz und prägnant. Was sie mir erzählte, ließ keinen Zweifel aufkommen. »Mitgefühl«, antwortete sie. »Mitgefühl ist Leben. Das praktizieren wir hier. Das lernen wir von unseren Meistern und sie von ihren. Es steht in diesen Büchern geschrieben.« Während sie sprach, deutete sie auf die alten, zerfledderten Handschriften, die in der Klosterbibliothek aufbewahrt wurden. »Das ist es, was wir sicher verwahren, damit wir es mit denen teilen können, die hierherkommen, um zu lernen.«

Mit der kürzlichen Entdeckung einer biologischen Uhr in jeder Zelle, die den »Timer« für die Dauer unseres Lebens setzt, ergibt ihre Antwort heute einen Sinn.

DAS LANGLEBIGKEITSPARADIGMA – NEU DURCHDACHT

Es mag kein Zufall sein, dass das höchste bei Menschen dokumentierte Alter in der heutigen Welt sich ungefähr im Bereich des Alters der Nonne bewegt, der ich in Tibet begegnet bin. Es liegt auf oder nahe der 120-Jahre-Marke. Obwohl es sicherlich Ausnahmen bei einigen Menschen gibt, die knapp unter dieser Schwelle liegen, und einige, deren Alter noch darüber hinausgeht, scheinen 120 Jahre eine Art mysteriöse Grenze zu bilden, wenn es um menschliche Langlebigkeit geht. Aus biblischer Sicht war das nicht immer so. Wenn wir den Berichten der hebräischen Tora (des späteren christlichen Alten Testaments) Glauben schenken wollen, lebten zum Beispiel die biblischen Patriarchen mehrere Jahrhunderte lang anstatt nur einige Jahrzehnte.

Methusalem zum Beispiel war 187 Jahre alt, als er seinen Sohn Lamech zeugte. Er war also zu der Zeit, in der er die Zeugung zustande brachte, offenbar ein ziemlich vitaler 187-Jähriger.

Im Widerspruch zu dem, was wir über Langlebigkeit und darüber, wie die Vitalität mit zunehmendem Alter abnimmt, zu denken gelernt haben, lebte Methusalem noch weitere 782 Jahre, und in dieser Zeit zeugte er weitere Söhne und Töchter während einer atemberaubenden Lebensspanne von insgesamt 969 Jahren! Und Methusalem steht mit seiner Langlebigkeit nicht allein. Die gleichen biblischen Überlieferungen sagen uns, dass Noah im Alter von 500 Jahren Sem, Ham und Japhet zeugte.[136] Also noch einmal: Wir wissen, dass Noah, um drei Kinder zeugen zu können, sowohl lebendig sein als auch über seine Manneskraft verfügt haben musste.

Diese beiden Berichte beschreiben Vorstellungen von Langlebigkeit, die sich von dem, was wir heute erwarten, erheblich unterscheiden. Unsere Gesellschaft und Kultur haben uns darauf programmiert, eine umgekehrte Beziehung zwischen Alter und menschlichem Potenzial zu erwarten. Diese Erwartung lautet: Je länger unser Leben andauert, desto weniger Fähigkeiten aus unserer Jugend stehen uns zur Verfügung. Eine Konsequenz dieser Erwartung ist die Vorstellung, dass die Qualität des Lebens, das uns möglich ist, mit den Lebensjahren immer weiter abnimmt.

Aus diesen Gründen sind wir, wenn wir an Menschen denken, die hundert Jahre oder älter sind, darauf konditioniert, sie nur noch als Schatten ihres früheren Selbst zu betrachten. Vor unserem inneren Auge entsteht das Bild eines verschrumpelten, gebeugten Menschen mit Muskeln, die jede Spannkraft verloren haben und an den brüchigen Knochen eines Körpers mit stumpfem und leerem Blick hängen, der sich an den letzten möglichen Atemzug seines Lebens klammert. Und obwohl diese Art des Alterns sicher möglich ist und wir all das in unserer Familie oder bei unseren Freunden und Nachbarn schon beobachtet haben – und nichts falsch daran ist, diese Möglichkeit zu akzeptieren –, möchte ich hier doch darauf hinaus, dass es noch eine andere Möglichkeit gibt. Es gibt die reale Möglichkeit einer Langlebigkeit voller Lebenskraft, und es handelt sich dabei um mehr als einen bloßen Wunsch oder reine Fantasterei.

Wir kennen sowohl historische als auch aktuelle Beispiele von Menschen, welche eine andere Art des Denkens und Lebens gewählt haben, die extreme und gesunde Langlebigkeit ermöglicht.

Einer der kuriosesten und faszinierendsten Berichte über die uralten Patriarchen, die ich eben erwähnt habe, ist der des Propheten Henoch und der Art und Weise, wie er diese Welt am Ende seines

Lebens verlassen hat. Ich sage, dass er »diese Welt verlassen hat« und nicht, dass er »gestorben ist«, denn genau das ist es, was die historischen Berichte beschreiben. Nach den biblischen Texten ist Henoch nie gestorben.

Bevor das Buch Henoch im vierten Jahrhundert aus dem offiziellen Bibelkanon gestrichen wurde, hatte es einen prominenten und verehrten Platz in der Geschichte der Menschheit inne. Das Buch, das Henochs Namen trägt, schildert, wie er insgesamt 365 Jahre auf der Erde gelebt und einem Schreiber die Geheimnisse der Schöpfung diktiert hat, bevor er ging. Am Ende seiner Zeit sprechen die Texte jedoch von einem Übergang, der kein gewöhnlicher menschlicher Tod war.

Anstatt mit seinem letzten Atemzug zu vergehen und seinen Körper zu den Elementen zurückkehren zu lassen, sei Henoch, wie die Texte sagen, am Ende seiner Tage »seinen Weg mit Gott gegangen, bis er nicht mehr da war; denn Gott hat ihn aufgenommen«.[137] In religiösen und philosophischen Kreisen wird immer noch kontrovers diskutiert, was genau dieser Abschnitt bedeutet und was mit Henoch passiert ist. Ich erwähne ihn hier, weil auch von ihm eine Lebensspanne überliefert ist, die unsere heutigen Erwartungen weit übertrifft.

Nachdem die irdischen Ereignisse, die in den Texten beschrieben wurden, zu einer Veränderung in der Lebensweise der Menschen auf der Erde geführt haben, enden die Berichte über diese Jahrhunderte währenden Lebensspannen. Von jener Zeit an bis heute wurde eine Obergrenze für das Alter geschaffen, und die Dauer eines Menschenlebens wurde begrenzt. Vielleicht ist es kein Zufall, dass der biblische Bericht über die Begrenzung der menschlichen Lebensdauer sich mit der wissenschaftlichen Entdeckung einer solchen Grenze deckt. Die biblische Bestimmungsgröße ist konkret. Sie lautet: »Da sprach der Herr: Mein Geist soll nicht für immer im Menschen bleiben, weil er auch Fleisch ist; daher soll seine Lebenszeit einhundertzwanzig Jahre betragen.«[138]

Die in dieser alten Bibelstelle beschriebene Grenze von einhundertzwanzig Jahren bezieht sich direkt auf die wissenschaftliche Entdeckung eines Altersrechners, der in unserer DNA zu finden ist und bestimmt, wie oft sich eine Zelle teilen kann, bevor sie altert und schließlich stirbt. Jeder von uns hat direkten Zugriff auf den Rechner in unseren Zellen, und die Entdeckung, die zu einem Nobelpreis für Medizin führte, ist der Schlüssel dafür, wie wir die Uhr, die die Lebensdauer unserer Zellen bestimmt, zurücksetzen können.

DIE GRÖSSE DER TELOMERE ZÄHLT

Es gibt ein neues Wort, das auf Konferenzen über Heilung und Langlebigkeit für Begeisterung sorgt. Von Fernsehwerbespots, die die Umkehr des Alterungsprozesses und eine Erneuerung der sexuellen Vitalität versprechen, bis zu Anzeigen, die darauf hinweisen, dass die Medizin von morgen eine Pille sei, die man im Internet kaufen könne, ist das Thema, das plötzlich gewöhnliche Menschen wie DNA-Experten klingen lässt, das der *Telomere*. Was Telomere sind und was sie für uns tun, ist eigentlich ganz einfach. Was sie in unserem Leben möglich machen, grenzt jedoch an ein Wunder.

Ähnlich wie eine kleine Plastikhülse die Enden unserer Schnürsenkel schützt, sodass sie sich nicht abnutzen, sind Telomere spezielle DNA-Sequenzen, welche die Enden unserer Chromosomen schützen, während sich unsere Zellen wiederholt teilen. Bei Menschen wird die Sequenz vom sich wiederholenden DNA-Code TTAGGG, TTAGGG, TTAGGG und so weiter gebildet. Diese Buchstaben sind Abkürzungen für die vier Basen, aus denen unsere DNA besteht: Cytosin (C), Guanin (G), Adenin (A) und Thymin (T). Diese Sequenz ist der »Stoff«, der die Schutzkappe bildet, die wir in Abbildung 5.1 sehen.

Wenn eine Zelle sich teilt und die Chromosomen kopiert werden, sodass zwei neue Zellen aus dem Original entstehen können (Replikation), liest der Kopiermechanismus nur bis zu einem bestimmten Punkt entlang der DNA und stoppt dann – *bevor* er das Ende des Strangs

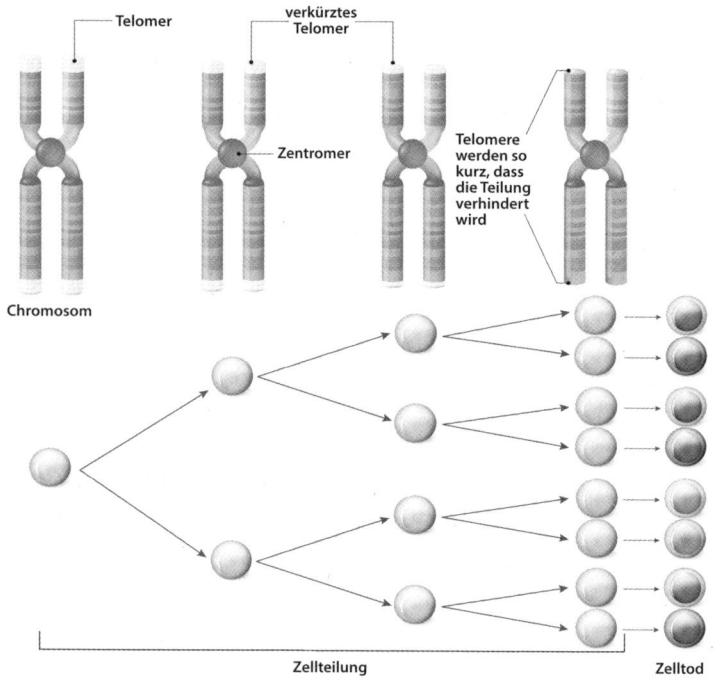

Abb. 5.1. Die Grafik zeigt, wie sich die Telomere bei jeder Zellteilung verkürzen, bis sie den Prozess nicht mehr unterstützen können. Wissenschaftler glauben, dass die Verkürzung unserer Telomere die biologische Uhr ist, die uns altern lässt und schließlich zum Tod führt.

erreicht. Hier kommen die Telomere ins Spiel. Das Telomer ist ein Puffer für den zusätzlichen Code, der *nach* der entscheidenden Information des Chromosoms erscheint. Wenn also der Kopiermechanismus aufhört, stoppt er in den Telomeren, wo eine unvollständige Kopie harmlos ist, und nicht in der DNA-Information selbst. Auf diese Weise übernehmen die Telomere die Hauptlast der mit der Teilung einer Zelle verbundenen Verletzung. Dies ist das Programm der Natur, das sicherstellt, dass unsere Gene vollständig kopiert werden und die wertvollen Informationen, die die Zelle enthält, in ihren Nachkommen vollständig und einwandfrei intakt bleiben.

Wenn dieser Mechanismus aus irgendeinem Grund nicht existierte, würde der Kopiervorgang irgendwo in der Mitte eines wichtigen DNA-Befehls stehenbleiben – wie beispielsweise einer Codierung von Informationen, die für die Schaffung eines starken Immunsystems benötigt werden –, und die neue Zelle hätte einen unvollständigen Bauplan, von dem aus sie arbeiten würde. Die unvollständige Kopie würde sich als genetischer Defekt erweisen, der zu Krankheiten, Leiden, vorzeitiger Alterung und Vergreisung führen könnte. Doch dank der Telomere passiert das nicht.

Bedenken wir diese Funktion, dann wird klar, warum die Länge unserer Telomere so wichtig ist. Solange sie lang genug bleiben, um den DNA-Code intakt zu halten, haben wir gesunde Zellteilung und lebenswichtige Zellen, die das leisten können, wozu sie geschaffen sind.

Leitsatz 32 Telomere sind spezialisierte DNA-Sequenzen, die sich an den Enden eines Chromosoms befinden und als Puffer dienen, um die genetische Information des Chromosoms zu schützen, wenn sich eine Zelle teilt. Mit jeder Zellteilung werden die Telomere kürzer, bis sie die entscheidenden Informationen der Zelle nicht mehr schützen können. Ab diesem Zeitpunkt erfährt die Zelle Alter, Vergreisung und schließlich den Tod.

Es gibt einen Grund, warum ich diese Details behandle. Typischerweise verkürzt sich die Länge unserer Telomere im Laufe unserer Lebenszeit. Zum Beispiel liegt unsere durchschnittliche Telomerlänge bei unserer Geburt zwischen 8.000 und 13.000 Einheiten (Basenpaaren). Wenn wir älter werden, werden sie im Allgemeinen kürzer, und dies auf vorhersehbare Weise. Im Alter von fünfunddreißig Jahren sind die Telomere eines typischen Erwachsenen, der einen typischen westlichen Lebensstil pflegt, um etwa 29 Prozent auf etwa 3.000 Einheiten reduziert. Und wenn der typische Erwachsene das 65. Lebensjahr erreicht, sinkt diese Zahl um weitere fünfzig Prozent auf etwa 1.500 Einheiten. Ich beschreibe diese Statistik mit dem Wort *typisch*, weil die Länge unserer Telomere nicht festgelegt ist. Sie ist nicht vorgegeben oder »in Stein gemeißelt«, wie das Sprichwort sagt.

Diese Statistiken beschreiben, was passiert, wenn wir nichts tun, um die Gesundheit unserer Telomere zu unterstützen. Die gute Nachricht ist, dass wir etwas tun *können*. Wir können viele Dinge tun. Aus diesem Grund erkennen Wissenschaftler jetzt an, dass die Geschwindigkeit, mit der unsere Telomere kürzer werden und das Ausmaß, in dem sie an Größe abnehmen, von uns selbst und einer Reihe von Faktoren abhängt, die wir durch Entscheidungen in unserem Leben beeinflussen. Zu diesen Faktoren gehören bekannte Dinge wie Ernährung, Bewegung und Schlaf sowie schädigende Faktoren wie der Gebrauch von Drogen und Alkohol. Sie schließen auch den weniger oft bedachten emotionalen Stress ein, der aus Problemen mit der Selbstachtung und dem Selbstwertgefühl entstehen kann.

ENTDECKEN SIE DEN TIMER IN UNSERER BIOLOGISCHEN UHR

Im Jahr 1961 entdeckte ein amerikanischer Wissenschaftler namens Leonard Hayflick, dass die Häufigkeit, mit der Telomere eine Zelle bei der Teilung unterstützen, zwischen 40 und 70 Replikationen liegt. Wenn seine Entdeckung auf der Basis der Häufigkeit der Zellteilungen in ein Diagramm von Altersjahren eingezeichnet wird, finden wir die sogenannte *Hayflick-Grenze der Zellteilung*. Die Hayflick-Grenze sagt die Lebensdauer einer Zelle voraus, und diese Grenze scheinen die 120 Jahre zu sein, die wir anhand der vorherigen Beispiele bemerken konnten. Ob wir also die menschliche Langlebigkeit aus einer biblischen Perspektive oder aus der Sicht eines Biologen betrachten – die Fragen sind dieselben:

- Wissen wir, was die Grenze von 120 Jahren bewirkt?
- Können wir die Grenze von 120 Jahren überschreiten?

Angesichts der neuen Entdeckungen, die hier beschrieben werden, ist die Antwort auf diese beiden Fragen gleich. Sie lautet: Ja!

2009 wurde der Nobelpreis für Physiologie oder Medizin gemeinsam an drei Wissenschaftler vergeben: Elizabeth H. Blackburn und Carol W. Greider von der University of California in Berkeley sowie Jack W. Szostak von der Harvard Medical School. Ihre Auszeichnung erhielten sie für die Entdeckung eines Enzyms im Jahr 1984, das direkt mit den Telomeren in unserem Körper in Verbindung steht und *speziell der Reparatur, Verjüngung und Verlängerung der Telomere dient*. Der Name des Enzyms selbst erzählt die Geschichte. Es wird *Telomerase* genannt und ist mit den Enden der Chromosomen genau dort verbunden, wo sich Telomere befinden. Die Entdeckung der Aufgabe der Telomerase wird am besten in der Pressemitteilung selbst beschrieben:

»Elizabeth Blackburn und Jack Szostak entdeckten, dass eine einzigartige DNA-Sequenz in den Telomeren die Chromosomen vor dem Abbau schützt. Carol Greider und Elizabeth Blackburn identifizierten die Telomerase, ein Enzym, das die Telomer-DNA herstellt. Diese Entdeckungen erklärten, wie die Enden der Chromosomen durch die Telomere geschützt werden und dass sie durch Telomerase aufgebaut werden. Wenn die Telomere verkürzt sind, altern die Zellen. Umgekehrt wird, wenn die Telomeraseaktivität hoch ist, die Telomerlänge beibehalten und die zelluläre Vergreisung verzögert.«[139]

> **Leitsatz 33** Die Aufgabe des Telomerase-Enzyms in unseren Zellen ist es, die Telomere, die bestimmen, wie lange unsere Zellen leben, zu reparieren, zu verjüngen und zu verlängern.

Die Entdeckung der Telomerase öffnete plötzlich die Tür zu neuen Möglichkeiten der Heilung und Langlebigkeit. Und wie so oft wurden die ersten Studien, bevor Menschen an der Erforschung des Potenzials dieses Enzyms beteiligt waren, an Labormäusen durchgeführt. Obwohl sich eine Maus biologisch offensichtlich von einem Menschen unterscheidet, ist die Art und Weise, wie sich die Zellen einer Maus teilen und wie diese Teilungen reguliert sind, dieselbe wie bei uns. Deshalb war es durchaus sinnvoll, die Telomerase-Theorien und ihre Rolle für die Langlebigkeit an Mäusen zu testen, bevor sie an freiwilligen Versuchspersonen erprobt wurden. Und die Ergebnisse der Studien waren geradezu atemberaubend.

Ein Artikel aus dem Jahr 2010, der in der Zeitschrift *Nature* veröffentlicht wurde, ließ keinen Zweifel an dem, was die Studien herausgefunden hatten. Der Titel des Aufsatzes lautete kurz und bündig: »Telomerase Reverses the Aging Process« (»Telomerase kehrt den Alterungsprozess um«). Schon der erste Satz des Artikels gab den Ton für die Möglichkeiten vor, die daraus folgen: »Vorzeitige Alterung kann durch Reaktivierung eines Enzyms [Telomerase], das die Spitzen der Chromosomen schützt, rückgängig gemacht werden, deutet eine Studie mit Mäusen an.«[140]

Der *Nature*-Artikel beschrieb, wie eine Gruppe von Mäusen speziell zunächst so behandelt wurde, dass sie während ihrer Entwicklung ohne Telomerase in ihrem Körper aufwuchsen. Das Ergebnis war, dass sich die Chromosomen-Puffer ohne das Enzym, das ihre Telomere reparieren könnte, schnell verkürzten und die Mäuse rascher alterten, als sie es sonst getan hätten. Es überrascht nicht, dass bei den Mäusen während des Alterns die gleichen Umstände eintraten, die wir üblicherweise mit dem Älterwerden des Menschen assoziieren, einschließlich Diabetes, Osteoporose und sogar neurologischer Veränderungen.

Der Grund, warum diese Mäuse Schlagzeilen machten, ist das, was als Nächstes geschah. Sie wurden, als sie das Erwachsenenalter erreichten, nun auf besondere Weise behandelt, um ihre Telomerase-Enzyme reaktivieren zu können. (Dies wird durch Verwendung einer speziellen Chemikalie, genannt 4-OHT, herbeigeführt.) Nachdem die erwachsenen Mäuse einen Monat lang behandelt worden waren, wurde ihr

Zustand bewertet. Die Schlussfolgerungen aus dieser Beurteilung sind es, die in dem Artikel beschrieben wurden.

Der leitende Forscher nannte die Ergebnisse »beinahe einen Ponce de León-Effekt« und bezog sich damit auf den spanischen Entdecker und seine legendäre Suche nach dem Jungbrunnen. *Die altersbedingten Verfallsprozesse der adulten Mäuse wurden nicht nur aufgehalten, sondern tatsächlich umgekehrt!* »Schrumpfhoden wurden wieder funktionstüchtig, und die Tiere haben ihre Fruchtbarkeit wiedererlangt«, heißt es in dem Artikel. »Andere Organe wie Milz, Leber und Darm erholten sich von ihrem degenerierten Zustand. Der einmonatige Puls der Telomerase hat auch die Auswirkungen des Alterns im Gehirn umgekehrt.«[141]

Die Ergebnisse dieser Studie sind heute viele Male wiederholt und in zahlreichen von Experten begutachteten wissenschaftlichen Fachzeitschriften veröffentlicht worden. In jeder Untersuchung wurde die Alterung von Zellen aus einer etwas anderen Perspektive betrachtet und die Rolle von Telomerase, Telomeren und der Alterung auf eine etwas andere Art und Weise überprüft. Und so unterschiedlich die Studien auch voneinander sind, erzählen sie uns doch alle das Gleiche. Das Vorhandensein von aktiver Telomerase im Körper ist ein Schlüsselfaktor, um das Altern und den Verfall, der typischerweise mit dem Alterungsprozess einhergeht, aufzuhalten und umzukehren.

Mit diesen Studien wurde zum ersten Mal die Beziehung zwischen Telomerase und Langlebigkeit bei Mäusen bestätigt. Seitdem wurden die Ergebnisse auch auf den Menschen übertragen. Selbst wenn Faktoren, die über die Telomere hinausgehen, wie Lebensweise, physische Umgebung und Ernährung, sicherlich zur Langlebigkeit beitragen, scheint der Zusammenhang zwischen Alterung und Telomerlänge unbestreitbar zu sein und besagt dreierlei:

1. Längere Telomere finden sich bei Menschen mit längerer Lebensspanne.
2. Telomerase ist das Enzym, das bestehende Telomere aufbaut, verjüngt und verlängert.

3. Die Aktivierung der Telomerase des Körpers hält die weitere Zerstörung auf und repariert bereits beschädigte Telomere.

Die Telomerlänge wird heute als biologischer Marker – *als messbares Zeichen* – dafür anerkannt, wie lange ein Mensch leben kann. Darüber hinaus wissen wir jetzt, dass der Marker auf neue und positive Weise beeinflusst und intentional verändert werden kann.

Ich möchte jedoch absolut klarstellen, dass es kein Patentrezept für ein langes Leben ist, unsere Telomere einfach zu verlängern. Es wäre zum Beispiel sinnlos, die Telomere mit dem Wunsch nach Langlebigkeit zu verlängern und gleichzeitig ein exzessives Leben zu führen, das den regelmäßigen Konsum von Alkohol und/oder Freizeitdrogen und eine Ernährung mit hohen Anteilen an raffinierten Kohlenhydraten, Transfetten und stark gesüßten und frittierten Speisen einschließt. Längere Telomere allein garantieren keine hohe Lebensdauer, aber die Forscher haben herausgefunden, dass nur Menschen, die über längere Telomere verfügen, eine verlängerte gesunde und vitale Lebenserwartung haben.

Wie Sie sich vorstellen können, hat die Entdeckung der drei oben genannten Faktoren hinsichtlich der Telomere und der Lebenserwartung die Türen für eine völlig neue Forschung geöffnet, für eine neue Lifestyle-Coaching-Industrie und den Verkauf von Nährstoffen und Ergänzungsmitteln zur Verlängerung unserer Telomere – mit dem Versprechen auf ein langes und gesundes Leben. Und während einige der Produkte und Techniken auf solider Wissenschaft beruhen und tatsächlich leisten, was sie versprechen, tun andere es nicht.

Folgendes wissen wir inzwischen:

LIFESTYLE-FAKTOREN FÜR LÄNGERE TELOMERE

Diejenigen von uns, die versuchen, mit den neuesten Forschungsergebnissen hinsichtlich dessen, was einen gesunden Lebensstil ausmacht,

Schritt zu halten, sind schon vollauf damit beschäftigt, herauszufinden, was man tun oder lassen sollte. Das Problem ist nicht zuletzt, dass die Vorstellung von dem, was uns gut tut, ein bewegliches Ziel ist; die Ratschläge ändern sich auch ständig. Wir haben gesehen, wie Wissenschaftler und Mediziner ihre Meinung vom Beginn eines Jahres bis zum Ende desselben Kalenderjahres ins Gegenteil verkehren, wenn es darum geht, was gut für uns ist und was nicht. Die Ansichten über Hühnereier und Kokosnussöl sind perfekte Beispiele.

Hühnereier – die alte Vorstellung

In den 1980er Jahren wurde angenommen, dass das Cholesterin aus Hühnereiern zu einem ungesunden Cholesterinspiegel im Blut und dadurch zu Herz- und Kreislaufproblemen führt. Ich erinnere mich, dass Eier wie die Pest gemieden wurden und wie Speisekarten und die Werbung keine Mühen scheuten, um die Kunden darauf aufmerksam zu machen, dass sie eifreie Rezepte anboten.

Hühnereier – die neue Vorstellung

Jetzt schlägt das Pendel in die entgegengesetzte Richtung aus, denn Wissenschaftler haben erkannt, dass das in Eiern enthaltene diätetische Cholesterin nicht das Cholesterin ist, das bei gesunden Menschen zu Herzerkrankungen beiträgt oder das kardiovaskuläre Risiko erhöht.[142] Vielmehr zeigen die Studien, dass Eier tatsächlich den Spiegel des »guten« Cholesterins (HDL) anheben und den des »bösen« Cholesterins (LDL) senken. Plötzlich sind Eier ein »In«-Nahrungsmittel, das als perfekte Quelle für Proteine, Eisen, gesundes Fett und einige wichtige Vitamine und Mineralstoffe erkannt wurde, sie werden als wichtiger Bestandteil einer gesunden Ernährung angepriesen. Und Eier sind nicht das einzige Beispiel für eine 180-Grad-Wende bei der Beurteilung bestimmter Nahrungsmittel.

Kokosnussöl – die alte Vorstellung

Fehlerhafte Studien, die Mitte des 20. Jahrhunderts Kokosnussöl zum Gegenstand hatten, warnten die Öffentlichkeit, dass es sich um ein Öl handelt, das unbedingt vermieden werden muss.

Ich erinnere mich, Jahrzehnte lang Werbeanzeigen gesehen zu haben, die Konsumenten zu anderen, angeblich »gesunden« Pflanzenölen als Alternative zum natürlichen Öl der Kokosnuss lenkten.

Spätere Studien zeigten jedoch, wie falsch dieses Denken war. Die ursprünglichen Studien wurden an teilweise hydriertem Kokosnussöl statt an natürlichem Öl aus rohen Kokosnüssen durchgeführt, und es stellte sich heraus, dass es der Hydrierungsprozess ist, der zu gesundheitlichen Problemen führt, nicht das Kokosöl selbst.

Dies gilt übrigens für jedes Öl, das einem Hydrierungsprozess unterzogen wird, einschließlich üblicherweise verwendeter Öle wie Distelöl, Baumwollsamenöl, Maisöl und Sojaöl. Wir wissen heute, dass auch Rapsöl sich in schädliche freie Radikale aufspaltet, wenn es auf Kochtemperaturen über 176 °C (350 F) erhitzt wird.

Kokosnussöl – die neue Vorstellung

Heute wissen wir, dass Menschen, die in Teilen der Welt leben, in denen Kokosnüsse ein regelmäßiger Bestandteil der Ernährung sind, seltener an Herz-Kreislauf-Erkrankungen leiden als Menschen in Ländern wie den Vereinigten Staaten, wo Kokosnüsse und Kokosöl zumindest von den letzten beiden Generationen gemieden wurden. Plötzlich wird die rohe Kokosnuss nicht nur als gesund anerkannt, sondern sogar als »Superfood« gepriesen. Kokosöl in seiner nativen und extra nativen Form sowie natives Olivenöl extra und reines Avocadoöl sind heute die am meisten empfohlenen Öle.

Hinweis: Kokosöl ist deshalb besonders gesund, weil es sich auch für hohe Temperaturen beim Kochen eignet.

Angesichts der Vorteile dieser beiden heute als gesundheitsfördernd anerkannten Nahrungsmittel ist es vielleicht nicht sehr verwunderlich, dass sie auch zu denen gehören, die Langlebigkeit und eine Verlängerung der Telomere fördern.

Wie bereits erwähnt, ist in den letzten Jahren eine ganze Branche von Nahrungs- und Nahrungsergänzungsmitteln entstanden, die wegen ihrer Fähigkeit zur Heilung und Verlängerung der Telomere beworben werden. Ich kann in diesem Buch nicht auf jedes einzelne Produkt, jedes Ergänzungsmittel und jede Form der Übung eingehen. Worauf ich jedoch hinweisen kann, ist, dass einige wichtige Faktoren im Lebenswandel als notwendig für die Unterstützung der Telomere erkannt wurden. Zu diesen Faktoren gehören unter anderem:

- Stressreduktion
- regelmäßige Bewegung
- der Verzehr bestimmter Nahrungsmittel

Leitsatz 34 Die Wahl unseres Lebensstils, einschließlich spezifischer Formen der Bewegung, bestimmter Nahrungsergänzungsmittel und der Reduzierung von Stress im Körper, ist eine gut dokumentierte Schlüsselstrategie, um Schäden an den Telomeren und die Alterung der Zellen erfolgreich zu verlangsamen und sogar umzukehren.

Im weiteren Verlauf des Kapitels werde ich einige Faktoren, Techniken und Nahrungsergänzungsmittel nennen, von denen ich durch meine Forschung und persönliche Erfahrung herausgefunden habe, dass sie den größten positiven Einfluss auf die Telomere und das Altern ausüben. Wenn Sie diese Liste als Richtschnur verwenden möchten, sollten Sie sich aber vorher auf jeden Fall bei Ihrem persönlichen Gesundheitsdienstleister erkundigen, was, wenn überhaupt, davon das Richtige für Sie ist.

VITAMINE UND MINERALSTOFFE: DIE WICHTIGSTEN NAHRUNGSERGÄNZUNGSMITTEL ZUR UNTERSTÜTZUNG DER TELOMERE

Es gibt eine Vielzahl synergetischer Vitamine und Mineralien, die zu einer gesunden DNA beitragen und eine vorzeitige Verkürzung der Telomere verhindern können. In einer Studie, die vom *Journal of Nutrition* veröffentlicht wurde, zeigten die Ergebnisse, dass Menschen mit den längsten Telomeren auch hohe Konzentrationen von sehr spezifischen Vitaminen und Mineralstoffen im Blut aufwiesen.[143]

Unter den Nahrungsergänzungsmitteln, die in der Untersuchung des *Journal of Nutrition* beschrieben werden, sind die unten genannten. *Bitte beachten Sie:* Einige der folgenden Ergänzungsmittel sind in kleineren Mikrogramm-Einheiten (µg) und einige in größeren Milligramm-Einheiten (mg) angegeben.

Ergänzungsmittel	Empfohlene Menge
Vitamin B12	500-1000 µg/Tag
Folsäure	800 µg/Tag
Vitamin C	1.000-3.000 mg/Tag
Vitamin E	Tocotrienole 40 mg/Tag
Zink	25-50 mg/Tag
Magnesium	400-800 mg/Tag

Die gesamte Familie der B-Vitamine ist positiv mit längeren Telomeren verknüpft. Zusätzliche Studien haben auch Beta-Carotin, Vitamin A, Vitamin D und das Mineral Eisen als notwendige Faktoren für die Entwicklung und Erhaltung von DNA und die Verhinderung der vorzeitigen Telomerverkürzung festgestellt. Eine pflanzliche Ernährung, reich an Antioxidantien und Phytonährstoffen aus grünem Blattgemüse, ist nachweislich unmittelbar mit einer größeren Telomerlänge und einer gesünderen DNA verbunden.

DIE STRESS-TELOMER-VERBINDUNG

Schon bevor die Molekularbiologin Carol Greider (Ph.D.) und ihr Team das Enzym Telomerase entdeckten und seine Fähigkeit erkannten, die Verkürzung der Telomere umzukehren, waren Wissenschaftler der Rolle der Telomere beim Alterungsprozess auf der Spur. Der Titel einer von der National Academy of Sciences veröffentlichten Arbeit aus dem Jahr 2004 fasst die Beziehung zwischen Telomeren und Stress so zusammen: »Accelerated Telomere Shortening in Response to Life Stress« (»Beschleunigte Telomerverkürzung als Reaktion auf Lebensstress«). Und auch wenn der Titel ein wenig komplex klingt, ist es die Botschaft des Artikels nicht. In seiner klaren und prägnanten Form lässt der Bericht keinen Zweifel daran, welche Rolle Stress im Alterungsprozess spielt: »Chronischer Stress erodiert Telomere, beeinträchtigt die DNA-Replikation und beschleunigt so das Altern.«[144]

Der Schlüssel zu dieser Betrachtung von Stress ist das Wort *chronisch*. Das ist die Art von Stress, der ohne Erholung ständig anhält, und dies ist ein wichtiger Unterschied, wenn es darum geht, wie wir in unserem Leben über Stress denken.

Jeder von uns erlebt eine Form von Stress in Bezug auf etwas, das wir entweder a) zum Überleben brauchen, wie Nahrung, Wasser oder medizinische Versorgung, oder b) in einem Büro oder einer Arbeitsumgebung produzieren müssen, oder c) als ein Problem erleben, das wir in unseren persönlichen Beziehungen oder in unserem Arbeitsumfeld lösen müssen. Interessanterweise interpretieren verschiedene Menschen unterschiedliche Lebensereignisse als unterschiedliche Arten von Stress.

Wir haben zum Beispiel alle von *konstruktivem Stress* gehört. Dies ist die Art von Stress, den kreative Menschen oft als Reaktion auf eine Frist oder den Druck verspüren, etwas schaffen oder produzieren zu müssen, um ein bestimmtes Ziel oder Bedürfnis zu erfüllen. Ein Künstler im Stress der Anfertigung von Gemälden für eine Galerieeröffnung, ein Büroangestellter, der die Finanzberichte erstellt, die am Ende des Quartals fällig sind, ein Autor, der einen Veröffentlichungstermin einzuhalten hat, und ein Wissenschaftler, der das Problem löst, wie man kostbaren Strom in einer Raumkapsel im Orbit spart, die über nur sehr wenig Energie verfügt (wie in der Geschichte von *Apollo 13*), sind Beispiele für Situationen, die zu konstruktivem Stress führen.

Jede dieser Stresssituationen hat einen erkennbaren Anfang und ein Ende, das gesehen und erreicht werden kann. In diesen Situationen werden die primären Stresshormone Adrenalin, Noradrenalin und Cortisol zum Treibstoff, um Kreativität und Problemlösungskompetenz auf Hochtouren zu bringen. Wenn neue Lösungen erkennbar werden, scheint das Ziel in Reichweite zu sein – das Gefühl, Stress zu haben, sowie die entsprechenden Stresshormone lösen sich auf.

Darin liegt der Schlüssel zu konstruktivem Stress: Er ist temporär, und die Wirkung der Stresschemie ist typischerweise von kurzer Dauer. Wenn wir uns unserem Ziel nähern, können wir sagen, dass wir »das Licht am Ende des Tunnels sehen«. Die Erfahrungen, dass dort ein Licht ist, dass wir das Gefühl haben, ihm näherzukommen, und dass die erhöhten Auswirkungen von Stress auf den Körper nur von kurzer Dauer sind, machen unseren kreativen Stress zu einer positiven Erfahrung.

Das unterscheidet sich sehr von der Art, wie wir uns fühlen, wenn wir uns in einer fordernden oder schwierigen Situation befinden, in der es am Ende des Tunnels kein Licht zu geben scheint, also kein Ende des Stresses in Sicht ist. Und wenn eine Situation besonders hoffnungslos erscheint, können wir manchmal nicht einmal mehr den Tunnel selbst sehen, der es uns ermöglichen würde, uns auf das Licht an seinem

Ende zu zubewegen. Die Arbeit für ein großes Unternehmen, in dem wir uns zum Beispiel fühlen, als wären wir nur eine Nummer auf einem Kalkulationsbogen im Büro einer Führungskraft, kann diese Art von Stress erzeugen. In einer solchen Situation ist es offensichtlich, dass sich, egal wie hart wir jeden Tag arbeiten oder wie innovativ wir bei der Arbeit sind, die aktuellen Bedingungen, die sich frustrierend, ungesund oder sogar schädigend auswirken, wahrscheinlich nicht ändern werden. Egal, was wir tun, wie hart wir auch arbeiten oder wie gut unsere Arbeit ist, unsere Frustration bleibt unaufgelöst. Unter solchen Bedingungen kann Stress eine chronische Wirkung entfalten und schädlich werden.

Das Gefühl der Hilflosigkeit durch diese Art von Erfahrung löst eine chemische Reaktion in unserem Körper aus, die als *Kampf-oder-Flucht-Reaktion* bezeichnet wird. In diesem Modus setzt unser biologischer Überlebensimpuls ein und gibt höhere Mengen der zuvor genannten Stresshormone frei, um uns auf das eine oder das andere vorzubereiten: Entweder kämpfen wir um unsere Sicherheit, oder wir rennen wie der Teufel, bis wir der Bedrohung entkommen sind. Und auch wenn diese Art von Reaktion uns am Ende der letzten Eiszeit bei der Flucht vor einem Säbelzahntiger dienlich gewesen sein mag – im Büro oder zuhause machen wir damit heutzutage eine ganz andere Erfahrung.

ALTER STRESS IN DER MODERNEN WELT

Wenn unsere Vorfahren einem Säbelzahntiger erfolgreich entkommen waren und hinter einem großen Felsen verschnauften, hatte sich der unmittelbare Anlass für ihren Stress zumindest für einen Moment aufgelöst. Der Spiegel der Stresshormone in ihrem Körper begann zu sinken, sobald sich ihr Herzschlag verlangsamte und normalisierte. Und nach ein paar Stunden relativer Sicherheit hatten sie den hohen Spiegel dieser Hormone aus ihrem Körper verstoffwechselt.

In einer solchen gefährlichen Situation helfen uns unsere Stresshormone, wenn wir sie für kurze Zeit in großen Mengen benötigen. Aber dieses Szenario ist für unser heutiges Leben nicht typisch. In der modernen Welt werden wir normalerweise nicht physisch von einem Tier gejagt, das unser Leben bedroht. Stattdessen entsteht Stress oft dadurch, dass wir uns in Situationen befinden, in denen wir uns gefangen, verletzlich und hilflos fühlen. Und in diesen Fällen ist die Auflösung nicht so eindeutig, wie wenn wir einem hungrigen Tier erfolgreich entkommen.

Hier entsteht das Problem. Auf der einen Seite wird der Körper mit der Urchemie auf Touren gebracht, um wegzulaufen, sich zu verstecken oder zu kämpfen, während wir auf der anderen Seite all dies eigentlich gar nicht mehr können. Es ist, als säßen wir in einem Auto und hätten den einen Fuß auf dem Gaspedal, bereit loszufahren, und den anderen gleichzeitig auf der Bremse. Der Motor läuft auf Hochtouren, und wir bewegen uns nicht.

Wenn die Quelle unseres Stresses der sichere Job ist, durch den wir unsere Rechnungen bezahlen können, den wir aber leidenschaftlich hassen, oder wenn es die fünfzehn Jahre dauernde Beziehung ist, in der wir uns gefangen fühlen, die uns und unseren Kindern aber Sicherheit bietet, dann können wir nicht wegrennen und uns nicht verstecken. Jedenfalls nicht so wie unsere Vorfahren, die hinter einem Felsen Zuflucht fanden.

Wo ist in der modernen Welt unser Fels, hinter dem wir uns verstecken können? Wenn wir keinen Weg gefunden haben, uns sicher zu fühlen und den Stress des täglichen Lebens abzubauen, so wird der ungelöste Stress, wie uns Studien zeigen, auf eine Art und Weise in Erscheinung treten, die sich negativ auf unsere Telomere auswirkt. Wissenschaftlich sind diese Zusammenhänge inzwischen gut erforscht, aber die Folgen des Stresses sind auch ohne Wissenschaft offensichtlich.

Wenn Menschen, die wir kennen, mit ungelösten emotionalen Turbulenzen ringen – wie das bei einer zähen und langwierigen Scheidung der Fall ist oder wenn jemand sich nicht in der Lage sieht, eine Entscheidung zu treffen, ob er zum Beispiel einen Job behalten oder eine Beziehung weiterführen soll –, bemerken wir den Tribut, den der Stress von ihnen fordert. Wir sehen es an ihren alternden Körpern und ihren gealterten Gesichtern. Sie wirken älter, als sie sind, und bekommen in der Regel gesundheitliche Probleme, mit denen unter normalen Umständen erst Jahre oder sogar Jahrzehnte später in ihrem Leben zu rechnen gewesen wäre. Wenn Menschen chronisch gestresst sind, ist ihr Immunsystem oft nicht auf die Kälte und auch nicht auf die Grippe vorbereitet, die jedes Jahr unausbleiblich im Büro oder im Klassenzimmer umgeht.

Dies sind die Menschen, die alle ihre Krankheitstage aufbrauchen und dann noch mehr benötigen. Und letztlich sind sie es, die dem Stress erliegen, weil er ihnen das stiehlt, was ihnen am liebsten ist: das Leben selbst. Bei lange andauerndem, chronischem, nicht abgebautem Stress ist ihr Körper irgendwann am Ende.

Um gesund zu bleiben, bedarf es unserer Fähigkeit, dem Körper die Umgebung zu verschaffen, die er braucht, um das zu tun, was er tun soll – zu gesunden –, und zwar auf der grundlegendsten Ebene der DNA selbst.

> **Leitsatz 35**   Es ist der ungelöste Stress in unserem Leben, der unsere Telomere abbaut und uns das stiehlt, was uns am liebsten ist: das Leben selbst.

GESUNDE UND UNGESUNDE ABLENKUNGEN

Unser Instinkt lässt uns üblicherweise alles tun, was wir können, um Situationen zu vermeiden, in denen wir keine Lösung finden. So schaffen wir Ablenkungen in unserem Leben, die unsere Aufmerksamkeit von dem Thema oder den Problemen wegnehmen. Wir können uns auf gesunde Ablenkungen wie Yoga, Meditation, Einzel- oder Gruppensport, Kunst oder Musik konzentrieren, um unseren Stress zu kanalisieren. Zu oft entscheiden wir uns jedoch für weniger gesunde Ablenkungen – beispielsweise zu essen, wenn wir nicht hungrig sind, Drogen zu nehmen oder Alkohol zu trinken, um unsere unangenehmen Emotionen zu betäuben. Statt persönliche Beziehungen zu suchen ergehen wir uns in Online-Spielen oder sogar in Videobeziehungen. Wählen wir solche Aktivitäten, ist dies oft ein Weg, unseren Fokus von den mit dem Stress verbundenen Gefühlen abzulenken.

Wenn wir süchtig nach der Freisetzung der Chemikalien in unserem Körper werden, die unsere Ablenkungen erzeugen – wie den natürlichen Stimmungsaufhellern Serotonin und Oxytocin –, werden die damit verbundenen Aktivitäten allmählich zu unseren chronischen Fluchtwegen. Wir werden uns irgendwann abhängig von ihnen fühlen. Und wenn wir keinen Weg finden, den ihnen zugrundeliegenden Stress selbst aufzulösen, können solche Ablenkungen im Laufe der Zeit unsere Freundschaften, Arbeitsplätze, die Familie und andere primäre Beziehungen als Quellen für gute Gefühle ersetzen.

Dies sagt uns der Bericht der National Academy of Sciences. Und er beschreibt auch genau, wie chronischer Stress uns schadet: durch Verkürzung der Telomere, die den Code des Lebens schützen, der in jeder Zelle unseres Körpers lebt. Die gute Nachricht ist, dass dieselbe Wissenschaft, die uns sagt, dass chronischer Stress uns schadet, uns auch erklärt, wie wir diesen Stress überwinden können.

ÜBUNG

Aufdecken und Auflösen Ihres ungelösten Stresses

Die wissenschaftliche Position ist eindeutig: Ungelöster Stress kann die Telomere verkürzen, die für Ihre Gesundheit, für Heilung und Langlebigkeit entscheidend sind. Ich habe einen kurzen Fragenkatalog aufgestellt, der Ihnen hilft, diese Art von Stress in Ihrem Leben zu erkennen. Ich habe herausgefunden, dass dieser einfache Fragenkatalog gerade dann besonders nützlich ist, wenn Sie das Gefühl haben, dass Sie etwas belastet, Sie aber nicht in der Lage sind, klar zu erkennen, was es ist. Ich lade Sie ein, diese Gelegenheit zu nutzen, um alle Stressfaktoren zu klären, die Sie in diesem Moment in Ihrem Leben erfahren könnten. Sie benötigen für diese Übung lediglich ein Blatt Papier und einen Stift.

Die Methode: Verwenden Sie einzelne Wörter oder kurze Sätze und schreiben Sie Ihre Antworten auf die folgenden drei Fragen so ehrlich wie möglich auf.

Frage 1: Was sind Quellen Ihres ungelösten Stresses? Bitte bestimmen Sie, so ehrlich wie Sie können, alle Beziehungen, Zustände oder Situationen in Ihrem Leben, die ein anhaltendes Gefühl von Angst und Frustration oder ein tiefes, emotionales »Bauchgefühl« von Unsicherheit erzeugen, wenn Sie an sie denken. Erstellen Sie eine Liste und lassen Sie unter jeder Quelle, die Sie bezeichnen, einige Zeilen frei.

Frage 2: Was ist Ihre typische Reaktion auf Stress? In den Zeilen unter jeder Stressquelle identifizieren Sie bitte Ablenkungen, auf die Sie sich normalerweise verlassen. Beenden Sie den folgenden Satz:

»Wenn diese Situation Gefühle von Angst, Frustration oder andere tiefe Gefühle in mir auslöst, die unangenehm sind, versuche ich, mich besser zu fühlen, indem ich ...«

Frage 3: Wie möchten Sie künftig überlegter auf Ihre Stressfaktoren reagieren? Wenn Sie Ihre aktuellen Ablenkungen von den von Ihnen identifizierten Stressquellen durch neue und bedachtere Reaktionen ersetzen möchten, folgen Sie bitte der folgenden Strategie. Sie beginnt mit einer Ihnen bereits vertrauten Technik, die Weisheit Ihres Herzens um Führung zu bitten. Sie werden erkennen, dass die hier beschriebenen Schritte zum Herstellen des Herzfokus der in Kapitel 5 beschriebenen Quick Coherence®-Technik ähnlich sind.

- **Schritt 1: Stellen Sie einen Herzfokus her.** Erlauben Sie Ihrer Wahrnehmung, von Ihrem Geist in den Bereich Ihres Herzens zu gelangen.

- **Schritt 2: Verlangsamen Sie Ihre Atmung.** Fangen Sie an, ein wenig langsamer als gewöhnlich zu atmen, ungefähr fünf bis sechs Sekunden zum Einatmen und dasselbe zum Ausatmen.

- **Schritt 3: Greifen Sie auf Ihre tiefe Intuition zu.** Während Sie weiter atmen und die Konzentration auf Ihr Herz aufrechterhalten, stellen Sie Ihre Frage still und von innen heraus.

- **Schritt 4: Hören/fühlen Sie.** Lauschen Sie nach der Antwort. Wenn Sie eine erhalten haben, schreiben Sie unten die Weisheit Ihres Herzens auf. Beenden Sie diesen Satz: »Beispiele für überlegtere Reaktionen auf meinen ungelösten Lebensstress sind ...«

Das Ziel dieser Übung ist ein zweifaches. Wenden Sie sie an, um

- ein Bewusstsein für die Ablenkungen zu entwickeln, denen Sie sich bewusst und unbewusst zuwenden, wenn Sie mit stressigen Situationen konfrontiert sind, für die es keine Lösung zu geben scheint, und

- ersetzen Sie Ablenkungen, die Ihnen möglicherweise nicht helfen, durch neue und heilsamere Reaktionen auf die Stressfaktoren in Ihrem Leben. Der Schlüssel zur Kraft dieser Übung liegt darin, dass wir, auch wenn wir nicht immer in der Lage sind, die Situation sofort zu ändern, doch sofort unsere Reaktion auf sie verändern können.

Wenn Sie die obige Übung abschließen, fordere ich Sie auf, daran zu denken, dass es keinen richtigen oder falschen Weg gibt, die Weisheit Ihres Herzens zu empfangen. Jeder von uns wird mit unserem eigenen einzigartigen Code geboren, der es uns ermöglicht, auf die Weisheit unseres Herzens zuzugreifen und sie in unserem Leben anzuwenden. Das Geheimnis des Codes liegt darin zu wissen, was am besten für Sie funktioniert.

Leitsatz 36 Durch die Weisheit unseres Herzens können wir um gesunde Alternativen zu den ungesunden Ablenkungen in unserem Leben bitten und die entsprechenden Informationen empfangen.

WIR BEJAHEN ODER VERNEINEN UNSER LEBEN TÄGLICH IN JEDER MINUTE

Wenn wir eine Lebensweise annehmen, die unseren »Tank des Lebens« ständig füllt, wie Michael es beschrieben hat, dann erneuern wir ständig die Vitalität unserer Zellen. Wenn wir dies tun, heilen unsere Telomere, wachsen und teilen sich auf eine Weise, die diese Vitalität widerspiegelt. Obwohl die Anweisungen für diese Art des Denkens und Lebens einfach sind, ist es ihre Umsetzung, mit der das wirkliche Seminar des Lebens beginnt. Dazu bedarf es Mut. Es bedarf Disziplin. Und es erfordert Entscheidungen, die wir in jedem Augenblick unseres Lebens fällen müssen.

Durch die Entscheidungen, die wir in jedem Moment des Tages treffen – das Essen, das wir wählen, um unseren Körper zu ernähren, die Bewegungen, die wir wählen, um unseren Körper anzuregen, die Worte, die wir wählen, um unsere Gedanken und Erfahrungen auszudrücken, und die Überzeugungen, die wir über uns selbst und andere Menschen hegen –, bejahen oder verneinen wir das Leben in unserem Körper. Wenn wir diese Tatsache als gegeben annehmen, wird unsere Wahl einfach. Sie beruht auf der achtsamen Entscheidung, das Leben mit jedem Wort zu wählen, durch jede Mahlzeit und jede Interaktion, die wir mit uns selbst, mit anderen Menschen und mit der Welt insgesamt haben. Dieser Schlüssel zur Langlebigkeit ist für Anhänger von Mysterientraditionen kein Geheimnis, zum Beispiel für die alten Essener, eine religiöse Sekte, die ihre Blütezeit vom 2. Jahrhundert v. Chr. bis zum 1. Jahrhundert n. Chr. in dem Gebiet hatte, das heute Teile von Palästina, Jordanien und Israel umfasst.[145] Der heute wohl am meisten anerkannte Essener ist der neutestamentliche Meister Jesus von Nazareth.

Jesus beschrieb die Wahl des Lebens, die wir jeden Tag treffen, seinen Schülern auf eine für sie sinnvolle Art und Weise im Vokabular der damaligen Zeit. Als sie ihn fragten, wie sie ihre Körper heilen könnten, antwortete Jesus auf eine direkte, einfache und eloquente Weise: »Wenn ihr lebende Nahrung esst, wird sie euch ebenso beleben, aber wenn ihr eure Nahrung tötet, wird die tote Nahrung euch auch töten. Denn das Leben kommt nur vom Leben, und vom Tod kommt immer der Tod. Alles, was euer Essen tötet, tötet auch euren Leib.«[146]

Die beste Wissenschaft der modernen Welt sagt uns, dass diese direkten, kraftvoll und einprägsamen Worte heute genauso wahr sind wie vor zweitausend Jahren. Wenn wir Nahrungsmittel essen, die stark verarbeitet, verkocht oder mit Konservierungsmitteln belastet sind, essen wir Nahrungsmittel, in denen die Vitalität der Enzyme und das Leben, das uns nährt, abgetötet wurde.

Eine anerkannte Definition von *Lebensmittel* lautet: »Jede nahrhafte Substanz, die Menschen oder Tiere essen oder trinken oder die Pflanzen absorbieren, um Leben und Wachstum zu erhalten.«[147] Aus dieser Definition können wir erkennen, dass die so genannten verarbeiteten Lebensmittel eigentlich überhaupt keine Lebensmittel mehr sind. Obwohl sie den Raum in unseren Mägen füllen und unseren Hunger stillen, können sie unserem Körper kein Leben geben, wenn wir sie essen, weil die Bestandteile dieser schnellen Mahlzeiten bereits tot sind, wenn sie verpackt werden.

So ist es weiter keine Überraschung, dass die gängige Ernährung aus Fastfood mit hydrierten Ölen, verarbeiteten Zutaten, Konservierungsmitteln und künstlichen Farb- und Aromastoffen ihren Anteil an der Welle von Krankheiten hat, die über die moderne Welt hinweggerollt, wie Diabetes, Demenz und verschiedene Krebsarten. Das ergibt durchaus einen Sinn, wenn wir bedenken, dass wir uns möglicherweise darauf verlassen, dass Nicht-Nahrungsmittel unserem Körper Nahrung geben.

Und so machtvoll diese Erkenntnis für unsere Ernährung ist, gilt das gleiche Prinzip doch auch für die Entscheidungen, die wir hinsichtlich dessen treffen, was über unser Essen hinausgeht. Es bezieht sich auf das, was wir von uns selbst und anderen Menschen glauben, auf unsere Beziehungen und unser Selbstwertgefühl. All dies ist spirituelle Nahrung für unseren Geist und unser Herz, die uns auf die eine oder andere Weise nährt.

Um an die Weisheit der Essener-Lehren anzuknüpfen, können wir sogar noch einen Schritt weitergehen und sagen: »Denn alles, was eure Wertschätzung, euer Selbstwertgefühl und eure Selbstachtung tötet, tötet auch euren Körper.«

Die Qualität unserer emotionalen, psychischen und spirituellen Ernährung ist genauso wichtig wie der Nährwert der physischen Nahrung, die wir essen.

Der Leitsatz lautet hier, dass mögliche Telomer-Heilungen in unserem Leben auf den Entscheidungen beruhen, die wir treffen. Manchmal fällen wir unsere Entscheidungen bewusst und mit Absicht. Manchmal sind unsere Entscheidungen unbewusst. Doch in jedem Fall sind es immer unsere Entscheidungen. *Der Schlüssel zur Langlebigkeit liegt darin, unsere bewussten Entscheidungen in Gewohnheiten des Unterbewusstseins zu verwandeln.* Wenn wir das tun, müssen wir nicht mehr innehalten und darüber nachdenken, was wir zu Mittag essen oder wie wir auf einen Streit in der Partnerschaft reagieren. Der Grund ist, dass wir uns bereits entschieden haben.

Ich habe diese Lektion früh in meinem Leben gelernt, und sie ist zum Rahmen für die meisten Entscheidungen geworden, die ich jeden Tag treffe. Jeden Tag, bei jeder Mahlzeit, die ich wähle, in jeder Freundschaft, Partnerschaft und Beziehung, in die ich eingebunden bin, und auch, wenn ich jemanden oder mich selbst dafür kritisiere, etwas gesagt oder getan zu haben, stelle ich mir immer dieselbe Frage: *Ist dies das Beste, was ich in diesem Moment zu bieten habe?* Die Antwort auf diese Frage sagt mir augenblicklich, was meine Möglichkeiten sind – und an diesem Punkt muss ich dann eine Entscheidung treffen, die das Leben in meinem Körper entweder bejaht oder verneint.

Angesichts der Zusammenhänge zwischen Ernährung, Überzeugungen, Stress und Telomeren wird deutlich, dass es bei Langlebigkeit weniger darum geht zu sehen, wie lange wir leben können, sondern dass sie eher das Ergebnis einer Entscheidung ist, die wir in jedem Augenblick des Tages treffen. Um diese Entscheidung ging es bei meinem Gespräch mit meinem Freund Michael. Sie beruht auf dem Unterschied, ob wir uns selbst als endliche Gefäße mit begrenztem Potenzial betrachten oder als unendliche Gefäße mit unbegrenztem Potenzial. Das ist der Unterschied, der es möglich macht, im Alter von fünfhundert Jahren noch Vater zu werden.

Leitsatz 37 In jedem Augenblick eines jeden Tages treffen wir die Entscheidungen, die das Leben in unserem Körper bejahen oder verneinen.

DIE ZEIT, DAS LEBEN UND DIE ALTERSUHR

Während der Jahre, in denen ich Gruppen in Tibet leitete, fiel mir ein Phänomen auf, das in Lehrbüchern oder Reisedokumentationen selten angesprochen wird. Es ist einfach so, dass die tibetischen Mönche und Nonnen ihr Alter normalerweise nicht zurückverfolgen. Das erste Mal, als ich einen tibetischen Mönch nach seinem Alter fragte, war seine anfängliche Reaktion zu lachen. Er lachte nicht über meine schlechten tibetischen Sprachkenntnisse, er lachte vielmehr über die Frage, die ich soeben gestellt hatte. Er glaubte nicht, dass die Frage ernstgemeint war, weil das Alter in seiner Art zu denken nicht dieselbe Bedeutung hat, die wir ihm in unserer Kultur beimessen.

Nachdem der Mönch bemerkt hatte, dass ich die Frage ernsthaft gestellt hatte, war er mehr als glücklich, mir zu antworten. Er zögerte nicht deshalb mit der Antwort, weil sein Alter ein Geheimnis war. Er zögerte, weil er es einfach nicht wusste. Es war ihm nicht wichtig, das Verstreichen eines jeden Jahres in seinem Leben zu verfolgen.

Obwohl die Mönche ihre Geburtstage feiern, verfolgen sie ihr Alter nicht. Sie feiern eher den erfolgreichen Abschluss eines weiteren Umlaufs um die Sonne, anstatt zu zählen, wie viele Jahre seit ihrer Geburt vergangen sind. Aus den vorangegangenen Abschnitten wissen wir nun, dass die Konsequenzen dieser Denkweise eindeutig positiv sind. Wenn die Erwartung darin besteht, dass unsere Lebensqualität mit jedem Jahr abnimmt und dass das Zählen der Jahre, in denen wir gelebt haben, unser Altern bestätigt, dann macht es Sinn, wenn die Mönche es vermeiden, über ihr Alter nachzudenken.

Mein Mönchsfreund kannte ganz sicher sein Geburtsjahr. Und mit diesem Datum vor Augen begann er seine Antwort an mich, indem er mir zunächst eine Frage stellte: »Welches Jahr haben wir jetzt, heute?«, wollte er wissen. Als ich antwortete, dass es das Jahr 2008 sei, nickte er verständnisvoll. Er schaute auf seine offene Handfläche und fing an, mit seinem Zeigefinger unsichtbare Zahlen zu kritzeln. Er berechnete den Unterschied zwischen dem Jahr, das ich gerade angegeben hatte, und dem Jahr, in dem er geboren wurde. Schnell sah er mich mit einem strahlenden Lächeln an und erzählte mir stolz, dass er 1915 geboren wurde. Nach seiner Berechnung war er seit 93 Jahren auf der Welt.

Über seine Antwort war ich mehr als überrascht. Anhand der Farbe und Festigkeit seiner Haut, dem Funkeln seiner Augen und dem Schwung in seinen Schritten hätte ich ihn auf Mitte sechzig oder höchstens Anfang siebzig geschätzt. Aber auf keinen Fall hätte ich ihn schon in seinen Neunzigern verortet!

Genau wie zuvor die Nonne im Kloster, hatte dieser Mönch mir gezeigt, dass die Anzahl der Jahre, die wir auf dieser Welt sind, und der Zustand unseres Körpers nicht notwendigerweise in der Art und Weise miteinander verbunden sind, wie ich es aufgrund dessen, was mir beigebracht wurde, erwartet hatte.

Die Lektion, die ich von dem Mönch lernte, handelte von der Zeit.

ALT WERDEN HEIẞT NICHT ALTERN!

Wenn wir den Wecker auf unserem Handy auf sechzig Minuten stellen, sind wir alle nach sechzig Minuten eine Stunde länger auf der Welt, als wir es beim Stellen des Weckers waren. Die sechzig Minuten markieren die chronologische Zeit, die verstrichen ist, seit wir den Wecker gestellt haben. Und obwohl wir zweifellos jede einzelne dieser sechzig Minuten gelebt haben, stellt sich die Frage, *wie* wir sie gelebt haben. Unsere Zellen haben in dieser Stunde gelebt und verstoffwechselt, aber haben sie sich während dieser Zeit auch geheilt und verjüngt? Und vielleicht noch wichtiger: Haben wir unseren Zellen die Voraussetzungen zur Heilung und Verjüngung gegeben? Unsere Antwort auf diese Frage ist der Unterschied zwischen Langlebigkeit und Altern.

Der Kern dieser Frage geht auf die Philosophie zu Beginn dieses Kapitels zurück. Glauben wir, dass wir von dem Moment an zu sterben beginnen, in dem wir geboren werden, oder erkennen wir an, dass der Augenblick unserer Geburt einen Heilungsprozess auslöst, der natürlich verläuft und der Existenz unseres Körpers angeboren ist? Um es persönlicher zu sagen: Glauben Sie, dass Sie sich seit dem Augenblick Ihrer Geburt geheilt und verjüngt haben?

Der Schlüssel zu dem, was der tibetische Mönch mir in seiner Antwort verdeutlichte, ist, dass er mir nicht sagte, er sei »93 Jahre alt«. Er behauptete nicht, 93 Jahre seines endlichen Lebenstanks aufgebraucht zu haben. Was er mir erzählte, war einfach, dass 93 Jahre vergangen waren, seit er auf diese Welt gekommen war. Er erklärte mir die Tatsache seiner Langlebigkeit, ohne die Konsequenzen seines Alters zu bestätigen. Diese subtile Art, unsere Zeit auf der Erde ehrlich anzuerkennen, hat starke Auswirkungen auf die Altersuhr in unseren Zellen. Sie ist der Schlüssel zu der Langlebigkeit und Lebensqualität, die ich zuerst bei den Mönchen und Nonnen in Tibet gefunden habe.

Seit ich gelernt habe, diese Philosophie zu erkennen, habe ich sie in vielen indigenen Traditionen wiedererkannt, die weniger von den Gedanken an Leben, Tod und Langlebigkeit beherrscht sind als die westliche Welt.

Zeitlebens war es eine meiner Leidenschaften, Menschen zu studieren, die auf gesunde Weise ein fortgeschrittenes Alter erreicht haben. Das Ziel meiner Suche war es, die gemeinsamen Nenner zu finden, welche die ältesten Menschen der Welt miteinander teilten. Als die Mönche mir erzählten, dass es Yogis gibt, die sechshundert Jahre alt sind, hatte ich, so bemerkenswert diese Behauptung war, tatsächlich das Gefühl, dass ich keinen Grund hatte, daran zu zweifeln. Die neuen Entdeckungen der modernen Wissenschaft legen nahe, dass ein so hohes Alter möglich ist, und alte Schriften sagen uns, dass Menschen dieses Alter erreicht haben und sogar noch länger lebten!

Das für mich Wichtigste an diesen Geschichten ist, dass diese Menschen, wenn sie schließlich das Ende ihres jahrhundertelangen Lebens erreichen, nicht der zeitgemäßen Vorstellung entsprechen, wie ein Mensch in einem solchen Alter aussehen sollte. Was ich meine, ist, dass sie nicht aussehen wie das Bild eines gebeugten, faltigen Körpers mit morschen, brüchigen Knochen, das wir oft mit fortgeschrittenem Alter assoziieren. Genau das Gegenteil ist der Fall. Diese Menschen wie die Nonne, die ich 2008 in Tibet kennengelernt hatte, haben helle und aufmerksame Augen, eine gesunde, geschmeidige Haut und führen ein äußerst aktives Leben. Sie sind lebenskräftige, vollständig befähigte und ermächtigte Menschen, die ihr Leben in vollen Zügen genießen und bis zum Ende ihrer Tage aktiv am Leben ihrer Familien und Gemeinschaften teilnehmen.

Und auch wenn wir keine Unterlagen über die Yogis haben, die mein Reiseleiter beschrieben hat, besitzen wir doch Dokumente über einen Mann, der in relativ neuer Zeit ein biblisches Alter erreicht hat. Eines der faszinierendsten, extremsten und am besten dokumentierten Beispiele für ein biblisch hohes Alter ist Li Ching-Yuen, ein Mann, der beim chinesischen Militär diente und vom Militär anlässlich seines hundertsten, einhundertfünfzigsten und zweihundertsten Geburtstags geehrt wurde.

DAS GEHEIMNIS VON LI CHING-YUEN

Li Ching-Yuen war ein chinesischer Kampfkünstler und Qigong-Meister, der sich von Kräutern ernährte, die in großer Höhe wuchsen, beim chinesischen Militär diente und im fortgeschrittenen Alter von 256 Jahren starb. Die detaillierten militärischen Aufzeichnungen der chi-

Abb. 5.2. Ein seltenes Foto von Li Ching-Yuen, das 1927 in Sichuan aufgenommen wurde, als sein dokumentiertes Alter 250 Jahre betrug. Aus Berichten von seinem Militärdienst geht hervor, dass er 1677 geboren wurde und 1933 starb. Zum Zeitpunkt seines Todes soll er 256 Jahre alt gewesen sein. Quelle: Public Domain, Volksrepublik China/Wikipedia

nesischen Armee führen an, dass Li 1677 in Sichuan, China, geboren wurde. Sein Eintritt in den Militärdienst als taktischer Berater im Jahr 1749 ist gut dokumentiert, desgleichen sein Ruhestand fünfundzwanzig Jahre später im Alter von 97 Jahren. Im Ruhestand nahm er die einfache ländliche Lebensweise wieder auf, die er vor seinem Militärdienst geführt hatte. Ich glaube, dass diese Wahl seines Lebenswandels einer der Schlüssel zu seiner Langlebigkeit war. Er kehrte in die hohen Berge der chinesischen Provinz Sichuan zurück, um zu seiner Ernährung Heilkräuter anzubauen, zu ernten und zu erhalten, so wie er es vor seinem Militärdienst getan hatte.

In Anerkennung seiner herausragenden militärischen Laufbahn erhielt Li für seinen Dienst ein Bestätigungsschreiben. Diesem Brief lag ein weiteres Dokument bei, in dem ihm zu seinem 100. Geburtstag gratuliert wurde. Das war im Jahr 1777. Das Militär ehrte ihn 1827 an seinem 150. Geburtstag und 1877 an seinem 200. Geburtstag erneut. Dieser mysteriöse, langlebige Mann soll erst 1933 gestorben sein. Ich sollte besser sagen, dass er »für tot erklärt« wurde, denn in der ländlichen Umgebung seiner Heimatstadt wurde seine Leiche nie gesehen und seine Familie hat ihn nie bestattet. Laut seiner Frau ist er einfach gestorben, während er draußen in der Natur war.[148]

1933 veröffentlichten sowohl das *Time Magazine* als auch die *New York Times* Artikel über Li Ching-Yuen, die Interviews mit Nachkommen aus dem Dorf enthielten, in dem er aufgewachsen war.[149] Die Artikel schilderten die Erinnerungen von Erwachsenen, die Li in ihrer Kindheit gekannt hatten, doch ihre Berichte wurden von den Enkeln dieser Erwachsenen wiedergegeben.

Zum Zeitpunkt seines Todes hatte Li einhundertachtzig Kinder aus vierzehn Ehen anerkannt. Als er gefragt wurde, wie er sich seine Langlebigkeit erkläre, sagte Li, er glaube, dass das Geheimnis seines langen Lebens darin liege, »ein ruhiges Herz zu haben«.[150] Angesichts der neuen Entdeckungen in Bezug auf die Auswirkungen eines herzzentrierten Lebens ergeben Lis Worte vollkommen Sinn.

Der Grund, warum ich diesen Bericht und mein Erlebnis mit der tibetischen Nonne, die einhundertzwanzig Jahre alt war, als wir uns trafen, wiedergebe, ist ausdrücklich nicht ihr Alter. Obwohl das fortgeschrittene Alter dieser Menschen zweifellos beeindruckend ist, ist es eigentlich der außergewöhnliche Zustand ihres Körpers in diesem Alter, um den es mir geht. Beide Menschen stellen eine Ausnahme von der Vorstellung dar, dass »wir in dem Moment, in dem wir geboren werden, zu sterben beginnen«. Tatsächlich scheinen sie die Möglichkeit zu bestätigen, die ich meinem Freund Michael mitgeteilt habe.

Nur durch einen Prozess der kontinuierlichen Heilung – einer Verjüngung, die auf der DNA-Ebene des Lebens selbst beginnt – ist es möglich, ein solch bemerkenswertes Alter zu erreichen.

Ich hätte mich gerne mit Li Ching-Yuen unterhalten, bevor er diese Welt verließ. Ich hätte ihm die gleichen Fragen gestellt, die uns allen in den Sinn kommen, wenn wir von Lebensspannen hören, die unsere

Glaubenssysteme herausfordern: über Ernährung, Bewegung und Lebensstil. Leider ist Li zwei Jahrzehnte vor meiner Geburt gestorben, also habe ich meine Chance verpasst.

LANGLEBIGKEIT – DER ROTE FADEN

Im Jahr 2008 veröffentlichte die Associated Press die Geschichte von Mariam Amash, einer arabisch-israelischen Frau aus dem Dorf Jisr az-Zarka im Norden Israels. Sie wurde in jenem Jahr an einem Sicherheitskontrollpunkt herausgewunken, weil ihre Ausweispapiere angeblich abgelaufen waren. Ihr wurde gesagt, dass sie zu den lokalen Behörden gehen müsse, um ihre Dokumente zu aktualisieren und zu erneuern. Damals machte sie weltweit Schlagzeilen. Sie erhielt neue Dokumente, die ihr Geburtsdatum enthielten. Mariams bestätigtes Geburtsdatum war 1888, was bedeutet, dass sie einhundertzwanzig Jahre alt war, als ihre Geschichte Schlagzeilen machte![151]

Als sie gefragt wurde, welchen Umständen sie ihre Gesundheit und ihr langes Leben zuschrieb, musste Mariam nicht lange überlegen, bevor sie antwortete: Es war *Liebe*. Sie spürte, dass die Liebe, die sie für ihre Familie empfand – die Liebe, die sie für ihre Kinder, ihre Enkelkinder, ihre Urenkel und ihre Ururenkel hegte –, sie so viele Jahre am Leben erhielt. Sie fühlte sich in deren Leben wichtig. Sie kümmerte sich um sie. Sie kochte für sie. Sie hat ihnen Ratschläge für das Leben gegeben. Und jede dieser Erfahrungen trug zu einem übergreifenden positiven Faktor bei: Mariam fühlte sich gebraucht. Sie fühlte, dass sie zum Leben der geliebten Menschen auf eine Weise beitrug, die sie brauchten. Und dieses Gefühl verschaffte ihr jeden Tag ein erfülltes Leben.

Im Jahr 2012 berichtete einer ihrer Enkel der Presse, dass Mariam sich nicht wohl gefühlt hatte. Sie wurde zur Beobachtung und Behandlung in Israels renommiertes Hillel Yaffe Medical Center in der Stadt Hadera gebracht. Nur drei Tage später, ohne längere Krankheit, verstarb Mariam im Kreise ihrer Familie. Zum Zeitpunkt ihres Todes war sie 124 Jahre alt und hatte zehn Kinder und ungefähr dreihundert Nachkommen. Ich teile diese Geschichte mit, weil Mariam, ähnlich wie Li Ching-Yuen, bis zum Schluss ein vitales und gesundes Leben geführt hat.

Wenn wir über die Beispiele der drei Menschen, die ich beschrieben habe – Li Ching-Yuen, Mariam Amash und die tibetische Nonne –, nachdenken, wird sofort ein roter Faden offensichtlich. Alle drei schrieben ihre Langlebigkeit positiven, im Herzen gründenden Erfahrungen zu. Wenn man dies weiß, sollte es nicht überraschen, dass die positiven Erfahrungen eines friedlichen Herzens und des Geliebtseins – des Gefühls, geliebt und gebraucht zu werden – die Körper dieser Menschen auf eine kraftvolle und positive Weise beeinflusst haben. Es sind jedoch die neuen Entdeckungen der Wissenschaft, die uns die genauen Angaben liefern. Und wenn wir die genaue Beziehung zwischen unserer Wahrnehmung von Lebenserfahrungen und der Langlebigkeit verstehen, entdecken wir auch, wie wir diese Fähigkeit in unserem eigenen Leben bewusst erwecken können.

Jedes Organ im menschlichen Körper, so ist es heute dokumentiert, hat die Fähigkeit, sich zu regenerieren und zu heilen, einschließlich der Organe, von denen uns früher immer gesagt wurde, dass sie dazu nicht in der Lage wären. Für Herzgewebe, Hirngewebe, Rückenmarksgewebe, Pankreasgewebe und sogar Nervenverbindungen ist mittlerweile nachgewiesen, dass sie die Fähigkeit haben, sich selbst zu reparieren und den erlittenen Schaden zu heilen, und zwar mithilfe körpereigener Heilmechanismen. Die Entdeckung der Telomerase sagt uns, wie diese universelle Heilung möglich ist.

Der Schlüssel dazu ist, dass wir die richtigen Bedingungen schaffen müssen – die richtige Umgebung innerhalb und außerhalb unseres Körpers –, um diese Heilung auszulösen. Zu diesen Bedingungen gehört unsere physische Umgebung ebenso wie das emotionale Umfeld, das die Funktionen unseres Herzens und unseres Gehirns stimuliert. Diese Entdeckung hat die Tür zu einer neuen Realität in der Biologie und einer neuen Art des Denkens über das Leben geöffnet, und sie beginnt mit der Entdeckung von Zellen, die für immer leben können – den ersten unsterblichen Zellen.

Die ersten unsterblichen Zellen

Als 2009 der Nobelpreis für die Entdeckung der Telomerase verliehen wurde, war dies, als wäre in der Langlebigkeitsforschung das letzte fehlende Teil eines Puzzles gefunden worden. Biologie-Lehrbücher hatten in der Vergangenheit eine ähnliche Darstellung wie in Abbildung 5.1 gezeigt, gemäß der die Telomere bei jeder Zellteilung immer kürzer werden. Und weil die Anzahl der Zellen, die sich teilen können, als begrenzt angesehen wurde (bekannt als die Hayflick-Grenze), wurden Zellen als *sterblich* betrachtet. Es wurde angenommen, dass sie eine berechenbare Lebensdauer hätten und die Häufigkeit, mit der sich die Zelle teilen konnte, vorhersagbar wäre.

Mit der Entdeckung der Telomerase und ihrer Fähigkeit, die Länge der Telomere und das Leben der Zelle zu verlängern, musste eine neue Kategorie *unsterblicher Zellen* geschaffen werden. Der Hintergrund dieser Bezeichnung ist, dass die Zellen nicht an das Hayflick-Limit gebunden sind. Solange die Telomere fortwährend geheilt und ersetzt werden, kann eine Zelle weiterhin leben, wachsen und gedeihen. Und theoretisch könnte dieser Prozess unendlich lange andauern und die Zelle unsterblich machen. Auch wenn die Vorstellung von unsterblichen Zellen wie Science-fiction klingen mag, ist sie doch Realität: Solche Zellen existieren bereits. Und die Tatsache ihrer Existenz ist auch keine besonders neue Entdeckung. Die ersten unsterblichen Zellen wurden 1951 gefunden. *Die schockierende Wahrheit ist, dass diese Zellen noch heute leben und sich in Laboratorien reproduzieren — etwa fünfundsechzig Jahre nach ihrer Entdeckung.*

Im Jahr 1951 erstellte ein Arzt im Johns-Hopkins-Krankenhaus eine Zellkultur aus dem Gewebe einer jungen Frau, die an Gebärmutterhalskrebs erkrankt war. In ihrem besonderen Fall funktionierte – wie bei vielen Krebsarten – der natürlich programmierte Zelltod des Körpers (*Apoptose*) nicht, der normalerweise defekte Zellen abtötet, bevor sie zu einem Problem werden. Statt die Zellen, die sich nicht richtig geteilt hatten, zu töten, sendete ihr Körper ein Signal, genau das Gegenteil zu tun. Er produzierte Telomerase, um alle ihre Zellen, einschließlich der defekten, am Leben zu erhalten und zu reproduzieren. Darum hatte der Arzt aus einer Zellprobe der Frau eine Laborkultur hergestellt. Er wollte verstehen, warum die ungesunden Zellen auf diese Weise weiterlebten und sich fortpflanzten.

Der Name der Frau lautete Henrietta Lacks, und ihre Zellen vermehren sich heute noch als Gewebekulturen. Die ursprüngliche Kultur, die der Arzt 1951 angelegt hat, hält sich selbstständig am Leben, und die Zellen, die sie produziert, werden weltweit in Klassenräumen und medizinischen Forschungslabors untersucht. Sie wurden als die HeLa-Zelllinie bezeichnet, um den Namen ihrer Spenderin zu ehren. Theoretisch können die HeLa-Zellen ewig leben.

In Henriettas Fall löste eine unbekannte Substanz 1951 eine totale Freisetzung von Telomerase in ihrem Körper aus. Es könnte ein Umweltgift gewesen sein. Vielleicht hat ihr Körper auf einen Zusatzstoff oder ein Konservierungsmittel reagiert, das in Produkten des 20. Jahrhunderts verwendet wurde, die es heute nicht mehr gibt. Eventuell war eine Konzentration von Schwermetallen in ihrer Umgebung dafür ausschlaggebend. Wichtig ist in diesem Zusammenhang nur, dass Henrietta Lacks' Zellen noch am Leben sind und sich fortpflanzen werden, solange eine konstante Versorgung mit Telomerase vorliegt.

SIND WIR WIRKLICH BEREIT FÜR UNSTERBLICHE ZELLEN?

Die Existenz der sich ständig teilenden Zellen von Henrietta Lacks hat die Idee der Unsterblichkeit von Zellen von einer Lehrbuch-Theorie zu einer physischen Realität gemacht. Die Frage lautet nicht mehr, ob es möglich ist, ewig lebende Zellen zu produzieren. Jetzt stellt sich die Frage, ob diese Unsterblichkeit bei einem gesunden Menschen durch Bewegung, Ernährung und Nahrungsergänzungsmittel sicher angeregt werden kann. Und wenn die Antwort ja ist, dann ist die folgende Frage eher eine philosophische: Sind wir wirklich bereit für die Unsterblichkeit und für das, was sie für unser Leben bedeutet? Sind wir emotional darauf vorbereitet, ein längeres Leben zu führen, in dem wir alles, was uns vertraut ist, und alle, die wir lieben, überleben? Die Antwort auf diese Frage ist etwas, worüber Wissenschaftler inzwischen ernsthaft nachdenken. Sie müssen es, weil es scheint, dass wir diese Antworten eher früher als später benötigen werden.

In der gesamten dokumentierten Menschheitsgeschichte, und vielleicht sogar davor, folgte unser Leben einem unausgesprochenen Muster, wenn es um Beziehungen, Karriere und Familie ging. Historisch gesehen sieht das Muster etwa so aus: Irgendwann nach dem Ende der Kindheit, das in manchen Gesellschaften schon durch die Pubertät markiert wird, organisieren wir unser Leben, indem wir daran arbeiten, einen Karriereweg zu definieren. Wir suchen uns einen Lebenspartner, und manche Menschen beginnen, Familien zu gründen. Während wir unsere Kinder durch ihre prägenden Jahre geleiten, ist es für uns die natürliche Ordnung, unser Leben zu führen – dabei, wenn wir Glück haben, Großeltern zu werden – und schließlich aufgrund der Komplikationen des Alterns das Zeitliche zu segnen und die Früchte unseres Lebens der nächsten Generation zu hinterlassen.

Unsere Gesellschaft ist auf dieses Fortschreiten ausgerichtet, das allgemein als die *natürliche Lebensordnung* angesehen wird. Die Struktur unseres Berufslebens, der Ruhestand, Sozialversicherungskonten und Krankenversicherungspläne beruhen allesamt auf Statistiken, die planen, wie lange wir noch erwarten dürfen zu leben und wann wir auf Unterstützung angewiesen sind. Diese Statistiken spiegeln den Durchschnitt unter Gleichaltrigen und innerhalb der natürlichen Ordnung wider. Heute ändern sich die Erwartungen. Da sich Technologie, Hygiene und Sicherheit am Arbeitsplatz im Laufe der Jahre verbessert haben, hat die Lebenserwartung zugenommen, und die Statistiken spiegeln diesen Wandel wider.

Beispielsweise betrug 1930 die durchschnittliche Lebenserwartung eines Mannes achtundfünfzig Jahre und die einer Frau zweiundsechzig Jahre. Dieser Altersunterschied wird allgemein den Gefahren von Fabriken, Bergwerken und dem Tribut des Krieges zugeschrieben, die Männer anders betreffen als Frauen, sowie der Tendenz, dass Männer früher im Leben von Herz-Kreislauf-Problemen betroffen sind.

Interessanterweise betrug 1930 das Renteneintrittsalter fünfundsechzig Jahre, was bedeutet, dass die meisten Menschen ihr ganzes Leben lang arbeiten mussten, ohne jemals in den Genuss eines offiziellen Renteneintritts zu kommen oder eine Auszahlung aus einem Sozialprogramm zu erhalten. Glücklicherweise haben verbesserte Arbeits- und Lebensbedingungen diese Zahlen erheblich verändert. Nach Angaben der US-amerikanischen Social Security Administration aus dem Jahr 1990 konnte ein Mann, wenn er den Stress und die Unbilden des Lebens und der Karriere überstanden hatte und mit fünfundsechzig Jahren in Rente ging, erwarten, nach seiner Verrentung noch weitere 15,3 Jahre zu leben. Für Frauen sind die Statistiken günstiger. Im Jahr 1990 konnte eine Frau nach ihrem Renteneintritt durchschnittlich noch 19,6 Jahre leben; das sind 4,3 Jahre mehr als ihr männliches Pendant.[152] Selbst angesichts dieser neuen Statistiken ist die natürliche Lebensordnung in den Industrieländern weitgehend intakt geblieben.

Was Familien betrifft, wird eine ähnliche Entwicklung angenommen. Die Erwartung ist, dass Eltern für ihre Kinder sorgen, während sie heranwachsen, und ihnen schließlich, wenn sie sterben, ihren materiellen Reichtum und die Früchte ihres Lebens überlassen, damit diese das Erbe genießen können. Unsere Partnerschaften und Ehen beruhen auf demselben Modell und derselben Entwicklung.

Wenn wir beispielsweise eine lebenslange Bindung in der Ehe eingehen, erwarten wir, dass wir uns für eine Lebensspanne verpflichten, die im üblichen Rahmen der Lebenserwartung liegt. Die Möglichkeit der Unsterblichkeit oder bereits ein Leben, das um rund hundert Jahre verlängert wird, ändert all dies. Ehrlich gesagt, wie viele Menschen würden sich auf ein Leben mit einem einzigen Partner festlegen, wenn sie im Voraus wüssten, dass sie zweihundert Jahre lang leben könnten? Oder wie sieht das bei fünfhundert Jahren aus? Oder wenn sie wüssten, dass sie Unsterblichkeit erlangen?

Und während es möglich ist, die praktischen Grundlagen der materiellen Welt – wie Finanzen, Versicherungen und Arbeitsplätze – einem längeren Leben anzupassen, ist die größte Herausforderung für jemanden, der ein in Jahrhunderten gemessenes Leben lebt, die emotionale Last der Verluste, die er im Laufe seines langen Lebens erfahren muss. Bei einer Lebensspanne von mehreren hundert Jahren besteht die sehr reale Möglichkeit, dass Personen, die so lange leben, alles verlieren werden, was sie kennen, und jeden, den sie geliebt haben. Sie würden den Verlust von Freunden, Familie, Partnern und Geliebten erfahren, und jeder Verlust müsste auf irgendeine Weise akzeptiert und geheilt werden. Dies wäre besonders schwierig, wenn es um Eltern und ihre Kinder geht. *Psychology Today* beschreibt die emotionale Wirkung auf einen Elternteil, der seine Kinder überlebt:

> »Der Tod eines Kindes führt zu mehr Stress als der Tod eines Elternteils oder Ehegatten. Besonders traumatisch ist es, weil dies oft unerwartet geschieht und die übliche Reihenfolge der Dinge verletzt, nach der das Kind den Elternteil begraben soll. Der mit dem Verlust von Kindern verbundene emotionale Schlag kann zu einer Vielzahl psychischer und physischer Probleme führen, darunter Depressionen, Angstzustände, kognitive und körperliche Symptome in Verbindung mit Stress, Eheproblemen, erhöhtem Selbstmordrisiko, Schmerzen und Schuldgefühlen.«[153]

Zusätzlich zum Verlust geliebter Menschen würde eine Person, die ein Leben über mehrere Jahrhunderte führt, auch den Verlust von Nachbarschaften, Gemeinschaften und ganzer Lebensweisen erfahren, während die Welt weiterwachsen, sich entwickeln und während einer längeren Lebensspanne dramatisch verändern würde. Dieses Szenario beschäftigt Wissenschaftler schon lange, wenn sie an Astronauten denken, die auf jahrzehntelange Missionen in andere Welten reisen, wobei das Phänomen der Zeitdilatation, das in Einsteins Gleichungen vorhergesagt wird, zu einem sehr realen Faktor würde. Die Familien und Freunde von Weltraumreisenden auf der Erde würden weiterhin im normalen Tempo altern, während diejenigen an Bord eines Raumschiffs aufgrund ihrer Reisegeschwindigkeit langsamer alterten als ihre irdischen Mitmenschen. (Dies ist eine der Implikationen von Einsteins Formel $E = mc^2$.) Unter der Voraussetzung, dass sie ihre jahrzehntelange Mission überstehen, wären sie viel jünger – je nachdem, wie lange sie weg und wie schnell sie unterwegs waren – als die Menschen, die sie zurückgelassen haben.

Keines der Szenarien, die ich hier erwähne, ist notwendigerweise ein Publikumshit, wenn es um längere Lebensspannen geht, aber alle bieten einen Hinweis auf das, was mit der Erfahrung von Langlebigkeit auf eine Art und Weise verbunden ist, die über das bloße Überleben von Zellen hinausgeht. Es hängt alles von unseren Wahrnehmungen ab und davon, wie wir die sich verändernde Welt um uns herum empfinden.

Ich selbst habe das bei meinem Großvater vor seinem Tod erlebt.

MIT DER WELT IN KONTAKT BLEIBEN

Wie ich bereits erwähnte, verließ mein Vater unsere Familie, als ich zehn Jahre alt war. Der Vater meiner Mutter wurde nach dem Weggang meines Vaters eher zu einem Vater für mich, als dieser es gewesen war, und ich stand ihm näher als meinem leiblichen Vater. Obwohl mein Großvater und ich sehr unterschiedliche Weltanschauungen hatten, war er immer offen für neue Ideen, bereit, sich meine Sorgen anzuhören, und glücklich, seine Weisheit zu teilen, wenn ich darum bat – oder wenn ich sie am meisten brauchte. Obwohl ich nicht wusste, dass es die letzte Woche seines Lebens sein würde, war ich in der Woche, als er starb, bei meinem Großvater. Er war gerade sechsundneunzig geworden, und wir hatten eine kleine Familienfeier, um die Ereignisse seines Lebens zu würdigen.

Als die Feierlichkeiten zu Ende gingen, zog ich meinen Großvater zu einem ruhigen Tisch und bat ihn, mir von seinen sechsundneunzig Lebensjahren zu erzählen und davon, was sie für ihn bedeuteten. Nachdem er den Lärm der Party in einem anderen Raum hinter sich gelassen hatte, atmete er tief durch, zog die Augenbrauen hoch und verdrehte angesichts des weiten Feldes dessen, wonach ich gerade gefragt hatte, die Augen. »Es gab eine Zeit, als die Welt für mich einen Sinn ergab«, sagte er. Dann beschrieb er, wie seiner Meinung nach die Welt und die Dinge funktionierten, und beschrieb stolz, wie meisterhaft er Dinge hatte reparieren können, die der Reparatur bedurften. Dazu gehörte die Reparatur des Motors seines eigenen Autos genauso wie die der Autos seiner Freunde und Verwandten, die Wartung des Kohleofens im Untergeschoss seiner Familie in den harten Wintern von Missouri und dass er immer in der Lage gewesen war, sich seinen Besitz zu erarbeiten, selbst während der Großen Depression von 1929, und dass er sein Haus und seine Möbel immer bar hatte bezahlen können, ohne jemals irgendwelche Zuwendungen von jemandem zu erhalten. Diese Zeit, von der er sprach, als die Welt noch einen Sinn ergab, war die Zeit kurz nach dem Ersten Weltkrieg.

»Dann veränderte sich etwas«, sagte er, »und die Welt ergab für mich keinen Sinn mehr. Ich konnte mit den Veränderungen nicht mithalten.« Großvater konnte nie genau benennen, was für die Veränderungen verantwortlich gewesen war, durch die er sich irgendwann wie ein Außenseiter fühlte. »Es war alles«, sagte er. »Alles hatte sich verändert!« Kurz nach dem Zweiten Weltkrieg begannen die Ergebnisse der Kriegstechnik in den Alltag Einzug zu halten. Von Düsenflugzeugen und Telekommunikationssystemen – wie Faxgeräten – bis hin zu ganz neuen Arten von Medizin und völlig neuen Industrien: Die Apparate und Lebensweisen, die nach dem Zweiten Weltkrieg entstanden, arbeiteten nach Prinzipien, die mein Großvater einfach nicht mehr verstand.

Neben der Flut neuer Technologien war die Welt auch voller neuer Nationen. Viele von ihnen hatte es vor dem Krieg nicht gegeben. (Das waren Staaten wie Israel, Jordanien, Pakistan, der Irak und Nepal.) Großvater konnte nie verstehen, wie es eine Nation am einen Tag noch gar nicht gab und sie am nächsten Tag, mit einem Federstrich, urplötzlich da war. All dies hinterließ bei meinem Großvater das Gefühl, dass er nicht mehr in die Welt passte – dass er nicht dazugehörte. Im Alter von 96 Jahren konnte er die Veränderungen in der Welt mit seinem eigenen Leben nicht mehr unter einen Hut bringen.

Als mein Großvater ein paar Tage später in derselben Woche starb, war ich nicht bei ihm. Ich erhielt einen Anruf, während ich bei der Arbeit war, und erfuhr, dass Großvater nach dem Mittagessen in seinem Lieblingssessel ein Nickerchen gemacht hatte, die Baseballkappe der University of Missouri in sein Gesicht gezogen, während im Fernsehen das Tagesprogramm lief, und nicht mehr aufgewacht war. Er hatte einen friedlichen Übergang, und dafür war ich immer dankbar – und dass ich ihm noch meine Fragen über sein Leben gestellt hatte. Leider starb mein Großvater in der Welt, in der er aufgewachsen war, wie ein Fremder. Ich denke oft an ihn und sein Jahrhundert der Veränderung, und ich frage mich, was es wohl bedeuten würde, sogar noch mehr Lebenszeit zu haben, vielleicht zwei Jahrhunderte voller Veränderungen oder noch mehr, die man in der Zeit eines einzigen Lebens miteinander in Einklang bringen muss. Die gute Nachricht ist, dass die gleiche Wissenschaft, die Langlebigkeit und Unsterblichkeit möglich macht, mit dem Wissen, was eine solche Veränderung für unser Leben bedeutet, schließlich zum Ausgangspunkt zurückkehrt.

GROSSE VERÄNDERUNGEN
AUF HEILSAME WEISE ANNEHMEN

Vielleicht ist es kein Zufall, dass die Faktoren, die heute in unserer Welt den Wandel vorantreiben – wie die Technologie und die Entdeckungen, die zur Entwicklung unsterblicher Zellen geführt und uns die Kraft der Herz-Hirn-Kohärenz haben erkennen lassen –, in diesem Tempo vorangeschritten sind. Da die Entdeckungen in derselben Zeitspanne auftreten, wird klar, dass eine jede benötigt, was die anderen zu bieten haben, um in unserem Leben nützlich zu sein.

In Kapitel 3 beschrieb ich die Entdeckung der Zwiesprache zwischen Herz und Gehirn (Kohärenz) und die vielen Vorteile, die uns zur Verfügung stehen, wenn wir diese Konversation optimieren. Neben den außergewöhnlichen Fähigkeiten zu tiefer Intuition, zum Superlernen, zur Präkognition, zum Aufbau eines starken Immunsystems und zur Freisetzung des lebensbejahenden Enzyms Telomerase, die ich alle erwähnte, hat die Herz-Hirn-Kommunikation noch einen weiteren Nutzen. Er heißt *Resilienz* und ist der Weg der Natur, uns dabei zu helfen, große Veränderungen auf heilsame Weise anzunehmen.

In den letzten Jahren haben Wissenschaftler entdeckt, dass wir durch die Erhöhung unserer Widerstandsfähigkeit gegenüber den Herausforderungen des Lebens den Stress, den diese Herausforderungen in unserem Leben verursachen können, verringern. Mit anderen Worten: Wenn wir die Bedingungen in unserem Geist-Körper-Gefühl-System stärken, verändern wir die Art, wie wir die Herausforderungen unseres Lebens wahrnehmen, und zwar auf heilsame Weise. Das ist auch dann möglich, wenn sich an den Umständen, die die Herausforderung darstellen, nichts geändert hat. Es ist diese Art von Widerstandskraft, die der Schlüssel zur Heilung der zuvor beschriebenen emotionalen Verletzungen sein wird, die wir bei einer deutlich längeren Lebensspanne zwangsläufig bewältigen müssen. Das Schöne daran ist, dass wir unsere Resilienz in jedem Alter erhöhen können.

> **Leitsatz 38** Die Herz-Hirn-Resilienz ist der Schlüssel zur emotionalen Heilung der Verluste von Familienangehörigen und geliebten Menschen, die eine längere Lebensdauer mit sich bringt.

EINE NEUE RESILIENZ

Ob es um eine Person oder die Bevölkerung eines ganzen Planeten geht – das konventionelle Denken in Bezug auf Resilienz impliziert, dass es sich dabei um eine innere Qualität handelt, die es uns ermöglicht, uns von einem herausfordernden Ereignis wie dem Verlust eines geliebten Menschen, unseres Arbeitsplatzes oder einer Trennung zu erholen. Die American Psychological Association definiert diese Art von Resilienz als »den Prozess, sich angesichts von Widrigkeiten gut anzupassen« und »sich von schwierigen Erfahrungen nicht unterkriegen zu lassen«.[154] So gut diese traditionelle Definition auch zu den in den Abendnachrichten beschriebenen Bedingungen passt und so schlüssig einem das zugrundeliegende Denken erscheint – es existiert noch eine andere Art von Resilienz, nämlich eine neue Form von *erweiterter Resilienz*, die selten zur Sprache kommt, deren Vorhandensein aber vollkommen nachvollziehbar ist.

Das Stockholm Resilience Center beschreibt Resilienz als die Fähigkeit, sich »ständig zu verändern und anzupassen, aber dabei diesseits kritischer Schwellenwerte zu verbleiben«.[155] Die in dieser zweiten Definition angesprochenen Merkmale veranschaulichen am besten die Art von Widerstandsfähigkeit, die wir benötigen, um die mit einer verlängerten Lebensdauer einhergehenden Veränderungen akzeptieren zu können. Wir sprechen über eine Art zu denken und zu leben, die uns die Flexibilität gibt, uns *ständig zu verändern* und neuen Herausforderungen, neuen Bedingungen und neuen Denk- und Lebensweisen *anzupassen*, statt uns von einem Verlust nach dem anderen erholen zu müssen. Und diese Form der Resilienz ist der Schlüssel zur Heilung von unaufgearbeitetem Stress.

Wenn wir unsere persönliche Belastbarkeit als die kombinierte Kraft der emotionalen, physischen und psychischen »Batterien« betrachten, dann ist die erweiterte Resilienz der Saft, der unsere Batterien ständig aufgeladen hält, sodass wir den Herausforderungen des Lebens gewachsen sind.

Alles beginnt mit der Resilienz, die wir in unserem Herzen erzeugen. Eine Möglichkeit, unser Belastbarkeitsniveau zu bestimmen, besteht darin, die Spitzen und Täler unseres Herzrhythmus zu messen.

EINE TIEFERE RESILIENZ VON INNEN

Selbst wenn die meisten Menschen mit dem Diagramm unserer Herzrhythmen vertraut sind, das ein Arzt bei unserer jährlichen Routineuntersuchung überprüft, wissen wir oft nicht wirklich, was auf dieser Grafik eigentlich zu sehen ist. Die Rhythmen können uns nicht nur Informationen über den Gesamtzustand des Herzens geben, sondern auch über die Gesundheit des Nervensystems. Die Grafik, die der Arzt betrachtet, ist wahrscheinlich ein EKG oder Elektrokardiogramm. Das EKG misst die elektrische Leistung des Herzens – die elektrischen Impulse, die das Herz im Körper erzeugt und sendet.

Die Untersuchung und Interpretation von Herzrhythmen allein könnte schon ein ganzes Buch füllen, aber ich möchte mich hier besonders auf eine Sache konzentrieren. Es gibt nämlich einen Aspekt im Herzrhythmus, der der Schlüssel zur Schaffung von Resilienz ist. Bei Betrachtung der Spitzen und Täler eines EKG-Diagramms kann selbst ein ungeübtes Auge deutlich erkennen, dass sich bei jedem Herzschlag wiederholt Muster mit großen Spitzen bilden (siehe Abbildung 5.3).

Für unsere Betrachtung ist wichtig, dass die Entfernung von der Spitze eines großen Zackens (R-Welle genannt) zur Spitze des nächsten nicht immer gleich ist; sie variiert von Schlag zu Schlag. Es mag zwar so aussehen, als sei der Abstand von einer Spitze zur nächsten identisch, doch wenn wir die Intervalle messen, stellen wir fest, dass sich die Abstände zwischen ihnen verändern. Und es ist gut, dass sie dies tun, denn hier beginnt unsere Resilienz im Leben.

Je größer die Variabilität zwischen den Schlägen ist, desto größer ist unsere Belastbarkeit, wenn wir mit Stresssituationen in unserem

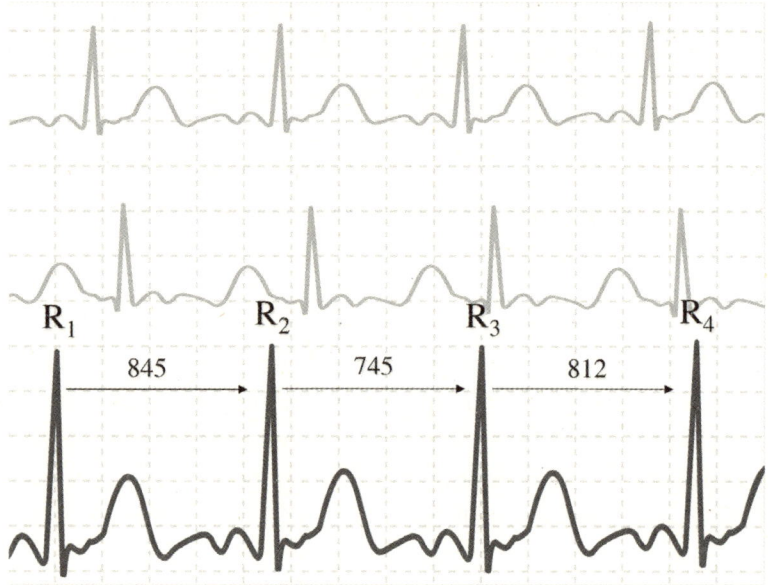

Abb. 5.3. Ein Teil eines typischen EKGs, das die zyklischen Spitzen und Einbrüche eines typischen Herzschlags zeigt. Der Abstand von der Spitze einer R-Welle (R1) zur nächsten (R2, R3 usw.) ändert sich von Schlag zu Schlag. Diese Herzfrequenzvariabilität ist es, die uns im Leben Resilienz verleiht. Quelle: Dreamstime©Z_i_b_i.

Leben und Veränderungen in unserer Welt konfrontiert sind.[156] Da wir die Variabilität zwischen den Herzschlägen messen, heißt die Messung genauso, wie es zu erwarten ist: *Herzfrequenzvariabilität* (HFV). Die HFV wird in sehr kleinen Zeiteinheiten gemessen, die *Millisekunden* genannt werden, und die Differenz zwischen einem Herzschlag und dem nächsten kann manchmal nur den Bruchteil einer Millisekunde ausmachen.

Als Kinder haben wir eine hohe HFV, und das hat einen Grund. Wenn wir jung sind, die Welt erkunden und uns auf sie einstellen, braucht unser Körper einen Weg, sich an das, was wir vorfinden, anzupassen. Und er muss sich schnell anpassen. Wenn unsere Finger zum ersten Mal entdecken, was es mit heißem Wasser aus dem Wasserhahn in der Küche auf sich hat, oder wenn wir herausfinden, dass nicht alle Hunde so freundlich sind wie der in unserem Wohnzimmer, dann müssen wir schnell reagieren.

Die Fähigkeit des Herzens, seinen Rhythmus zu verändern – unsere HFV – und dorthin Blut zu senden, wo es am dringendsten benötigt wird, zeigt, wie wir biologisch auf die schnelle Antwort eingestellt sind, die für unser Überleben entscheidend ist.

Das Signal, das das Herz an das Gehirn sendet, ist es, das die zuvor beschriebene Kohärenz schafft. Deutlich gesagt: Das Herz und das Gehirn befinden sich immer in einem Zustand der Kohärenz. Im Chaos des täglichen Lebens und unter dem Einfluss negativer Emotionen kann unser Kohärenzlevel niedrig sein. Mit einfachen Methoden wie der in diesem Kapitel bereits beschriebenen Übung »Aufdecken und Auflösen Ihres ungelösten Stresses« und der folgenden können wir wichtige Parameter in unserem Körper verändern, um höhere Stufen der Kohärenz zu schaffen. Es gibt einen direkten Zusammenhang zwischen der HFV in unserem Körper, unserem Level der Kohärenz und der Resilienz, über die wir verfügen, wenn wir mit den extremen Veränderungen in unserer heutigen Welt konfrontiert werden oder mit den extremen Verlusten, die mit einer Lebensdauer über Jahrhunderte einhergehen würden. Der Zusammenhang ist folgender: Je höher unser Kohärenzlevel ist, desto größer werden unsere HFV und unsere Belastbarkeit im Leben sein.

> **Leitsatz 39** Mehr Herz-Hirn-Harmonie (Kohärenz) führt zu einer höheren Belastbarkeit im Leben.

Viele der jüngsten Entdeckungen in Bezug auf Herzkohärenz, Herzintelligenz und darauf, wie man beides in unserem Leben anwenden kann, wurden von den Wissenschaftlern am Institute of HeartMath gemacht. Durch von anderen Experten gegengeprüfte Forschungen hat das IHM zweifelsfrei gezeigt, dass zwei Faktoren direkt mit der persönlichen Belastbarkeit in unserem täglichen Leben zusammenhängen:

- Unsere Emotionen können reguliert werden, um Kohärenz in unserem Körper zu schaffen.
- Wir können mit einfachen Schritten auf Abruf Kohärenz in unserem Alltag herstellen.

In Zusammenarbeit mit einigen der renommiertesten Organisationen und innovativsten Forschern der Welt hat das IHM ein einfaches, Attitude Breathing® genanntes System entwickelt, das es ermöglicht, die Entdeckungen, die sie in ihren Laboren gemacht haben, leicht in unserem Alltag anzuwenden. Den Forschern zufolge besteht der Hauptvorteil dieser Methode darin, dass »das Herz automatisch die Energie zwischen Herz, Geist und Körper harmonisiert und die Kohärenz und Klarheit erhöht«.[157] Am IHM haben sie die Verschiebung von Emotionen, die die höchsten Stufen der Kohärenz erzeugt, in den folgenden drei einfachen Schritten zusammengefasst, die aus dem Buch *Stressfrei mit Herzintelligenz* von Doc Childre und Deborah Rozman abgeleitet sind.[158]

ÜBUNG

Drei Schritte zur persönlichen Belastbarkeit: Attitude Breathing®

Schritt 1: Erkennen Sie eine unerwünschte Einstellung – ein Gefühl oder eine Einstellung, die Sie ändern möchten. Dies kann Angst, Traurigkeit, Verzweiflung, Depression, Selbstverurteilung, Schuldgefühl, Wut, Überforderung sein – alles, was belastend ist.

Schritt 2: Bestimmen Sie eine andere, gesunde Einstellung und atmen Sie diese ein. Atmen Sie das Gefühl dieser neuen, positiven Einstellung langsam und locker durch Ihr Herz ein. Tun Sie dies eine Weile, um das neue Gefühl zu verankern.

Schritt 3: Sagen Sie sich, dass Sie aus dem negativen Gefühl oder der negativen Einstellung die »große Sache« und das Drama herausnehmen wollen. Sagen Sie zu sich: *Nimm die Wichtigkeit heraus.* Wiederholen Sie dies wieder und wieder, während Sie Attitude Breathing® praktizieren, bis Sie eine Veränderung spüren. Denken Sie daran, dass selbst dann, wenn sich eine negative Einstellung gerechtfertigt anfühlt, der Aufbau von emotionaler Energie Ihr System blockiert. Nehmen Sie eine echte »Ich-meine-es-ernst-Einstellung« ein und festigen Sie die Absicht in ihrem Herzen, diese Emotionen wirklich in einen kohärenteren Zustand zu versetzen.

Während Sie weiter üben, werden Sie beginnen, neue Nervenbahnen zu schaffen, und alte Trigger-Einstellungen und Widerstände fangen an, sich zu lösen.

Die beste Wissenschaft der modernen Welt hat gezeigt, dass wir tatsächlich in dem Moment, in dem wir geboren werden, heil zu werden beginnen. Und unsere Heilung beginnt auf der grundlegendsten Ebene unseres Körpers: bei der DNA selbst. Jetzt liegt es an uns, unsere Heilung und die sehr reale Möglichkeit einer Lebensdauer von mehreren Jahrhunderten oder sogar die Unsterblichkeit anzunehmen, wenn wir uns dafür entscheiden.

Unabhängig davon, wie lange wir auf dieser Welt leben, ermöglicht uns die Fähigkeit zur Selbstheilung aber auch, eine Lebensqualität zu erfahren, die den Erfolg unserer Beziehungen, Jobs und Karrieren bestimmt. Wie keine andere Lebensform auf Erden besitzen wir die Fähigkeit, diese Entscheidungen zu treffen, die den Unterschied ausmachen können, ob wir den Umständen des Schicksals erliegen oder unsere höchste Bestimmung erfüllen.

Copyright © 2013 Institute of HeartMath

7

Wir sind darauf »programmiert«, eine Bestimmung zu erfüllen

Von der zufälligen Evolution zur bewussten Transformation

»*Das Schicksal ist keine Frage des Zufalls, es ist eine Frage der Wahl. Es ist keine Sache, auf die man wartet, sondern etwas, das man erreicht.*«[159]

~ William Jennings Bryan (1860-1925) ~
amerikanischer Politiker

Manchmal ist der beste Weg, eine komplexe Idee zu verstehen, sie mit den Augen von jemandem zu sehen, der die Welt mit schlichtem Gemüt betrachtet. Die Weisheit von Forrest Gump, der von Tom Hanks 1994 gespielten Titelfigur des gleichnamigen Films, ist ein perfektes Beispiel für eine solche Sichtweise. Wenn Gump nach der Rolle des Schicksals in unserem Leben gefragt wird, klingen seine zeitlosen Worte heute genauso wahr wie damals, als er sie vor über zwei Jahrzehnten zum ersten Mal auf der großen Leinwand aussprach. »Ich weiß nicht, ob wir alle eine Bestimmung haben«, sagt er, »oder ob wir alle nur zufällig vom Wind hin und her geweht werden. Aber ich denke, vielleicht ist es beides.«[160]

Gumps Philosophie beschreibt genau, worum es bei der persönlichen Transformation geht. Als Individuen haben wir alle eine Bestimmung, die uns erwartet – als Erfüllung unseres größten Potenzials. Diese Bestimmung, unser Schicksal, gehört uns aber nur, wenn wir handeln. Durch die Entscheidungen, die wir in jedem Moment unseres Lebens treffen, erheben wir Anspruch auf dieses persönliche Schicksal. Die Gewissheit, wer wir sind und wie wir in die Welt gehören, ist der Kompass, der uns leiten kann, während wir Tag für Tag unsere Entscheidungen treffen.

ZWEI WEGE NACH UTOPIA

Eine Welle kühner Romane, die im frühen 20. Jahrhundert geschrieben wurden, bot einen Einblick in unsere gemeinsame Zukunft, wenn die Ereignisse der damaligen Zeit sich ununterbrochen so fortsetzen würden. Jedes dieser Bücher beschreibt eine Zeit, in der Menschen über die natürlichen und technischen Probleme triumphiert haben, die zum damaligen Zeitpunkt vorherrschten. Was diese Romane auszeichnet, ist die Art und Weise, wie die Probleme gelöst wurden.

Das wohl bekannteste dieser Bücher ist Aldous Huxleys *Schöne neue Welt*. Es ist 1932 erschienen.[161] Huxleys Zukunftsvision spielt in London im Jahr 2540, also sechs Jahrhunderte später. In dieser Zukunft hat sich die Menschheit über die Grenzen und Leiden der Vergangenheit hinaus entwickelt.

Huxley schildert eine Welt der friedlichen Koexistenz, in der die Bevölkerung auf eine Anzahl von Menschen begrenzt ist, die die Erde bequem tragen kann, in der Krieg der Vergangenheit angehört, alle glücklich sind und alles haben, was sie brauchen, in der jeder Mensch Bildung erhält, es keine Krankheiten mehr gibt und alle bis zu ihrem letzten Lebenstag gesund bleiben. Doch die Zukunft, die er beschreibt, hat einen sehr hohen Preis. Um in Huxleys Utopie Glückseligkeit zu erreichen, sind die Eigenschaften des menschlichen Lebens, die wir am meisten schätzen und lieben, der Lösung geopfert worden.

Die Optimierung der Bevölkerung hat man beispielsweise dadurch ermöglicht, dass die natürliche menschliche Fortpflanzung abgeschafft wurde. In der schönen neuen Welt werden menschliche Embryonen in kontrollierten Einrichtungen erzeugt und ausgebrütet. Sie werden in genetischer Selektion gezüchtet, um besonders hohe IQ-Niveaus zu erreichen, die sie für spezifische Aufgaben qualifizieren, für sie ausgearbeitet nach Maßgabe eines Kastensystems. Jeder führt die Arbeit durch, die der Eignung entspricht, für die er entworfen wurde, und alle tun dies gerne, weil sie von all diesen Dingen nichts wissen. Sie werden nur auf dem Niveau ausgebildet, das sie für ihre Arbeit benötigen. Jeder bekommt genau die gleiche Bezahlung; folglich gibt es keinen Neid. Die Menschen wissen von Kindheit an, wann sie sterben werden, denn ihre Lebenszeit ist darauf programmiert, mit sechzig Jahren zu enden. Doch sie haben keine Angst vor dem Sterben und empfinden keine Traurigkeit, wenn ein Freund oder ein Bekannter stirbt, weil die emotionale Bindung von Partnerschaften und Familien, die die Quelle solcher Schmerzen ist, ebenfalls abgeschafft wurde.

Stille und kontemplative Momente werden nicht gutgeheißen, und die Menschen werden ermutigt, ihre Freizeit in Gruppen zu verbringen, Aktivitäten zu genießen und Speisen zu essen, die ihnen ein gutes Gefühl geben. Und während der Freizeit-Sex gefördert wird, ist der Sex aus Liebe obsolet. All dies entfaltet sich unter einer globalen Regierungsform, die von zehn emotional neutralen Führern geleitet wird, den sogenannten Weltkontrolleuren.

Huxley hat das Buch geschrieben, um aufzuzeigen, dass es durchaus möglich ist, die Probleme zu lösen, die die Menschheit seit Anbeginn der Zeit geplagt haben, dass es dabei aber entscheidend darauf ankommt, nicht die Individualität, Kreativität und Selbstentfaltung auszulöschen, die uns erst zu dem macht, was wir sind, und unserem Leben einen Sinn verleiht.

Huxleys Buch wurde von früheren literarischen Werken über unsere Zukunft inspiriert, wie H. G. Wells' *Menschen, Göttern gleich*, das 1923 erschien.[162] *Menschen, Göttern gleich* wurde neun Jahre vor

Schöne neue Welt geschrieben. Die Geschichte spielt aber in einer Welt, die sogar dreitausend Jahre in der Zukunft liegt. Durch einen Zufall der Natur wird die Hauptfigur der Geschichte, ein Londoner Journalist namens Barnstaple, mit seinem Auto in eine zukünftige Erde des Jahres 4923 transportiert, auf der es keine Weltregierung gibt und Religion und Politik nur noch entfernte Erinnerungen sind. Dies alles ist Teil einer mysteriösen Vergangenheit, die man als »Zeit der Verwirrung« kennt.

In Wells' globaler Zukunft haben die Menschen Bildungs- und Regierungsformen angenommen, die auf fünf Prinzipien der Freiheit beruhen: 1) Privatsphäre, 2) Bewegungsfreiheit, 3) unbegrenztes Wissen, 4) Wahrhaftigkeit und 5) freie Diskussion. Mr. Barnstaple findet, dass diese neue Welt so attraktiv ist, dass er – wie nicht anders zu erwarten – für den Rest seines Lebens dort bleiben möchte.

Die Handlung des Buches nimmt jedoch eine Wendung, als er erfährt, dass der beste Weg, um eine Zukunft sicherzustellen, wie er sie entdeckt hat, darin besteht, in die vertraute Welt, aus der er gekommen ist, zurückzukehren und zu verkünden, was er erlebt hat. Indem er dies tut, pflanzt er die Saat und setzt die Ideen in Bewegung, die eine solche Zukunft überhaupt erst ermöglichen.

Parallelen zur Gegenwart

Ich schildere hier Details aus den beiden Romanen, um deren Visionen mit dem zu kontrastieren, was für unsere Zivilisation in der Zukunft möglich ist. Beide Autoren haben Welten erfunden, in denen die großen Probleme unserer Tage gelöst wurden. In beiden Visionen ist der Krieg obsolet geworden. Beide Bücher berichten von einer Zeit, in der Menschen glücklich und gesund sind und die Extreme und Gefahren, denen wir heute in unserer Welt gegenüberstehen, überwunden haben. Der Punkt ist, dass jedes Buch einen ganz anderen Weg beschreibt, um diese Ergebnisse zu erreichen:

- Der eine Weg wird auf Kosten der Werte beschritten, die unserem Leben Bedeutung verleihen, und auf Kosten des Ausdrucks dessen, was es heißt, ein Mensch zu sein.
- Der andere Weg verläuft über die Kultivierung der Freiheiten, die unseren schöpferischen Ausdruck erst ermöglichen.

Die Parallelen zwischen diesen Büchern und dem Zustand, in dem wir uns bereits in der heutigen Welt befinden, sind unverkennbar. Wir leben in einer Zeit der Extreme. Wir stehen vor Entscheidungen, die denen, die nach der vorletzten Jahrhundertwende beschrieben wurden, nicht unähnlich sind – Entscheidungen in Bezug auf die Bevölkerung, auf soziale, finanzielle und bildungsbezogene Gleichheit sowie nachhaltige Lebensweisen. *Der Unterschied ist lediglich der, dass wir gerade erst an der Weggabelung angekommen sind. Der Weg, für den wir uns entscheiden, den wir einschlagen, wird darüber bestimmen, wie unser Leben aussehen wird und welche Art von Zukunft wir zu erwarten haben.*

> **Leitsatz 40** Wir haben immer noch die Möglichkeit, eine gesunde Zukunft zu erschaffen, indem wir die Werte definieren, die uns kostbar sind, bevor wir Lösungen umsetzen, die uns und unserem Planeten irreversiblen Schaden zufügen.

Hier stellt sich wieder die Frage, wer wir sind. Aus der Beantwortung dieser Frage ergeben sich meiner Ansicht nach ganz zwangsläufig die Werte, die uns zur Erfüllung unserer höchsten Bestimmung führen. Wenn wir die erstaunlichen Potenziale unseres Körpers entfalten, kann uns das auf eine Art und Weise stärken und ermächtigen, die für uns als Individuen und kollektiv als Spezies sowie für alles Leben auf der Erde von größtem Nutzen ist. Wenn wir diese Potenziale zum Ausdruck bringen, verleiht uns das Resilienz und eröffnet uns Wege zur Bewältigung unserer dringendsten Herausforderungen.

Jetzt, da die Wissenschaft den Schleier vor einigen der am besten gehüteten Wahrheiten der Natur gelüftet hat – wie der Quantenrealität, dem genetischen Code und der Kernspaltung –, ist es entscheidend wichtig, dass wir die Geheimnisse unserer eigenen Fähigkeiten entdecken. Zum ersten Mal in der Menschheitsgeschichte eröffnet uns der Zugang zu diesen Geheimnissen die Möglichkeit, unser gemeinsames Schicksal entweder in positive Bahnen zu lenken oder es zu besiegeln, und das innerhalb einer einzigen Generation. Das ist genau die Situation, die Aldous Huxley in *Schöne neue Welt* beschrieben hat.

Gerade *weil* wir so viele Geheimnisse der Natur entschlüsselt und so viel Macht über das Leben auf der Erde erlangt haben, müssen wir jetzt herausfinden, wie diese Geheimnisse in unser Leben passen, und unseren Kurs sorgfältig wählen. Und während wir uns persönlich ganz zwanglos aus philosophischer Sicht mit dieser Frage beschäftigen können, ist sie gleichzeitig seit Jahrzehnten Gegenstand leidenschaftlicher ethischer Debatten in wissenschaftlichen Kreisen.

WAS GIBT UNS DAS RECHT?

Von Mitte der 1970er bis Anfang der 1990er Jahre hatte ich das Privileg, in Teams von brillanten Geologen und Raumfahrtingenieuren zu arbeiten, die einige der fortschrittlichsten Technologien entwickelt haben, die die Welt je gesehen hat. Für Unternehmen und Universitäten war dies eine Zeit von enormer Dynamik, als Amerika seine Abhängigkeit von ausländischem Öl neu definierte und während des laufenden Raumfahrt- und Weltraumprogramms des Kalten Krieges auch zukunftsweisende Technologien entwickelte. Es überrascht nicht, dass diese Periode intensiver Forschung von einer ebenso intensiven Selbstbeobachtung begleitet wurde. Wissenschaftler erkundeten die Grenzen ihrer neu entdeckten Fähigkeiten, das Leben, das Klima und unseren Planeten auf einer Ebene zu verändern, die historisch bisher Gott und der Natur überlassen waren. Das Ausmaß an Verantwortung, das mit einer so gewaltigen Macht einhergeht, hat oft hitzige Debatten über unsere moralische Berechtigung ausgelöst, derartige Technologien zu nutzen – Debatten, in die ich mich bei jeder Gelegenheit begeistert eingeklinkt habe.

Die Diskussionen, die vor Kaffeeautomaten in Büros und Trinkbrunnen in Laboratorien ausbrachen und die oft in Toilettenräumen und Cafeterien fortgesetzt wurden, folgten im Allgemeinen einer von zwei Denkrichtungen. Die eine Schule glaubte, dass unsere Fähigkeit, die Naturkräfte zu »optimieren«, in sich bereits einen Freibrief darstellte, die entsprechenden Technologien dann auch zu entwickeln und zu nutzen.

Mit anderen Worten: Wenn wir das Wettergeschehen verändern und neue Lebensformen erschaffen können, sollten wir das auch tun, einfach um zu sehen, wohin diese Technologie uns führt. Eine gängige Rechtfertigung für dieses Denken lautete: »Wenn es uns nicht bestimmt wäre, solche Dinge zu tun, würden wir die wissenschaftlichen Geheimnisse, die uns das ermöglichen, gar nicht erst entdecken.«

Die zweite Denkrichtung war konservativer und wies darauf hin, dass wir, nur weil wir die Fähigkeit haben, das Leben zu manipulieren, nicht auch das Recht haben, es zu tun. Für Anhänger dieses Ansatzes stellten die Naturkräfte heilige Gesetze dar, die nicht manipuliert werden sollten. Es sei tabu, den genetischen Code unserer Kinder vor der Geburt nach Wunsch zu verändern oder das weltweite Wettergeschehen an unsere Bedürfnisse anzupassen, argumentierten sie. Ein Eingriff in die Natur würde in ihren Augen ein uraltes, grundlegendes, unausgesprochenes Vertrauen verletzen.

Obwohl dieses »Vertrauen« nicht unbedingt wörtlich ausgesprochen wird, behauptet diese zweite Denkrichtung, dass wir uns, wenn wir die Grenze vom Nutzer zum Schöpfer überschreiten, auf verbotenes Gebiet begeben – möglicherweise mit unbeabsichtigten Konsequenzen. Einige Wissenschaftler beziehen sich auf Huxleys *Schöne neue Welt*, um die schiefe Bahn zu veranschaulichen, auf die ein solcher Weg führen könnte. Häufig wurde der Tachometer eines Autos als Analogie verwendet. Nur weil das Zifferblatt Geschwindigkeiten von bis zu 160 Meilen pro Stunde anzeigt, bedeutet dies nicht unbedingt, dass wir mit unseren Fahrzeugen so schnell fahren sollten!

Genau diese Metapher eines Tachometers ist es, die eine dritte, noch nicht identifizierte Möglichkeit darstellt. Wenn ein Tachometer anzeigt, dass ein Fahrzeug mit 160 Meilen pro Stunde fahren kann, wird höchstwahrscheinlich irgendwann jemand auch versuchen, mit dieser Geschwindigkeit zu fahren. Schließlich liegt es in der menschlichen Natur, Grenzen auszutesten, zu überschreiten und unsere Fähigkeiten auf die Spitze zu treiben. Entscheidend ist hier, dass wir, wenn wir unsere Grenzen testen, die Weisheit haben sollten, Zeit, Ort und Bedingungen des Tests zu bestimmen.

Wir können einen menschenleeren Straßenabschnitt mit einem guten Belag an einem Tag mit gutem Wetter finden und die Möglichkeit minimieren, uns selbst und andere zu verletzen – oder wir können auf einen Impuls reagieren und die Grenzen eines Fahrzeugs auf einer belebten Autobahn testen, uns selbst gefährden und das Leben der Menschen um uns herum aufs Spiel setzen. In jedem der Szenarien werden die Grenzen ausgetestet: Einmal auf verantwortliche Weise, das andere Mal leichtsinnig.

Das gleiche Prinzip der Verantwortung muss dafür gelten, wie wir die Grenzen verschieben, um die Kräfte der Schöpfung zu manipulieren. Wir leben in einer Welt, in der wir der Wissenschaft und den Wissenschaftlern die Aufgabe anvertraut haben, unsere Entdeckungsreise zu leiten – eine Reise, von der wir kaum jemals wieder zurückkehren werden. Die Entscheidungen, die wir jetzt mit ihrer Hilfe in Bezug auf fossile Brennstoffe, Klima, Gesundheit, Heilung und die Weltwirtschaft treffen, haben täglich Auswirkungen auf jeden Einzelnen von uns. Sie beeinflussen unsere Altersvorsorge und Rentenpläne und umfassen die Frage, ob sich unsere Kinder eine Ausbildung leisten können oder nicht. Sie haben darauf Einfluss, welche Art von Industrien gedeihen und welche Arbeitsplätze in unseren Gemeinden geschaffen werden. Sie bestimmen die Zukunft unseres Gesundheitssystems und ob unsere Ärzte einfach Medikamente verschreiben, wenn unser selbstgewählter schlechter Lebenswandel uns einholt, oder ob sie uns helfen, ein Leben und Lebensstile zu erschaffen, in denen wir weniger Medikamente benötigen.

Indem wir unser Leben wertschätzen und uns an Grundwerten orientieren, bauen, können wir eine Zukunft sichern, die uns zu unserer höchsten Bestimmung und nicht in die gegenseitige Zerstörung führt. Während wir von der alten Menschheitsgeschichte der Trennung, des Wettstreits und der Konflikte zu einer neuen Geschichte der Verbundenheit, Zusammenarbeit und des Miteinanders wechseln, stehen wir am Rand einer Klippe, wo wir uns für die Werte entscheiden müssen, die uns am wichtigsten sind, sowohl als Spezies wie auch als Individuen in unserem täglichen Leben. Wir befinden uns an einem seltenen »idealen Punkt« zwischen alten und neuen Denkweisen, wo wir immer noch die Zukunft wählen können, die wir uns wünschen, und den Weg, der uns dorthin führt.

Und alles läuft auf das hinaus, was uns in den Sinn kommt, wenn wir die Frage beantworten: *Wer bin ich?*

DIE GUTE NACHRICHT IST, DASS ES VIELE GUTE NACHRICHTEN GIBT!

Es gibt viele gute Nachrichten auf der Welt. Obwohl sie oft durch den Lärm der Medienmaschinerie übertönt werden, die unsere Aufmerksamkeit auf die Krise des Tages richtet, gibt es trotzdem gute Nachrichten. Beispiele dafür sind die bereits vorhandenen Lösungen für persönliche und globale Probleme, die unser Leben herausfordern. Beginnen wir also mit der Überschrift, die auf der Titelseite jeder Sonntagszeitung erscheinen sollte: *Die einfache Wahrheit ist, dass unsere größten Probleme bereits gelöst sind!*

> **Leitsatz 41** Wir haben bereits alle Lösungen – alle technischen Lösungen – für die größten Probleme, denen wir als Individuen, Gemeinschaften und Nationen gegenüberstehen.

Viele haben die Vorstellung, dass man die Wissenschaftler, Ingenieure, spirituellen Lehrer und politischen Führer der Welt alle in einem Raum versammeln müsste, um herauszufinden, wie man die beste Welt und das gesündeste Leben hervorbringt. Die gute Nachricht lautet: Das ist schon geschehen. Wir haben bereits die Denkfabriken, Beraterstäbe und Strategiezentren geschaffen, um genau diese Ziele zu erreichen. Wir haben damit vor über einem Jahrhundert begonnen. Und diese Institutionen haben Antworten gefunden!

Von der Carnegie-Stiftung für Internationalen Frieden, die 1910 ins Leben gerufen wurde, um »die Abschaffung des internationalen Krieges zu beschleunigen, des scheusslichsten Schandflecks unserer Zivilisation«,[163] bis zum Tellus Institute, das 1976 in Boston, Massachusetts, gegründet wurde, »um den Übergang zu einer nachhaltigen, gerechten und humanen globalen Zivilisation zu beschleunigen«, ist der Rahmen bereits vorhanden, um Optionen für die Entwicklung einer globalisierten Welt zu entwickeln. Der aktuelle Forschungsschwerpunkt des Tellus Instituts liegt zum Beispiel darin, mit Hilfe moderner wissenschaftlicher Techniken mögliche Szenarien für die Zukunft der Menschheit zu ermitteln. Dazu gehören die Suche nach einer nachhaltigen und gerechten Zukunft und die Strategien, Handlungen und Entscheidungen, die uns dorthin führen.

Worauf ich hier hinaus möchte, ist, dass wir die Arbeit bereits erledigt haben. Wir haben die großen Lösungen identifiziert und wissen bereits, was möglich ist, wenn es um Probleme wie Ernährungssicherung, zuverlässige und leistungsstarke Energieversorgung, nachhaltige Wirtschaft und ein auf Selbstheilung beruhendes Gesundheitsbewusstsein geht. Und es ist eine gute Sache, dass wir diese Lösungen jetzt haben, weil wir sicherlich nicht bis zu dem Moment warten wollen, in dem sie benötigt werden, um mit der Suche nach ihnen zu beginnen.

Lassen Sie uns einen Blick auf einige dieser Lösungen werfen, damit Sie eine Ahnung davon bekommen, was ich hier eigentlich meine.

Wir haben bereits die Nahrung, die wir brauchen.

Wir haben bereits alle Nahrung, die wir benötigen, um die Münder jedes Kindes, jeder Frau und jedes Mannes zu ernähren, die heute auf der Erde leben. Laut dem Welternährungsprogramm der Vereinten Nationen gibt es heute, wenn man extreme und unvorhergesehene Ereignisse wie die Kollision eines Asteroiden mit der Erde oder einen globalen Atomkrieg außer Acht lässt, »genug Nahrung auf der Welt, damit jeder ein gesundes und produktives Leben führen kann«.[164] Ein Mangel an Nahrung ist nicht der Grund dafür, dass es auf der Welt etwa 925 Millionen hungernde Menschen gibt, was »mehr als der gesamten Bevölkerung der Vereinigten Staaten, Kanadas und der Europäischen Union zusammen« entspricht.[165]

Was fehlt, ist das Denken und die Führung, die es zu einer Priorität erheben, dass die Nahrung, die bereits vorhanden ist, dorthin gelangt, wo sie am meisten gebraucht wird. Um es deutlich zu machen: Ich behaupte nicht, dass dies die amerikanische Regierung oder die Führung eines einzelnen Landes sein muss. Was ich sage, ist, dass es die Akzeptanz des *Status quo* ist, die in einer Welt, in der es Nahrung im Überfluss gibt und auch die Technologie vorhanden ist, um diese Nahrung dorthin zu bringen, wo sie gebraucht wird, die Tragödie des Hungers möglich macht.

Wir haben bereits die Energie, die wir brauchen.

Wir haben bereits die Technologie, Elektrizität in das Zuhause jeder Familie auf der Erde zu bringen – saubere, grüne, nachhaltige Energie, die keine Treibhausgase emittiert. Und wir haben diese Technologie seit über sechzig Jahren.

Wenn wir von Energie sprechen, neigen wir dazu, unsere Diskussionen auf unsere Energieerfahrung der Vergangenheit zu stützen, die größtenteils auf der Verbrennung fossiler Brennstoffe beruhte: zuerst Kohle und dann Öl und Erdgas. Realistisch gesehen werden diese

Energieformen wahrscheinlich auf absehbare Zeit noch in der Energiegleichung der Welt enthalten bleiben. Sie müssen es jedoch nicht. Wir haben bereits Lösungen, die die Energiequellen der Vergangenheit überflüssig machen. Und so wie sich die Welt schneller verändert, als es sich selbst »Experten« in ihren kühnsten Träumen vorstellen können, kommt die Abkehr von der Verbrennung von so etwas wie Öl oder Kohle zum Betrieb einer Turbine schnell näher.

Energiequellen fallen in zwei Hauptkategorien:

- *Konventionelle erneuerbare Energie.*
  Bei der Erwähnung der erneuerbaren Energie kommen in der Regel die »drei großen« Quellen in Betracht: Solar-, Wind- und Wasserkraft – und in geringerem Maße Geothermie. Statt an eine dieser Quellen als die einzige Lösung für die Energiebedürfnisse der Welt zu denken, ist es sinnvoll, sie lokal zu betrachten und zu überlegen, was die vorhandene Umwelt jeweils bieten und aufrechterhalten kann. Während zentralisierte, leistungsstarke und zuverlässige Energiequellen für den Betrieb von Krankenhäusern, Schulen, Bürohochhäusern und Wohnungen in einigen Großstädten von Vorteil sein können, gibt es Orte, an denen lokale Quellen große, zentralisierte Systeme ergänzen – und in einigen Fällen ersetzen – können. Amerikas Südwesten mit seinen Wüsten ist ein perfektes Beispiel für das, was ich meine.

  Das Four-Corners-Gebiet von Arizona, Colorado, New Mexico und Utah ist bekannt für lange Sonnentage und seine Qualität des Sonnenlichts, das fast jeden Tag des Jahres auf das Land herunter scheint. Albuquerque, die größte Stadt in New Mexico, zum Beispiel erlebt im Schnitt an 278 Tagen pro Jahr Sonnenschein, und einige der kleineren Gemeinden in den nördlichen Tälern des Staates haben durchschnittlich 300 Sonnentage pro Jahr. An solchen Orten ist es sinnvoll, Solarenergie zu nutzen, um Haushalte, Büros und kleine Unternehmen mit dem Strom zu versorgen, den sie während der Stunden des Tages benötigen, an denen sie normalerweise tätig sind.

In der gleichen Region gibt es jedoch auch andere, ergänzende Formen der Stromerzeugung, die ebenfalls erschlossen werden können. Zusätzlich zum Sonnenlicht in Four Corners bietet das dortige Wettergeschehen Bedingungen, die zum Beispiel die Windenergie zu einer realisierbaren Alternative zu fossilen Brennstoffen machen.

- *Unkonventionelle, aber nachgewiesene Energieformen.*
  Während des streng geheimen Manhattan-Projekts Mitte des 20. Jahrhunderts ging es in den Vereinigten Staaten darum, das Mineral zu finden, das die Kernreaktoren des Landes antreiben und Plutoniumnebenprodukte hervorbringen sollte, die im Laufe des Kalten Krieges zu Waffen verarbeitet werden konnten.[166] Auch wenn dies den meisten Menschen im Allgemeinen bewusst ist, erstaunt es sie dann doch zu erfahren, dass bei dieser Suche ein anderes Mineral entdeckt wurde, das viele Eigenschaften von Uran als Brennstoff besitzt, aber weder schädliche Nebenwirkungen aufweist noch gefährliche Nebenprodukte erzeugt. Dieses Element ist *Thorium*, das im Periodensystem die Nummer 90 trägt. Thorium wurde aber als Brennstoffquelle nicht genutzt, weil es sich nicht wie Uran zu Waffen verarbeiten lässt.

  Ein Thoriumgenerator arbeitet nach einem Prinzip, das dem eines konventionellen Kernreaktors entgegengesetzt ist. *In einem Thoriumgenerator nimmt die Geschwindigkeit der Kernreaktionen ab, je wärmer die Flüssigkeit wird.*[167] Das bedeutet, dass derselbe Stoff, der die Reaktion hervorruft, bei hohen Temperaturen auch jede weitere Reaktion verhindert. Bei einem Thoriumgenerator könnte es also niemals zu einer Kernschmelze wie beispielsweise in Fukushima kommen. Die Physik macht es unmöglich.

  Viele Menschen sind überrascht zu erfahren, dass der Umgang mit Thoriumenergie längst über die Theorie hinaus fortgeschritten ist. Es gibt sie bereits.

  Eine Reihe von Thoriumgeneratoren wurde schon gebaut und wird in Ländern wie Indien, Deutschland, China und den Vereinigten

Staaten für Forschung und kommerzielle Zwecke verwendet. In den USA gab es zwei Thoriumgeneratoren: die Anlage von Indian Point im Staat New York, die zwischen 1962 und 1980 betrieben wurde, und diejenige von Elk River in Minnesota, die zwischen 1963 und 1968 in Betrieb war.[168] Auch wenn es noch weiterer Forschung bedarf, bevor die Thoriumtechnologie den großen weltweiten Energiebedarf befriedigen kann, verspricht sie eine saubere, reichlich vorhandene und relativ sichere Alternative, um uns über die Runden zu helfen, während wir nach der ultimativen Energiequelle suchen.

Die nächste Generation von Strom wird auf unendlicher oder »freier« Energie beruhen. Die Prinzipien für diese Energie wurden vor über einem Jahrhundert entdeckt und stehen im Mittelpunkt der Suche nach der nächsten Generation alternativer Energien als Ersatz für die fossilen Brennstoffe.

WIRTSCHAFTSFORMEN, DIE AUF TEILEN STATT AUF MANGEL BERUHEN

Das Aufkommen moderner Technologie verändert das traditionelle Denken, wenn es um die Rolle von Unternehmen und Dienstleistungen in der modernen Welt geht. Das historische Modell war, dass jedes Produkt und jede Ressource, die benötigt werden, im Besitz irgendeiner Seite sind. Diese Seite stellt dann ihre Waren und Dienstleistungen zu Kosten bereit, die ihre Ausgaben decken und ihnen einen Gewinn einbringen. Die Notwendigkeit von Regeln und Vorschriften bei diesem Modell ist offensichtlich. Das Ausmaß der Vorschriften und die Möglichkeit, diese zu umgehen und »das System auszutricksen«, hat aus dieser Art von Wirtschaft einen belastenden und rücksichtslosen Konkurrenzkampf gemacht.

Aber es entsteht gerade ein neues Modell, das zumindest einige dieser Probleme obsolet macht. Es nennt sich *Sharing Economy* und gründet auf einer geteilten Nutzung zuvor ungenutzter Ressourcen. Eine auf *Teilen* beruhende Wirtschaft stellt die traditionellen Vorstellungen von Eigentum in Frage und stützt sich auf die gemeinsame Produktion durch dieselben Personen, die diese Dienstleistung nutzen. Das Bedürfnis nach schädlichem Wettbewerb und der Hortung dessen, was begehrt ist, ergibt somit keinen Sinn mehr.

Die privaten Taxiunternehmen Uber und Lyft sowie die unabhängige Hotel-Alternative Airbnb sind Beispiele für die neue *Sharing Economy*. Während die Feinheiten, wie diese neuen Modelle funktionieren, immer noch heiß diskutiert werden, lautet die Quintessenz, dass sie von genau den Menschen ins Leben gerufen wurden, die sie benutzen, und dass sie in wirtschaftlich schwierigen Zeiten eine willkommene Einkommensquelle geschaffen haben. Im Jahr 2013 beispielsweise wurde durch neue Unternehmen in der *Sharing Economy* ein Umsatz von mehr als 3,5 Milliarden Dollar erwirtschaftet.[169]

DIE STILLE KRISE

Wenn wir, wie in den vorangegangenen Abschnitten, Beispiele für Lösungen sehen und erkennen, dass wir sie bereits haben, kommt mir gewöhnlich eine einzige Frage in den Sinn. Ich höre diese Frage vom Live-Publikum auf der ganzen Welt. Die Frage lautet: Wo sind diese Lösungen heute? Die Antwort überrascht mein Publikum oft. Es geht um eine Krise, die selten eingestanden wird, aber sie schafft die größte Hürde, der wir in unserem Leben gegenüberstehen.

Unsere Krise ist eine sehr stille Krise. Sie wird nur selten in den Mainstream-Medien benannt. Es gibt in unseren Schulbüchern kein Kapitel, das die große Rolle beschreibt, die sie in unserem Leben spielt. Dennoch steht sie wie eine unsichtbare Mauer zwischen uns und jeder Nachricht in Bezug auf gute Lösungen, von denen wir heute sofort profitieren könnten.

Unsere stille Krise ist eine Krise des Denkens.

Wir müssen unser Denken verändern, um Raum für neue Lösungen zu schaffen. Denn wie sollen wir uns für neue Ideen und neue Lösungen öffnen, solange wir noch an den alten Ideen und Lösungen aus der Vergangenheit festhalten? Anders gesagt, wie können wir in unseren Köpfen und Herzen Platz für die neue Welt schaffen, wenn wir weiterhin von den Bildern, Emotionen und Erwartungen aus unserer vertrauten Welt früherer Zeiten erfüllt sind?

> **Leitsatz 42** Die größte Krise, der wir als Individuen und als Gesellschaft gegenüberstehen, ist eine Krise des Denkens. Wie können wir Platz schaffen für die neue Welt, die dann entsteht, wenn wir uns nicht mehr an die alte Welt der Vergangenheit klammern?

Genau aus diesen Gründen steht die Art und Weise, wie wir über uns selbst *einschließlich unserer Herkunft* denken, bei unseren Entscheidungen, die wir in unserem täglichen Leben und in unserer Zukunft treffen, im Vordergrund.

Wie setzen wir die bestehenden Lösungen um, und zwar so, dass die Werte geachtet werden, die wir als Individuen, Familien, Gesellschaften und Nationen als wesentlich erachten? Bis jetzt hat uns die moderne Wissenschaft in die falsche Richtung geführt.

GEFÄHRLICHE SCHLUSSFOLGERUNGEN

Im Oktober 1988 beschrieb der renommierte Astrophysiker Stephen Hawking, wie wir uns gemäß der traditionellen wissenschaftlichen Sichtweise in das große Bild des Universums einfügen. In der deutschen Wochenzeitschrift *Der Spiegel* wurde er mit den Worten zitiert: »Wir sind nur eine etwas fortgeschrittene Brut von Affen auf einem kleinen Planeten, der um einen höchst durchschnittlichen Stern kreist. Aber wir können das Universum verstehen, und das macht aus uns etwas sehr Besonderes.«[170]

Ich erinnere mich an meine Reaktion, als ich zum ersten Mal diese Worte von einem Mann las, den ich immer respektiert und hochgeschätzt hatte. Immerhin hat Hawking 1988 den Bestseller *Eine kurze Geschichte der Zeit* veröffentlicht, er brachte die komplexen Ideen von Kosmologie und Zeitreisen in die Wohnzimmer gewöhnlicher Familien und erweiterte unsere Vorstellungswelt um das Konzept der Schwarzen Löcher.

Meinem Eindruck nach wollte Hawking uns vermitteln, dass wir etwas »Besonderes« sind, aber er tat dies aus der Perspektive der Wissenschaft, die uns sagt, dass wir es nicht sind.

Und meine Reaktion auf seine Aussage über uns als »nur eine fortgeschrittene Affenart« war sehr spontan. *Sprechen Sie für sich selbst, Stephen Hawking! So dachte ich. Vielleicht ist das ja Ihre Geschichte, aber meine ganz bestimmt nicht!*

Wenn die Wissenschaft es falsch versteht

Meiner Meinung nach ist Hawkings Aussage, wir seien lediglich »eine hoch entwickelte Affenart«, unverantwortlich. Sie beruht nicht auf Fakten. Und ich glaube, sie ist gefährlich. Sie ist ein perfektes Beispiel dafür, wie die moderne Wissenschaft versucht, das Menschliche aus unserer Menschheitsgeschichte zu entfernen. Indem er dies sagt, erzählt Hawking uns etwas über sich selbst und offenbart uns seine eigene Weltanschauung. Entweder ist er 1) uninformiert und weiß nichts von den neuesten fossilen und genetischen Entdeckungen, die seine Aussage widerlegen, oder er ist 2) informiert und weiß davon, hat sich aber entschieden, die Fakten zu ignorieren.

Und wenn Hawking sich entschieden hat, die Fakten zu ignorieren, kann ich nur spekulieren, warum er sich so entschieden haben könnte. Vielleicht, um den *Status quo* zu bewahren, wenn es um die Geschichte der menschlichen Evolution geht. Oder vielleicht sind es auch persönlichere Gründe. Vielleicht ist es leichter, die Extreme in unserer Welt und das, was in unserem Leben geschieht, zu verstehen, wenn wir uns selbst als »fortgeschrittene Affen« betrachten. Wenn wir die Fakten über unseren Ursprung nicht anerkennen, die außergewöhnlichen Fähigkeiten, die unserer Existenz innewohnen, und die Tatsache, dass wir biologisch darauf eingestellt sind, unsere außergewöhnlichen Fähigkeiten bewusst zu steuern und anzuwenden, bleiben wir die machtlosen Opfer unserer Biologie. Wir müssen dann hinnehmen, dass alles, was uns widerfährt, irgendwie dem Willen der Natur entspringt und sich unserer Kontrolle entzieht, statt Verantwortung für die Welt und unser Leben zu übernehmen, so wie wir sie vorfinden.

So extrem Hawking mit seiner Aussage auch klingen mag, er steht mit seinem Denken nicht allein. Andere etablierte Wissenschaftler haben in Bezug auf die menschliche Evolution eine ähnliche Meinung vertreten, und einige auf so fürchterliche Weise, dass ich mich wundere, warum sie eine offensichtlich überholte Sichtweise weiterhin so fanatisch verteidigen.

Falsche Überzeugungen

Der Biologe und Evolutionist Richard Dawkins ist ein sehr bekanntes Beispiel für das, was ich hier meine. Dawkins geht sogar noch einen Schritt weiter als Hawking, wenn er behauptet: »Man kann, wenn man jemanden trifft, absolut sicher feststellen, dass dieser, wenn er behauptet, nicht an die Evolution zu glauben, ignorant, dumm oder verrückt ist.«[171] Auch wenn nicht sicher ist, ob Dawkins sich mit dieser Aussage auf die Evolutionstheorie im Allgemeinen oder auf die menschliche Evolution bezogen hat, sind es in jedem Fall gefährliche Worte, die ein gefährliches Denken artikulieren – insbesondere bei einem prominenten Wissenschaftler und Universitätsprofessor mit einer derart sichtbaren Präsenz auf der Weltbühne.

Der Grund, warum Dawkins' Worte so gefährlich sind, liegt darin, dass sie Menschen dafür bestrafen, ihre Neugierde auszudrücken, und dass sie die Essenz wissenschaftlicher Forschung anprangern. Mit seiner Aussage geht Dawkins weit darüber hinaus, jeden, der ihm und der Evolutionstheorie nicht zustimmt, professionell zu kritisieren, Stattdessen demütigt er Menschen, die das derzeitige wissenschaftliche Paradigma nicht überzeugend genug finden, um daran zu glauben, und stellt sogar deren geistige Gesundheit in Frage. Ich glaube, das Denken, das Dawkins und andere Vertreter dieser Gesinnungsart fördern, ist darüber hinaus noch aus einem anderen Grund gefährlich, der damit zu tun hat, wie ihre Überlegungen uns dazu bringen, über andere Menschen und uns selbst zu denken.

WIR TÖTEN UNSERE EINZIGARTIGKEIT

Zu den Extremen, mit denen wir heute konfrontiert sind, gehören die stark aufgeladenen Bereiche menschlichen Hasses. Es ist schwer, darüber zu reden. Es ist schwer zu glauben, wie tief er in unser Leben hineinreicht. Und doch ist er da. Der Hass ist real. Und er ist ein Teil des täglichen Lebens. Ein Großteil des Hasses in der Welt rührt von den Ängsten her, die wir voreinander haben. Ob sie in der Realität oder in unserer Wahrnehmung der Realität begründet ist: Die Angst vor dem Fremden ist die Grundlage für den Hass, den wir an unseren Schulen, Arbeitsplätzen und auf den Straßen selbst der schönsten Städte der Welt beobachten können.

In einem so unbeständigen Umfeld wurde die Vielfalt, von der die Biologen uns erzählen, dass sie in der Vergangenheit immer unsere Stärke gewesen ist – Kategorien wie Rasse, Religion und Kultur –, nun gekapert, clever in bissige Talkshow-Zitate und vielfach geteilte You-Tube-Videoclips verpackt und der Öffentlichkeit als jene Spaltthemen verkauft, die uns trennen und entzweien. Diese Spaltungen geschehen in verschiedenen Gesellschaften auf unterschiedlichen Ebenen und in unterschiedlichem Ausmaß.

Nicht zuletzt durch die Macht geschickten Marketings hat der Versuch, uns durch unsere Unterschiede zu polarisieren, einen erstaunlichen Erfolg gezeitigt. Ein großer Teil der Öffentlichkeit ist längst dem Konzept der Spaltung erlegen. Zum Beispiel belegte kürzlich eine Umfrage, die für *NBC News* und *The Wall Street Journal* durchgeführt wurde, eine deutliche Verschlechterung der Art, wie sowohl weiße als auch schwarze Menschen in Amerika Rassenbeziehungen sehen. Die Studie ergab, dass laut der Umfrage 45 Prozent der Weißen und 58 Prozent der Afro-Amerikaner glauben, dass die Rassenbeziehungen sehr oder ziemlich schlecht sind, verglichen mit nur 20 Prozent der Weißen und 30 Prozent der Schwarzen, die sie 2009 als ungünstig betrachteten.«[172]

Wenn es um Faktoren wie Religion und Rasse geht, ist klar, dass die Bedeutung, die wir dem beimessen, uns im Kern unserer Familien, Arbeitsplätze, Schulen und Gemeinschaften zerreißt. Und während diese Art von Spaltung für die Milleniumsgeneration – die jungen Menschen, die Ende des 20. Jahrhunderts geboren wurden – neu sein mag, zeigt die jüngste Geschichte, dass dies nicht das erste Mal ist, dass eine solche Spaltung stattgefunden hat.

EIN NEUER NAME FÜR DIE TÖTUNG DESSEN, WAS MAN FÜRCHTET

Historiker beschreiben das 20. Jahrhundert als das blutigste Jahrhundert in der gesamten aufgezeichneten Geschichte.[173] Allein im Zweiten Weltkrieg starben etwa *fünfzig Millionen* Menschen im Kampf und durch kriegsbedingte Gräueltaten.[174] Die Todesfälle durch menschliche Grausamkeiten hielten auch, nachdem der Krieg vorbei war, bis zum Ende des Jahrhunderts an. Bis zum Jahr 1999 waren *achtzig Millionen* Männer, Frauen und Kinder jeden Alters im 20. Jahrhundert aufgrund von ethnischen, religiösen und weltanschaulichen Konflikten ausgelöscht worden – fünf Mal so viele wie aufgrund von Naturkatastrophen und AIDS-Epidemien *zusammen* in der gleichen Zeit.[175]

Ich weise auf diese schrecklichen Statistiken hin, weil sie Teil eines Denkens sind, das im letzten Jahrhundert zu einer neuen Art von Gräueltaten geführt hat.

Während in der Vergangenheit zweifellos auch Grausamkeiten geschehen waren, erreichten sie im 20. Jahrhundert eine solche Größenordnung, dass sie einen offiziellen Namen erhalten mussten, damit sie definiert und für illegal erklärt werden konnten.

Im Jahr 1948 prägten die Vereinten Nationen den Begriff *Völkermord*, um diese Art des Tötens zu beschreiben und zu ermöglichen, dass Massenmord in der Weltpolitik klar definiert und verboten werden kann. Völkermord wurde durch »die Absicht« definiert, »die Gesellschaften oder Bevölkerungen ganzer geografischer Regionen aufgrund von Vorstellungen von Rasse, religiöser Überzeugung oder Abstammung zu zerstören«.[176] Das Denken, das zur Rechtfertigung des Völkermordes herangezogen wird, ist ein treffendes Beispiel dafür, wohin fehlgeleitete Wissenschaft führen kann.

WIR HABEN DAS SCHON EINMAL ERLEBT

Das Denken, das den zeitgenössischen Geneziden zugrunde liegt und bei einigen auch offen artikuliert wird, steht in direktem Zusammenhang mit Darwins falschen Annahmen sowie mit der Art und Weise, wie seine Ideen, auch wenn sie sich als falsch erwiesen haben, von der modernen Wissenschaft akzeptiert, angenommen und verewigt wurden. Richard Weikart, ein Geschichtsprofessor an der California State University, fasst dies folgendermaßen zusammen:

> »Der Darwinismus untergrub die traditionelle Moral und den Wert des menschlichen Lebens. Dann wurde evolutionärer Fort-

schritt zum neuen moralischen Imperativ. Dies förderte den Fortschritt der Eugenik [der Überzeugung, dass selektive Zucht und die Aussonderung von ›Außenseitern‹ eine ideale menschliche Rasse schaffen könnten], die offen auf darwinistischen Prinzipien beruhte. ... Einige prominente Darwinisten argumentierten, dass Rassenwettbewerb und Krieg Teil des darwinistischen Existenzkampfes seien.«[177]

Dieses Denken spiegelt sich in den Ideen philosophischer Werke wie dem berüchtigten Roten Buch mit dem offiziellen Titel *Worte des Vorsitzenden Mao Tse-Tung*[178] und in *Mein Kampf*, jenem Buch, in dem Adolf Hitler seine Weltanschauung ausbreitete.[179] Beide dienten als Rechtfertigung für die brutalen Massenmorde, die Mitte des 20. Jahrhunderts zusammen mindestens vierzig Millionen Menschenleben forderten.

Leider ist das spalterische Denken im Laufe der Zeit nicht verschwunden. Seit 1945 haben sich Völkermorde in Ländern wie Kambodscha, Ruanda, Bosnien und dem Sudan fortgesetzt. Dies sind gut dokumentierte Tragödien, die uns zeigen, dass das Denken, das Massenmorde rechtfertigt, auch heute noch anzutreffen ist.[180] Und jeder Zweifel, dass wir uns heute irgendwie über das Denken hinaus entwickelt haben, das Ursache für Völkermorde ist, schwindet schnell angesichts der genau belegten Tragödien von ISIS und der Genozide des 21. Jahrhunderts in Afrika und im Nahen Osten.

In seinem Werk *Über die Entstehung der Arten* bringt Darwin seine Überzeugung deutlich zum Ausdruck, dass das »Aussondern« der schwächsten Angehörigen der Arten, das er in der Natur beobachtet hat, auch für den Menschen gilt:

»Es mag keine logische Folgerung sein, aber meiner Vorstellung nach ist es weitaus befriedigender, solche Instinkte wie den des jungen Kuckucks, der seine Pflegebrüder aus dem Nest stößt, oder denjenigen von Ameisen, die Sklaven halten ..., als besondere Folgen eines allgemeinen Gesetzes anzusehen, das zum Fortschritt aller organischen Wesen führt – nämlich sich zu vervielfältigen, zu verändern, die Stärksten leben und die Schwächsten sterben zu lassen.«[181]

In *Mein Kampf* hat Hitler diese Idee klar umschrieben:

»Der Kampf um das tägliche Brot lässt alles Schwache und Kränkliche, weniger Entschlossene unterliegen, während der Kampf der Männchen um das Weibchen nur dem Gesündesten das Zeugungsrecht oder doch die Möglichkeit hierzu gewährt. Immer aber ist der Kampf ein Mittel zur Förderung der Gesundheit und Widerstandskraft der Art und mithin eine Ursache zur Höherentwicklung derselben.«[182]

Im späteren Leben hatte Darwin Bedenken hinsichtlich einiger seiner früheren Aussagen zum »Überleben des Stärksten« in *Über die Entstehung der Arten*. Im Gegensatz zu seinen frühen Schlussfolgerungen in Bezug auf überlegene individuelle Stärke beschrieben seine späteren Arbeiten Überlebensstrategien in der Natur, die auf Einheit und Kooperation und nicht auf der natürlichen Selektion und dem Überleben der Stärksten beruhen. In seinem nächsten größeren Buch, *Die Abstammung des Menschen und die geschlechtliche Zuchtwahl*, fasste er seine Beobachtungen zusammen: »Diejenigen Gemeinschaften mit der größten Anzahl teilnahmsvoller, mitfühlender Mitglieder pflegten am besten zu gedeihen und die größte Anzahl von Nachkommen hervorzubringen.«[183]

Auch wenn Darwin den Fehler in seinen Annahmen von Wettbewerb und Kampf noch erkannt hat, war es vielleicht schon zu spät. *Über die Entstehung der Arten* war bereits ein zeitloser Text als Grundlage einer Denkweise, die heute dazu verwendet wird, uns vom Vertrauen auf unsere natürlichen Instinkte zu Kooperation und Güte abzubringen.

Das Gesetz der Natur: Kooperation

Anfang des 20. Jahrhunderts untermauerte der russische Naturforscher Peter Kropotkin Darwins späteres Werk mit seinen Beobachtungen. So wie Darwin während seiner Entdeckungsreise in den 1830er Jahren die Auswirkungen der Evolution bei Vögeln aus erster Hand beobachtete, machte Kropotkin eigene Beobachtungen bei wissenschaftlichen Expeditionen in eine der rauesten Umgebungen der Welt: Nordsibirien. *Er beschrieb, wie er herausgefunden hatte, dass – statt dem Überleben des Stärksten – Kooperation und Einheit die Schlüssel zum Erfolg einer Spezies sind.* In seinem 1902 veröffentlichten Buch *Gegenseitige Hilfe in der Tier- und Menschenwelt* veranschaulicht Kropotkin die Vorteile, die er im Insektenreich an der instinktiven Fähigkeit der Ameisen beobachtet hat, als kooperative statt als konkurrierende Gesellschaften zu leben:

>»Ihre wundervollen Nester, ihre Gebäude, in relativer Größe denen der Menschen überlegen; ihre gepflasterten Straßen und oberirdischen gewölbten Galerien; ihre geräumigen Hallen und Kornspeicher; ihre Maisfelder, Ernte und das ›Mälzen‹ von Getreide; ihre vernünftigen Methoden, ihre Eier und Larven zu pflegen, und wie sie spezielle Nester für die Aufzucht der Blattläuse bauen, die Linnaeus so malerisch als ›Kühe der Ameisen‹ beschrieb; und schließlich ihr Mut, ihre Zuversicht und ihre überlegene Intelligenz – all dies ist das natürliche Ergebnis der gegenseitigen Hilfe, die sie in jeder Phase ihres arbeitsreichen und mühsamen Lebens praktizieren.«[184]

John Swomley, emeritierter Professor für Sozialethik an der St. Paul School of Theology in Kansas City, Missouri, lässt keinen Zweifel daran, dass es für uns von Vorteil ist, friedliche und kooperative Wege zu finden, um die globalen Gesellschaften unserer Zukunft aufzubauen. Unter Berufung auf die von Kropotkin und anderen vorgelegten

Beweise erklärt Swomley, dass die Argumente für Kooperation statt Wettbewerb auf mehr als nur dem Nutzen für eine erfolgreiche Gesellschaft beruhen. Er erklärt auf einfache und unkomplizierte Weise, dass Kooperation der »Schlüsselfaktor für Evolution und Überleben« ist.[185] In einem im Februar 2000 veröffentlichten Artikel zitiert Swomley Kropotkin, der behauptet, der Wettbewerb innerhalb oder zwischen Arten sei »immer schädlich für die Spezies. Wird der Wettbewerb mittels gegenseitiger Hilfe und gegenseitiger Unterstützung beseitigt, werden bessere Bedingungen geschaffen«.[186]

In der Eröffnungsrede des 1993 im russischen Birobidschan veranstalteten Symposiums über die humanistischen Aspekte regionaler Entwicklung bot der Ko-Vorsitzende Ronald Logan den Teilnehmern einen Kontext, vor dem sie die Natur als Vorbild für erfolgreiche Gesellschaften betrachten sollten.

Er zitiert ausdrücklich Kropotkin, der sagt:

»Wenn wir die Natur fragen: ›Wer sind die am besten Angepassten: diejenigen, die ständig miteinander Krieg führen, oder diejenigen, die sich gegenseitig unterstützen?‹, sehen wir sofort, dass die Tiere, die sich gegenseitig Hilfe leisten, zweifellos am besten angepasst sind. Sie haben mehr Chancen zu überleben, und sie erreichen in ihren jeweiligen Klassen die höchste Entwicklung von Intelligenz und körperlicher Organisation.«[187]

Zu einem späteren Zeitpunkt am selben Ort zitiert Logan die Arbeit von Alfie Kohn, dem Autor von *Mit vereinten Kräften,* und beschreibt in unmissverständlicher Weise, was seine Forschung hinsichtlich eines vorteilhaften Maßes an Wettbewerb in Gruppen offenbart hatte. Nach der Auswertung von mehr als vierhundert Studien, die Kooperation und Wettbewerb dokumentieren, berichtet Kohn von seinem Fazit: »Das ideale Maß an Wettbewerb ist … in jeder Umgebung, im Klassenzimmer, am Arbeitsplatz, in der Familie, auf dem Spielfeld – keiner. … [Wettbewerb] ist immer destruktiv.«[188]

Eine wachsende Zahl an alten, gelehrten und wissenschaftlichen Befunden legt nahe, dass wir ohne Bedingungen, die uns zu tierähnlichem Handeln antreiben (wie in einem Szenario aus *Mad Max*, wo die Gesellschaft, der Handel und die medizinische Versorgung völlig zusammengebrochen sind), jederzeit ein friedliches und mitfühlendes Leben bevorzugen, das die gutartigen Aspekte unserer Spezies würdigt.

Mit anderen Worten: Wenn die Bedingungen, die wir im Leben wertschätzen, erfüllt sind – das heißt, wenn wir uns sicher fühlen, wenn wir fühlen, dass unsere Familien sicher sind, und wenn wir fühlen, dass unsere Lebensweise sicher ist – lassen wir in allem, was wir tun, unsere wahre Natur erstrahlen.

Wie können wir mit Sicherheit wissen, wann diese Bedingungen erfüllt sind? Der Pulitzer-Preisträger Carl Sandburg beantwortete diese Frage in zehn kurzen Worten: »Irgendwann werden sie einen Krieg erklären und niemand wird kommen.«[189]

> **Leitsatz 43** Eine wachsende Zahl wissenschaftlicher Beweise führt zu einer unausweichlichen Schlussfolgerung: Heftige Konkurrenz und Krieg stehen in direktem Widerspruch zu unseren tiefsten Instinkten zu Kooperation und Fürsorge.

Solange die Vielfalt unserer Sprachen, Religionen, sexuellen Orientierungen und Hautfarben fälschlicherweise als Fehler dargestellt wird, vor denen wir uns fürchten müssen, werden sich Menschen gegen andere Menschen wenden, deren Leben und Glauben sich von ihrem eigenen unterscheiden. Sie werden diejenigen meiden, kritisieren, angreifen und sogar zu töten versuchen, deren Ideale und Überzeugungen im Widerspruch zu ihren eigenen zu stehen scheinen. Dies ist der rote Faden, der jedes der oben genannten Beispiele verbindet. Jede Grausamkeit veranschaulicht einen Mangel an Wertschätzung für das menschliche Leben.

In einer Kultur, in der das Leben geschätzt und respektiert wird, könnte keine der hier beschriebenen Grausamkeiten – oder eine der zahllosen weiteren, die buchstäblich Bände im Büro des Hochkommissars für Menschenrechte der Vereinten Nationen füllen – jemals passieren.

TÖTEN, WAS ANDERS IST

Die Tatsache, dass Grausamkeiten aufgrund der Rasse, des Geschlechts und der Religion, bei denen Menschen gegen Menschen ausgespielt werden, bis in die ersten Jahre des 21. Jahrhunderts fortdauern, sagt uns, dass wir, auch wenn wir die unvorstellbaren Akte des Völkermords im 20. Jahrhunderts verurteilt haben, das Denken, das diese Taten ermöglicht, erst noch heilen müssen. Ob es nun auf der Ebene der Nationen als Völkermord oder auf lokaler Ebene geschieht, wie beim Mobbing an unseren Schulen oder dem Wiederaufleben von Hassverbrechen in den Vereinigten Staaten in den letzten Jahren: Die Tatsache, dass Gräuel wie diese überhaupt existieren, ist ein Hinweis darauf, dass dieses Denken eher an Dynamik gewinnt, statt der Vergangenheit anzugehören.

Die folgenden Beispiele geben einen kurzen Einblick in das, was ich hier meine. Sie sind nur ein Beispiel für einen beunruhigenden Trend, der in der heutigen Welt an Stärke zunimmt.

Bitte beachten Sie: Es fiel mir emotional schwer, für diesen Abschnitt zu recherchieren und das Erfahrene aufzuschreiben. Meine Bemühungen, die unzähligen Opfer in jeder Kategorie von Hassverbrechen auf ein einziges repräsentatives Beispiel zu reduzieren, mindern in keiner Weise das Leid der nicht erwähnten Opfer oder den Schmerz, den ihre Familien weiterhin erleiden. Aufgrund der brutalen Natur jedes Beispiels habe ich mich entschieden, das Geschehene nur auf einer sehr allgemeinen Ebene zusammenzufassen, um 1) das jedem Beispiel zugrunde liegende Denken zu illustrieren und 2) meine

Aussage zu stützen, dass diese Art des Denkens heute noch existiert. Besonders sensible Leser sollten vielleicht besser zu dem Abschnitt mit dem Titel »Der rote Faden« weiterblättern.

Cyber-Gewalt

Während es Schikanen, Beschimpfungen und Gewalt unter Gleichaltrigen wahrscheinlich schon so lange gibt, wie sich Gruppen junger Menschen in Klassenzimmern der einen oder anderen Form zusammenfinden, scheint das Ausmaß dieses Typs von Gewalt zuzunehmen. Es gibt verschiedene Arten von Mobbing, die von direktem körperlichen Kontakt, wie Schlagen und Anspucken, bis zu verbalen Angriffen ohne physischen Kontakt reichen. Durch die Nutzung von eMails, Facebook, Twitter und anderen sozialen Online-Netzwerken scheint eine neue Form des Mobbings auf dem Vormarsch zu sein – das *Cybermobbing*. Aufgrund der zunehmenden Nutzung sozialer Medien unter jungen Menschen ist Cybermobbing mittlerweile äußerst stark verbreitet.

Nach Angaben des Nationalen Zentrums für Bildungsstatistik wurde in den USA seit 2007 fast ein Drittel aller Schüler im Alter von zwölf bis achtzehn Jahren in der Schule gemobbt. Eine Studie des US-Bildungsministeriums aus dem Jahr 2014 berichtet: »Während des Schuljahres 2009 bis 2010 gaben dreiundzwanzig Prozent der öffentlichen Schulen an, dass Mobbing bei Schülern täglich oder wöchentlich vorkam.«[190] Die Statistiken zeigen, dass alle Formen von Mobbing, einschließlich Cybermobbing, gefährlich sind. Sie alle haben schmerzhafte Konsequenzen – einige, die bis ins Erwachsenenalter reichen können, und manche, die so leidvoll sind, dass sie bei Schülern zu unumkehrbaren Handlungen wie Selbstmord oder Mord führen.

Am 14. Januar 2013 ging ein verstörter fünfzehnjähriger Schüler namens Jadin Bell auf den Pausenhof einer Grundschule und erhängte sich dort an einem Klettergerüst. Jadin war Mitglied der Cheerleader-Gruppe der Highschool und Opfer dessen, was als »intensives«

Mobbing durch soziale Medien bezeichnet wurde, hauptsächlich aufgrund seiner sexuellen Orientierung. Sein Selbstmordversuch war zunächst jedoch erfolglos, und er starb nicht sofort. Stattdessen wurde Jadin bewusstlos, aber lebendig aufgefunden und ins Krankenhaus eingeliefert, wo er, ohne aus dem im Koma aufgewacht zu sein, am 3. Februar, einundzwanzig Tage später, verstarb.[191]

Jadins Selbstmord machte landesweit Schlagzeilen und trug dazu bei, das Phänomen des Cybermobbings in der Öffentlichkeit ins Gespräch zu bringen. Sein Tod zeigt, welche verheerenden emotionalen Auswirkungen nicht-physisches Mobbing haben kann. Laut Jadins Vater »litt er so sehr. Nur wegen des Mobbings in der Schule. Ja, es gab auch andere Probleme, aber letzten Endes war alles auf das Mobbing zurückzuführen, weil nicht akzeptiert wurde, dass er schwul war«.[192]

Jadins Selbstmord ist leider kein Einzelfall. Eine wachsende Zahl junger Teenager ist der Meinung, dass die einzige Möglichkeit, die Demütigung durch Cybermobbing zu überwinden, darin besteht, sich das Leben zu nehmen. Die Art des Mobbings, das Schüler erdulden, reicht von Beschimpfungen über ihr Aussehen, Gewicht oder körperliche Merkmale und das Teilen von Nacktbildern, die ursprünglich im Vertrauen aufgenommen worden waren, bis hin zu Angriffen auf junge Mädchen, die währenddessen gefilmt und dann durch die öffentliche Verbreitung der Videos in sozialen Medien ein zweites Mal gedemütigt wurden.[193]

Gewalt aufgrund sexueller Orientierung

Statistiken des Federal Bureau of Investigation, des U.S. Census Bureau, des Pew Research Center, des Williams Institute und der demografischen Kartierungswebsite www.SocialExplorer.com wurden verwendet, um die Anzahl der Hassverbrechen gegen die LGBT (lesbian/gay/bisexual/transgender) genannte schwul-lesbische Gemeinde, gegen Juden, Muslime, schwarze, asiatischstämmige und weiße Menschen zu vergleichen, die sich zwischen 2005 und 2014 in den USA ereignet haben. Das Ergebnis der neunjährigen Studie war eindeutig. Wie in der *New York Times* zusammengefasst, ergab diese Studie, dass LGBT-Personen »doppelt so häufig ins Visier genommen werden wie Afroamerikaner, und die Zahl der Hassverbrechen gegen sie hat die der Verbrechen gegen Juden übertroffen«.[194] Die skrupellose Tötung eines jungen Mannes im ländlichen Wyoming ist ein drastisches Beispiel für die Brutalität, die aus extremem Denken über sexuelle Orientierung erwachsen kann und die später auch diese Studie veranlasste.

Matthew Shepard, ein Homosexueller, studierte 1998 an der University of Wyoming Politikwissenschaft. Am Abend des 6. Oktobers desselben Jahres sprach er in einer örtlichen Lounge mit zwei Männern, die sich offenbar mit ihm anfreunden wollten. Am Ende des Abends boten sie ihm an, ihn heimzufahren, und er nahm das Angebot an. Doch statt ihn nach Hause zu bringen, fuhren sie ihn in eine abgelegene Gegend, wo sie ihn schwer zusammenschlugen, bis er das Bewusstsein verlor. Weil sie ihn für tot hielten, ließen sie ihn dort liegen. Er war noch bewusstlos, als ihn achtzehn Stunden später ein Polizist entdeckte. Ärzte stellten fest, dass die Verletzungen von Matthews Stammhirn so schwerwiegend waren, dass sie ihn nicht sicher operieren konnten. Er blieb unter lebenserhaltenden Maßnahmen im Koma, bis er am 12. Oktober 1998 für tot erklärt wurde.[195]

Das große Aufsehen, für das Matthews Geschichte und der Prozess gegen die Männer sorgte, die des Mordes für schuldig befunden wurden, war zu einem großen Teil auf die schwulenfeindliche Motivation ihres Handelns zurückzuführen.

Gewalt aufgrund der Rasse

Im Juni 1998 nahm ein Mann, der eines Abends in der Nähe seiner Heimatstadt im ländlichen Texas als Anhalter unterwegs war, ein Mitfahrangebot von drei Männern an, von denen er einen kannte.

Der Anhalter James Byrd jr. war schwarz, und die Männer, die ihn an diesem Abend in ihrem Wagen mitnahmen, waren weiß. Mindestens zwei der drei Weißen waren bekennende Rassisten. Die Taten, die zu James' Tod führten, waren so brutal, dass sie von den nationalen Medien im öffentlichen Interesse zensiert werden mussten. Dieses Ereignis führte zusammen mit der Hasstötung von Matthew Shepard im selben Jahr zur Verabschiedung eines Bundesgesetzes, das »Matthew Shepard und James Byrd, Jr., Hate Crimes Prevention Act« (»Shepard-und-Byrd-Gesetz zur Verhinderung von Hassverbrechen«) genannt wurde und das US-Bundesgesetz gegen Hassverbrechen von 1969 um Straftaten erweiterte, die durch das tatsächliche oder wahrgenommene Geschlecht, die sexuelle Orientierung, die Geschlechtsidentität oder die Behinderung eines Opfers motiviert sind. Das Gesetz wurde am 22. Oktober 2009 vom US-Kongress verabschiedet und am 28. Oktober desselben Jahres von US-Präsident Obama als Bundesgesetz unterzeichnet.[196]

Gewalt aufgrund der Religion

Im Rahmen eines Gutachtens verlas im Jahr 2016 vor dem britischen Unterhaus einer der britischen Minister wörtlich Abschnitte aus einem Interview mit Ekhlas, einem fünfzehnjährigen Mädchen aus dem Nordirak. Es war wie seine Familie jesidischen Glaubens. Ekhlas' Dorf wurde von ISIS-Kämpfern überrannt, sie wurde gefangen genommen und versklavt, bis sie ihren Entführern entkommen konnte.[197] Sie beschrieb, wie diese Männer in das Haus ihrer Familie eingedrungen waren, ihren Vater und zwei Brüder getötet und dann sie und jedes Mädchen in ihrem Dorf, das älter als neun Jahre war, brutal misshandelt hatten. Der Grund für ihr Martyrium, sagte sie, sei ihre Religion gewesen. »Wir wurden ins Visier genommen, weil unsere Religion anders ist als ihre und wir an den Engel Taus glauben. Deshalb halten sie uns für minderwertig und behandeln uns unmenschlich.«[198]

Hassverbrechen aus religiösen Gründen beschränken sich nicht auf den Nahen Osten. Sie kommen auch in anderen Teilen der Welt wieder auf, einschließlich Europas und der Vereinigten Staaten. Seit 1996 führt das FBI Statistiken über Gewalt, die gegen Menschen aufgrund ihrer religiösen Überzeugungen verübt wird. In der Hassverbrechens-Statistik von 2014 heißt es zum Beispiel, dass im besagten Jahr insgesamt 5.479 Fälle von Hassverbrechen gemeldet wurden. Der Anteil religiös motivierter Straftaten gegen Einzelpersonen betrug 17,1 Prozent.[199]

Interessanterweise liegt dieser Prozentsatz sehr nahe bei den auf sexueller Orientierung beruhenden Straftaten (18,7 Prozent).

Die Studie zeigt auch, dass von den berichteten Straftaten »etwa 58,2 Prozent antijüdisch waren, 16,3 Prozent antiislamisch und 6,1 Prozent antikatholisch«.[200]

DER ROTE FADEN

Es gibt einen roten Faden, der sich durch die Beispiele von Hassverbrechen zieht, die ich gerade beschrieben habe. Indem wir diesem Faden folgen, erhalten wir Einblick in die Art von Denken, die das Gefüge unserer Familien, Gemeinschaften und Gesellschaften zerreißt. In jedem Fall konnte die Brutalität des Hassverbrechens nur der Überzeugung entstammen, dass das Leben des Opfers keinen Wert hatte.

> **Leitsatz 44**   Die Brutalität von Hassverbrechen ist nur in einer Gesellschaft möglich, in der der Wert des menschlichen Lebens verlorengegangen ist.

Hassverbrechen betreffen etwas, das viel tiefer geht als das Leben einer anderen Person. Sie sind wutentbrannte Demonstrationen des Overkills –

des Mordens, das auf einer fast urtümlichen Angst vor dem Fremden beruht, verbunden mit dem Glauben, dass menschliches Leben minderwertig und verzichtbar ist. Und während die vorherigen Beispiele Extreme dafür sind, wohin ein solches Denken führen kann, wenn es sich nach außen gegen andere Menschen richtet, kann Hass auch nach innen gerichtet sein und ein Extrem anderer Art demonstrieren.

Nach innen gerichteter Missbrauch durchzieht unsere Schulen und berührt das Leben unserer Söhne und Töchter, Geschwister, Freunde, Mütter und Väter. Und er betrifft junge Menschen in epidemischem Ausmaß. Auch wenn er auf eine Weise geschieht, die subtiler ist als die gewalttätigen Hassverbrechen, die ich beschrieben habe, ist das Ergebnis dasselbe. Der selbstverschuldete Missbrauch von verschreibungspflichtigen Medikamenten und Alkohol führt oft zum verheerenden Verlust der Menschen, die wir am meisten lieben.

Der Schmerz, einen geliebten Menschen an seinen nach innen gerichteten Hass zu verlieren, ist fast unbeschreiblich. Dieser Schmerz ist besonders heftig, wenn ein überlebendes Familienmitglied mit unbeantworteten Fragen und dem Gefühl kämpft, dass die geliebte Person, wenn man nur etwas anders gemacht hätte, noch am Leben wäre. Tara Lawley-Bergey, die ältere Schwester von Derik Lawley, beschreibt diesen Schmerz in einem Aufsatz, den sie nach Deriks Tod schrieb, weil er wegen seiner Heroinsucht eine tödliche Dosis des Medikaments Fentanyl eingenommen hatte.

Taras Geschichte

In einem Essay, der im Februar 2016 von der NBC in Philadelphia veröffentlicht wurde, beschreibt Tara, wie ihr Bruder seit zweieinhalb Jahren an Heroinsucht litt.[201] Sie verrät, dass sie nie wirklich wusste, warum Derik begann, mit Heroin zu experimentieren. Aber sie spekuliert darüber, was passiert sein könnte. Tara sagt, ihr Bruder habe das Leben geliebt. Er liebte die Menschen um sich herum, besonders seine dreijährige Tochter. Aber er liebte sich selbst nicht. »Heroin half Derik, seiner Realität zu entkommen; es versetzte ihn in eine Benommenheit, die ihn vergessen ließ«, schreibt sie.[202] Und obwohl er mindestens fünf Mal versuchte, sich von seiner Sucht zu befreien, blieben seine Bemühungen erfolglos.

Deriks Leiche wurde verlassen in einer Baumallee gefunden, einen Tag nachdem man ihm betrügerischerweise Fentanyl gegeben hatte, ein Betäubungsmittel, das in der Anästhesie eingesetzt wird, während er glaubte, seine gewohnte Dosis Heroin erhalten zu haben. Er starb an den Auswirkungen der Droge, die ihn in einen so tiefen Schlaf versetzte, dass seine Atmung unterdrückt wurde. Taras Schmerz beim Nachdenken über das Erlebnis ihres Bruders lässt sich am besten in ihren eigenen Worten beschreiben:

»Mein Herz starb in dem Moment, als Derik seinen letzten Atemzug tat. Sein Körper liegt in Asche, während meiner langsam von innen stirbt. Die Dunkelheit bleibt, und die Albträume kommen ans Licht. Der Schmerz, Derik verloren zu haben, ist unerträglich, und ich lebe im neunten Kreis der Hölle, meine Schuld ist es, die Schwester eines Süchtigen genannt zu werden. Geschwister lieben sich unabhängig von ihren Wegen; sie führen einander, wenn sie gefallen sind, und bieten sich gegenseitig eine Schulter zum Anlehnen. Aber ich distanzierte mich von Deriks Sucht; sie machte ihn zu einem bösen Menschen. Ich hätte für Derik da sein sollen, um den Schweiß der Sucht von seiner Stirn abzuwischen, als die Schlechtigkeit ihn wieder und wieder überkam. Oder zumindest hätte ich Derik anrufen, ihm schreiben oder ihm Liebe in einem Care-Paket schicken sollen. Aber ich ignorierte ihn, zeigte ihm die kalte Schulter und sah den wahren Menschen nicht in seinen Augen. Ich habe mich in liebevoller Strenge geübt, als ich ihm nur mein Mitgefühl hätte zeigen sollen. Das ist meine Last, meine Schuld, mein Schmerz, den ich alle Tage meines Lebens ertragen muss.«[203]

Die tragische Geschichte von Derik ist ein kraftvolles Zeugnis für einen vermeidbaren Tod. Sie ist auch eine Geschichte, die leider nicht selten ist. Immer wieder stellen verschiedene Eltern aus unterschiedlichen Gemeinschaften, Ethnien und Religionen tränenüberströmt die gleiche Frage, während sie ihre Söhne und Töchter begraben. Die Frage lautet immer: Warum? »Warum ist das *meinem* Kind passiert?« Und so unterschiedlich ihre Familien auch sind, die Antwort ist stets die gleiche. Erwachsene und Teenager, die sich selbst wertschätzen und in ihrem Leben einen Sinn finden, würden niemals Heroin in ihre Adern pumpen, Kokain in die empfindlichen Gewebe schnupfen, die uns Leben einhauchen, oder bis zur Bewusstlosigkeit Leber und Nieren mit Alkohol überschwemmen.

> **Leitsatz 45**   Die Zerstörung eines Individuums durch den Missbrauch von Drogen und Alkohol ist nur möglich, wenn der Mensch sein Selbstwertgefühl verliert.

WIR ZERSTÖREN NUR, WAS WIR NICHT WERTSCHÄTZEN

Die Umweltschützerin und Autorin Rachel Carson fasste das Denken, das zu solch erschütternden und verheerenden Erfahrungen bei Familien auf der ganzen Welt führt, zusammen, als sie sagte, dass wir das zerstören, was wir nicht wertschätzen, und dass wir das, was wir nicht kennen, nicht wertschätzen können.[204] Carsons Beobachtung beschreibt sehr schön das Thema dieses Buches und den Kernpunkt dessen, was wir heute auszuhalten haben. Und während Experten den Anstieg der Gewalt von Mensch zu Mensch auf alles von der Ungleichheit zwischen denen, die »haben«, und denen, die »nicht haben«, bis hin zu religiöser Intoleranz zwischen Christen, Juden und

Muslimen zurückführen, ist der wahre Grund, der hinter allen anderen Gründen für die zunehmende Gewalt steht, die Quelle für eine schwierige Wahrheit.

Wir haben eine erstaunliche Gesellschaft und eine Kultur fortschrittlicher Technologie geschaffen, doch der Preis dafür ist hoch.. Irgendwo auf dem Weg dorthin haben wir den Wert verloren, den wir einem Menschenleben beimessen. Und ohne dieses Wertgefühl erscheint das Leben wie ein Verbrauchsgut. Die Behandlung von Textilarbeitern um die Wende zum 20. Jahrhundert ist ein perfektes Beispiel. Nur wenige Tage nach dem Tod Dutzender Textilarbeiter beim Brand der New Yorker Triangle Shirtwaist Factory im Jahre 1911 hielt die Arbeiter- und Gewerkschaftsaktivistin Rose Schneiderman eine Rede, in der sie beschrieb, wie gering das menschliche Leben geachtet wird:

>Dies ist nicht das erste Mal, dass Mädchen in der Stadt lebendig verbrennen. Jede Woche muss ich vom vorzeitigen Tod einer meiner Arbeitsschwestern erfahren. Jedes Jahr werden Tausende von uns verstümmelt. Das Leben von Männern und Frauen ist so billig, und Eigentum ist so heilig. Es gibt so viele von uns Arbeitern und Arbeiterinnen, dass es wenig ausmacht, wenn 146 in den Flammen umkommen.«[205]

Auch wenn Schneiderman diese Rede vor über einem Jahrhundert gehalten hat, haben sich die von ihr beschriebenen Bedingungen und das Denken, das diese Bedingungen ermöglicht, nicht allzu sehr geändert. Es genügt ein Blick auf die täglichen Schlagzeilen aus aller Welt, um zu sehen, wie sehr das Gefühl, dass Leben sei »billig«, in unserem Alltag weiter besteht.

- Zwischen 2001 und 2012 betrug die Anzahl der Frauen in Amerika, die von ihren ehemaligen oder aktuellen Partnern getötet wurden, 11.766 – mehr als doppelt so viel wie die Zahl amerikanischer

Soldaten in Afghanistan und Irak zusammen, die während derselben Zeitspanne ums Leben kamen.[206]

- Im Jahr 2013 führten fehlende Sicherheitsmaßnahmen in einer Bekleidungsfabrik in Dhaka, Bangladesch, zum Einsturz des Gebäudes und zum Tod von über 1.000 Menschen. Es war die bislang schwerste Katastrophe dieser Art.[207]

Leitsatz 46 Rachel Carson erinnert uns daran, dass wir nur das zerstören, was wir nicht wertschätzen, und dass wir nicht wertschätzen können, was wir nicht kennen. Eine dauerhafte Lösung für die Probleme, die uns trennen, und das wachsende Ausmaß von Mobbing, Hassverbrechen und Kriegsgräueln ist es, der jungen Generation das Bedürfnis zu vermitteln, alles Leben zu respektieren und wertzuschätzen, und dies auch selbst zu verinnerlichen.

DIE KRAFT DER SELBSTACHTUNG

In unserer mit Extremen hoch aufgeladenen Umgebung gewinnt das, was wir darüber glauben, wer wir sind und woher wir kommen, eine besonders heilige Bedeutung. Genau diese Überzeugungen sind es, die die Macht haben, unsere Gemeinschaften zu zersplittern und unsere Nationen zu polarisieren, sodass wir endlos Kriege führen. Solche Überzeugungen haben auch die Kraft, uns zu vereinen. Die tiefste Wahrheit über unseren Ursprung könnte uns ein ehrfürchtiges Wertgefühl für jedes menschliche Leben vermitteln.

Deshalb ist es so gefährlich, falscher Wissenschaft zu glauben und sich selbst darüber zu belügen, woher wir kommen. Wenn es wahr wäre, dass wir »nur eine hoch entwickelte Affenart« und »unwissend, dumm oder geisteskrank« sind, wenn wir an etwas anderes glauben als an die akzeptierte Doktrin der menschlichen Evolution, dann würde es einen Sinn ergeben, unser Leben auf eine Weise zu leben, die einen solchen Glauben widerspiegelt. In einer derartigen Welt würden das Streben nach materiellem Wohlstand, die Ablenkung des Geistes und das Vergnügen der Sinne zu den höchsten Prioritäten des Lebens. In einer derartigen Welt wäre es sinnvoll, alles zu tun, um uns um jeden Preis, auf jede Art zu befriedigen, wie wir können. Warum nicht? Warum sollten wir das nicht tun, wenn wir letztlich nur das glückliche Ergebnis der natürlichen Lotterie zufälliger Mutationen sind? Warum sollten wir nicht schlucken, was uns an Chemikalien oder Elixieren zur Verfügung steht, um uns zu betäuben, damit wir die Schmerzen des Lebens nicht spüren müssen? Warum sollten wir unserem Körper nicht irgendwelche künstlichen Drogen oder gehirnverändernde Substanzen einflößen, um dem Wahnsinn des Krieges, der Ungerechtigkeit der Armut und den Schrecken des körperlichen und emotionalen Missbrauchs zu entkommen? Und warum sollten wir nicht alles – sogar Menschen – zerstören, das zwischen uns und dem steht, was wir für ein solches Leben benötigen?

Ich will auf Folgendes hinaus: Solange wir dazu gebracht werden zu glauben, dass wir kaum mehr sind als ein bloßer Zufall der Natur, wird sich leicht das Gefühl einstellen, dass nichts Außergewöhnliches an uns oder in unserem Leben ist. Aus dieser steril klingenden Perspektive ist unsere Lebensgeschichte schlicht und einfach ohne jede tiefere Bedeutung. Wir werden geboren. Wir leben. Und wir sterben. Wir sind Lebenszeichen auf dem Radarschirm der Natur, genau wie Milliarden anderer Kreaturen vor uns.

Die unverantwortlichen Worte von renommierten, hochkarätigen Wissenschaftlern und Persönlichkeiten des öffentlichen Lebens machen es nur noch schlimmer für uns, indem sie Öl in das Feuer unserer Unterschiede und unseres Gefühls von Bedeutungslosigkeit gießen.

Vom Wundpflaster zur Bestimmung

Das Potenzial, dass wir uns, statt die Grausamkeiten lediglich zu benennen und zu verurteilen, die auf einen Mangel an Selbstwertgefühl und mangelnde Toleranz für unsere Unterschiede zurückzuführen sind, so weiter entwickeln, dass solche Gräueltaten nur noch eine Erinnerung an die Vergangenheit sind, können wir ausschöpfen, wenn wir die positiven Auswirkungen unserer Antwort auf die Frage *Wer sind wir?* bedenken. Diese Antwort, die auf Tatsachen über uns basiert, von denen wir heute wissen, dass sie wahr sind, und vor allem auf der Besonderheit unserer Existenz, ist der Schlüssel zu unserer neuen menschlichen, mit einem Sinn erfüllten Geschichte des Lebens.

In einer Kultur, in der wir die Besonderheit des Lebens annähmen, würden die Menschen einander und sich selbst nicht mit der Leichtigkeit und Häufigkeit kritisieren, verletzen und töten, die wir heute sehen. Angesichts dessen, was wir über unsere Herkunft und deren Bedeutung für unser Leben wissen, würde das keinen Sinn ergeben.

Wenn wir unsere Besonderheit und den Wert des Lebens auf der fundamentalen Ebene unserer selbst und unserer Familien annähmen und die Erziehung, die wir unseren Kindern angedeihen lassen, auf diesen einzigartigen menschlichen Werten gründeten, könnten wir die grundlegende Veränderung hervorbringen – eine umwälzende Veränderung für die Menschen überall auf der Welt –, die zu unserer höchsten Bestimmung, unserem verwirklichten Potenzial als Spezies, führt. Weniger zu tun, käme einem Pflaster gleich, das wir auf die offene Wunde legen, die unsere Familien, Gemeinschaften und Gesellschaften zerstört. In einer Kultur, die diese Werte annähme, wäre Derik Lawley niemals der Versuchung erlegen, Heroin zu nehmen, die ihn sein Leben gekostet hätte, James Byrd jr. und Matthew Shepard wären heute noch am Leben, und die Völkermorde des 20. und frühen 21. Jahrhunderts Jahrhunderte hätten niemals stattgefunden.

Auf einer individuellen Ebene bedeutet dies in einer Kultur, die das Leben wirklich wertschätzt:

- Ein Mann, der den einzigartigen Wert eines anderen Lebens verinnerlicht hat, würde niemals seinen Zorn gegen eine Frau richten, die sein ungeborenes Kind trägt, gegen seine bereits geborenen Kinder oder gegen jemand anderen, den er liebt.
- Das empfindliche Gleichgewicht, das uns unsere Besonderheit gibt, würde geachtet werden. Männer, Frauen und Kinder würden ihre Körper niemals mit Alkohol und Drogen vergiften, die die zerbrechlichen Systeme zerstören, die ihr Leben ermöglichen.
- Jugendliche würden nie eine Waffe auf einen Freund oder sich selbst richten, weil das Leben sie in eine Situation gebracht hat, die sich für sie wie eine große Überforderung anfühlt.
- Jemand, der ein Auto fährt, würde niemals eine Waffe ziehen und auf einen anderen Fahrer richten, weil dieser plötzlich die Spur wechselt, um von der Autobahn abzubiegen.

In einem größeren Maßstab bedeutet dies:

- Ein Soldat oder Rebellenkämpfer, der die Besonderheit des Lebens schätzt, würde niemals brutal gegen einen anderen Mann oder die Frau und die Kinder des Mannes vorgehen, nur weil sie nicht die gleichen religiösen Überzeugungen teilen wie er.
- Eine Nation, die das Leben respektiert und wertschätzt und dies auch ihren Kindern vermittelt, würde niemals in das Gebiet einer anderen Nation einmarschieren, um die Wasser-, Nahrungs- und Stromquellen oder die Schulen und Krankenhäuser dieses Volkes zu zerstören.

Die Art, wie wir von uns selbst und übereinander denken, ist der Kern der größten Ängste und der größten Leiden, die wir heute in unserem Leben erfahren.

Obwohl wir Gesetze verabschieden können, um zu bestrafen, Armeen entsenden, um zu siegen, und menschliche Grausamkeiten, sobald sie geschehen sind, anprangern können, sind dies nur kurzfristig wirksame Mittel gegen Bedingungen, die sich allein durch eine grundlegende Neuorientierung unseres Denkens ändern können – speziell der Art, wie wir über uns selbst, unseren Ursprung und den Wert denken, den wir dem Leben auf der Erde beimessen. Und diese grundlegende Neuorientierung des Denkens ist es, die der Bildung, die wir unseren jungen Menschen heute vermitteln, fehlt.

Albert Schweitzer, der Friedensnobelpreisträger von 1952, lehrte, wie wichtig es für uns ist, Ehrfurcht vor allem Leben zu haben. »Nur durch Ehrfurcht vor dem Leben«, sagte er, »können wir eine spirituelle und humane Beziehung zu Menschen und allen Lebewesen in unserer Reichweite herstellen.«[208] Die Ehrfurcht, von der Schweitzer hier spricht, geht über das einfache Respektieren des Lebens hinaus und schließt unsere Fähigkeit – *unsere Pflicht* – ein, alle Formen des Lebens, wenn sie in Not sind, zu schützen und zu verteidigen. »Nur so können wir es vermeiden, anderen zu schaden«, sagt Schweitzer, »und ihnen im Rahmen unserer Möglichkeiten zu Hilfe kommen, wann immer sie uns brauchen.«[209]

Wir haben in diesem Augenblick der Geschichte eine Chance – den »idealen Punkt« der Entscheidung, der in diesem Kapitel bereits beschrieben wurde –, wenn wir das Gleichgewicht zwischen dem, was Wissenschaft und Technologie ermöglicht haben, und der Art, wie wir diese Möglichkeiten in unserem Leben umsetzen, bestimmen. Es ist der Unterschied zwischen Aldous Huxleys Zukunft, in der menschliche Kreativität, individueller Ausdruck, Fortpflanzung und das Leben selbst kompromittiert werden, um eine homogene und friedliche Welt zu schaffen, und der von H. G. Wells beschriebenen Zukunft, in der die Menschheit zu einer harmonischen Lebensweise findet und dies als Ergebnis der Achtung und Kultivierung der Werte tut, die wir schätzen. Ganz gleich, ob es sich um persönliche Entscheidungen in Bezug auf Gesundheitsversorgung, Arbeitsplätze,

Beziehungen und Karriere handelt oder um globale Themen wie die Notwendigkeit, neue Quellen sauberer und nachhaltiger Energie zu finden und die Realitäten von Armut, sozialem Wandel und einer wachsenden Zahl von Flüchtlingen anzugehen, die durch Unterdrückung und Krieg in der Welt entstanden sind: So komplex derartige Probleme auf den ersten Blick auch zu sein scheinen, sie alle laufen auf das hinaus, was wir über uns selbst denken. Alle diese Probleme fordern uns dazu heraus, die Werte, die wir als Menschen schätzen, zu bestimmen und sie als Leitprinzip für unsere Entscheidungen zu verwenden. Sobald wir dies erkannt haben, ist es klar, dass wir – einfach indem wir den Wert jedes Menschen und den Wert jedes einzelnen Lebens annehmen – *das* Schicksal wählen können, das unser größtes Potenzial zur Entfaltung bringt.

Der anglikanische Bischof Desmond Tutu fasste diese Idee perfekt zusammen, um daran zu erinnern, dass wir unseren Wert entdecken, wenn wir das teilen, was uns einzigartig macht – unsere Fähigkeit zu Liebe und Mitgefühl. »Unsere alltäglichen Taten der Liebe und Hoffnung«, sagt er, »weisen auf die außerordentliche Verheißung hin, dass jedes Menschenleben von unschätzbarem Wert ist.«[210]

Wo fangen wir also an, wenn es darum geht, eine Welt zu erschaffen, in der menschliches Leben wertgeschätzt wird?

Wo fangen wir überhaupt an?

Der erste Schritt besteht darin, das zu akzeptieren, was wir als die neue Menschheitsgeschichte entdeckt haben.

8

Welchen Weg sollen wir einschlagen?

Die neue Menschheitsgeschichte leben

· ·

»Das Ziel ist nie ein Ort, sondern eine neue Art und Weise,
die Dinge zu betrachten.« [211]

~ Henry Valentine Miller (1891-1980) ~
amerikanischer Schriftsteller

· ·

Die traditionelle Antwort auf die Frage *Wer sind wir?* bröckelt. Sie muss
bröckeln. Der Grund ist, dass sie auf Informationen beruht, von denen
wir heute wissen, dass sie nicht wahr sind. Die Schlüsselerkenntnisse, die
die Art und Weise, wie wir einhundertfünfzig Jahre lang über uns selbst
gedacht haben, auf den Kopf stellen, sind nur der Anfang einer neuen
Menschheitsgeschichte. Sobald Sie über die Entdeckungen informiert
sind, können Sie sie nicht mehr »ungesehen machen«. Sie wissen, dass sie
existieren. Sie sind bereits ein Teil von Ihnen. Sie müssen sich also fragen:
»Was nun? Wie passt diese Information in mein Leben und zu dem, was
ich für mich selbst, meine Familie, meine Freunde und die Erde will?«
Wie Sie diese Fragen beantworten, hängt davon ab, wie stark Sie das, was
Sie entdeckt haben, innerlich annehmen.

Letzten Endes hängt das, was Sie als Nächstes tun, von einer Entscheidung ab. Sie haben die Wahl. Was akzeptieren Sie, und was bedeutet das in Ihrem Leben?

· · · · · · · · · · ·

Wenn ich mit neuen und lebensverändernden Informationen konfrontiert werde, so wie ich mit den Beweisen für eine andere wissenschaftliche Erklärung des menschlichen Ursprungs (als Darwins ursprüngliche Evolutionstheorie) konfrontiert wurde, stelle ich mir drei einfache Fragen, die mir bei meinen Entscheidungen helfen.

Richtlinien, die Ihnen helfen können, eine Wahl zu treffen

1. Erkenne ich, dass ich die Wahl habe?
2. Habe ich den Mut, mich zu entscheiden?
3. Habe ich die Kraft, meiner Entscheidung zu folgen?

Wenn es um die sehr persönliche Frage *Wer bin ich?* geht, können die Richtlinien so angewendet werden:

1. **Erkenne ich, dass ich die Wahl habe,** an die alte Geschichte von der menschlichen Evolution zu glauben, oder an die neuen Beweise, die uns sagen, dass die zufällige Evolution nicht unsere Geschichte ist?
2. **Habe ich den Mut, mich zu entscheiden,** das zu glauben, was die neue Wissenschaft uns sagt, und die neuen Entdeckungen zu akzeptieren und anzunehmen?
3. **Habe ich die Kraft, meiner Entscheidung zu folgen** und die entsprechenden Konsequenzen im Leben zu ziehen, wenn es darum geht, was ich meinen Kindern beibringe und wie ich andere Menschen behandle?

In jeder Situation kann Ihre Antwort auf diese drei einfachen Fragen Ihre Sicht- und Denkweise über Ihr Leben und sich selbst sowie – vielleicht noch wichtiger – Ihr Handeln verändern. Indem Sie die Disziplin entwickeln, diese Fragen zu stellen, bevor Sie Maßnahmen ergreifen, erweitern Sie automatisch die Anzahl der Wahlmöglichkeiten, die Ihnen zur Verfügung stehen. Von den Entscheidungen, die Sie hinsichtlich Nahrung und Ernährung, Ehrlichkeit in Beziehungen und der Auswahl von Optionen zur Pflege Ihrer Gesundheit treffen, bis hin zu einer größeren Offenheit für neue Möglichkeiten im Beruf und bei der persönlichen Kreativität werden diese einfachen Richtlinien Ihnen helfen, Entscheidungen bewusst und achtsam zu treffen. Sie werden überrascht sein zu entdecken, wie stark Sie sind, wenn es darum geht, Ihr heutiges Leben zu gestalten und ein erfüllendes Morgen zu schaffen.

Mein Grund, warum ich dieses Buch geschrieben habe, war, Sie über die neuen Entdeckungen zu informieren, die unsere Denk- und Sichtweise bezüglich uns selbst und der Welt so sehr verändern. Doch mein Grund für die Weitergabe dieser Informationen geht über den bloßen Wunsch, Sie über die Tatsachen aufzuklären, hinaus. Der wissenschaftliche Beweis unserer von einer noch unbekannten intelligenten äußeren Kraft gewollten Herkunft verleiht unserer Existenz eine neue Bedeutung. Er trägt uns *über* das Überleben des Stärksten, den Kampf und den Wettbewerb *hinaus*. Er öffnet die Tür zu der Möglichkeit, dass wir mit etwas verbunden sind, was viel größer ist als das, was man uns in der Vergangenheit glauben gemacht hat – und dass wir vielleicht eine kosmische Geschichte, eine kosmische Familie und einen kosmischen Ursprung haben.

Diese Idee klingt, für mich als Wissenschaftler, auf den ersten Blick wie die Handlung eines großen Science-fiction-Thrillers. Doch was ich so aufregend daran finde, ist der Ort, an den mich der Thriller führen kann. Er führt mich zu der Möglichkeit, unser Leben und unsere Welt bestmöglich zu verändern und dabei die menschlichen Werte zu respektieren, die wir am meisten schätzen.

In mancher Hinsicht ist dies das Ergebnis, das in H. G. Wells' Buch *Menschen, Göttern gleich* beschrieben wird – außer dass es dreitausend Jahre früher geschehen wird, wenn uns das gelingt.

ÜBERDENKEN SIE IHRE GLAUBENSSÄTZE

Nun, da Sie das Buch gelesen und die Entdeckungen, die es enthält, kennengelernt haben, lade ich Sie ein, Ihr Lektüreerlebnis abzurunden, indem Sie die Fragen, die ich am Anfang von Teil I gestellt habe, noch einmal durchlesen.

Vor dem ersten Kapitel hatte ich Sie ermutigt, das, was Sie über die Evolution und deren Bedeutung für Ihr Leben dachten, sowie auch das, was Sie von sich selbst glaubten, als Ausgangspunkt festzuhalten. Nun ist es an der Zeit, diese Gedanken und Überzeugungen zu überprüfen, um zu klären, ob und wie sie sich verändert haben.

Das Öffnen der Tür zu unserem größten Potenzial als Menschen muss mit unserer Bereitschaft beginnen, die Tatsache zu akzeptieren, dass ein Potenzial für außergewöhnliche Dinge überhaupt existiert. Nachdem Sie die folgenden Fragen beantwortet haben, empfehle ich Ihnen, Ihre Antworten mit denen zu vergleichen, die Sie am Anfang dieses Buches notiert haben. Meine übergeordnete Frage an Sie ist: Hat das, was Sie herausgefunden haben, die Art und Weise, wie Sie über sich selbst denken, Ihre Grenzen und vor allem Ihr Potenzial verändert?

ÜBUNG

Neubewertung Ihrer Grundüberzeugungen

Die Methode. Verwenden Sie einzelne Wörter oder kurze Sätze, und schreiben Sie Ihre Antworten auf die folgenden Fragen so ehrlich wie möglich auf. Bei Ja-oder-Nein-Fragen kreuzen Sie Ihre Antwort an.

Fragen zu Ihrem Ursprung

1. Glauben Sie, dass der Ursprung des Lebens insgesamt das Ergebnis eines zufälligen Ereignisses ist, das vor langer Zeit eintrat, wie es die konventionelle Wissenschaft nahelegt?

   Ja ☐   Nein ☐

2. Glauben Sie, dass das menschliche Leben – Ihr Leben – das Ergebnis eines zufälligen Ereignisses ist, das vor langer Zeit eintrat, wie es die Evolutionstheorie nahelegt?

   Ja ☐   Nein ☐

Fragen zu Ihrem Potenzial

3. Glauben Sie, dass Sie geschaffen wurden, um Ihre Lebensereignisse, Ihre Lebensqualität und die Dauer Ihres Lebens bewusst zu beeinflussen?

   Ja ☐   Nein ☐

   Wenn Sie die vorherige Frage mit »Nein« beantwortet haben, fahren Sie mit »Definieren Sie Ihre Überzeugungen« fort. Wenn Sie die vorherige Frage mit »Ja« beantwortet haben, fahren Sie bitte hier fort:

4. Vertrauen Sie Ihrer Fähigkeit, bei Bedarf Selbstheilung in Ihrem Körper auszulösen, wann immer Sie sie brauchen?

   Ja ☐   Nein ☐

5. Vertrauen Sie Ihrer Fähigkeit, bei Bedarf Ihre tiefsten Zustände der Intuition anzuregen, wenn Sie diese benötigen?

   Ja ☐   Nein ☐

6. Vertrauen Sie Ihrer Fähigkeit, Ihr Immunsystem, Ihre Langlebigkeitshormone und Ihre allgemeine Gesundheit selbst zu regulieren?

Ja ☐ Nein ☐

Definieren Sie Ihre Überzeugungen

7. Wenn ich bemerke, dass mit meinem Körper etwas Ungewöhnliches geschieht (zum Beispiel plötzliche Schmerzen oder Leiden, ein unerklärlicher Hautausschlag, ein beschleunigter Herzschlag ohne ersichtlichen Grund usw.), dann fühle ich mich jetzt _____
_____ .

8. Wenn ich feststelle, dass mit meinem Körper etwas Ungewöhnliches geschieht, dann werde ich als Erstes dies tun: _____
_____ .

Die Art und Weise, wie Sie jede dieser Fragen beantwortet haben, wird Ihnen zeigen, wie Sie derzeit über Ihr Potenzial denken. Die Antworten können auch als Kompass dienen, der anzeigt, welche Richtung Sie bei Ihrem persönlichen Wachstum einschlagen möchten. Der Schlüssel ist hier, dass Ihr Körper nur auf die Überzeugungen reagieren kann, die Sie als wahr akzeptieren.

Zum Beispiel:

• Wenn Sie glauben, dass das Leben im Allgemeinen und Ihr Leben im Besonderen Ergebnisse eines zufälligen Ereignisses sind, das vor langer Zeit stattgefunden hat, dann kann sich diese Wahrnehmung in den Entscheidungen widerspiegeln, die Sie in anderen Bereichen Ihres Lebens treffen. Beispielsweise ist es leichter, die Heiligkeit des Lebens und den Wert unserer Erfahrungen zu ignorieren, wenn wir uns selbst sagen, dass wir das Ergebnis eines glücklichen Zufalls der Biologie sind, der vor langer Zeit »passiert ist«. Wenn wir die wachsende Zahl von Beweisen annehmen, die darauf hindeuten, dass wir das Ergebnis einer willentlichen Handlung sind – *wenn wir wirklich begreifen, dass wir absichtlich erschaffen wurden* –, behalten wir ein Gefühl der Ehrfurcht und eine tiefe Wertschätzung für alles Leben, und zwar überall. Diese Wertschätzung spiegelt sich in der Art, wie wir über uns selbst denken, sowie darin, wie wir unsere Freunde, Familie und Angehörigen behandeln.

- Wenn Sie der Fähigkeit Ihres Körpers nicht vertrauen, Ihre Gesundheit zu bewahren, sich zu heilen und Ihre Immunität oder Ihre Fähigkeit zur Intuition zu stärken, dann kann sich diese Wahrnehmung darin zeigen, wie Sie auf Veränderungen in Ihrem Körper reagieren. Haben Sie Angst vor dem ersten Anzeichen für etwas Neues oder Anderes in Ihrem Körper? Wann entscheiden Sie sich, einen Arzt aufzusuchen, um die Zeichen zu deuten, die Ihr Körper Ihnen gibt?

Um es klarzustellen: Es gibt keine richtigen oder falschen Antworten auf irgendeine dieser Fragen. Ihre Antworten können tiefgründige und persönliche Reflexionen darüber sein, wie Sie konditioniert wurden, über sich selbst zu denken. Wenn dieses Denken Ihnen in der Vergangenheit gut gedient hat und auch jetzt noch für Sie funktioniert, dann sind Sie sich heute der Überzeugungen bewusst, von denen Sie sich leiten lassen. Doch wenn Sie jetzt feststellen, dass Sie Ihre Beziehung zu Ihrem Körper ausweiten möchten, dann muss Ihr Wachstum mit den Überzeugungen beginnen, die Grundlage dieser Beziehung sind.

Vielleicht ist es nicht überraschend, dass wir, je mehr wir über uns selbst wissen – und je tiefer wir unser Bewusstsein für das Potenzial unseres Körpers ausweiten –, umso mehr auch unser Leben als sinnerfüllt empfinden. Und ich glaube, das ist letztlich das Ziel für jeden von uns: unseren Sinn zu entdecken und anzunehmen, während wir die Möglichkeiten des Lebens erfahren.

LEBEN MIT SINN

Fast überall erinnern uns die indigenen Traditionen der Welt daran, dass wir Produkte eines bewussten und beabsichtigten Schöpfungsaktes und irgendwie Teil einer kosmischen Familie sind und dass unser wahres Erbe, wenn wir in unserem Verständnis wachsen und heranreifen, eine größere Bedeutung in unserem täglichen Leben gewinnen wird. In alten Texten, von sumerischen Keilschriften und ägyptischen Hieroglyphen bis hin zu Schnitzereien und Piktogrammen, die in den Maya-Dschungeln Mittelamerikas entdeckt wurden, und in den mündlich überlieferten Weisheiten der nord- und südamerikanischen Ureinwohner, haben unsere Vorfahren uns mitgeteilt, dass wir Teil von etwas Großem und Schönem sind. Wie in den Schriften der ältesten Traditionen der Welt beschrieben, wurden uns außergewöhnliche Fähigkeiten – gottähnliche Eigenschaften – mitgegeben, die uns von allen anderen Lebensformen unterscheiden und uns befähigen, ein tief verbundenes, vitales und bedeutungsvolles Leben zu führen.

Wir werden auch daran erinnert, dass wir als Verwalter auf dieser Welt sind, um alles Leben zu schützen, und nicht als Herren, die geboren wurden, um das Leben zu dominieren.

Durch unsere außerordentlichen Fähigkeiten zu Intuition, Empathie und Mitgefühl haben wir das Privileg, die Hüter der Erde zu sein – ein Vermögen, das keiner anderen Lebensform verliehen wurde. Einer der größten Visionäre der Geschichte, Häuptling Seattle, ein Anführer der Suquamish-Indianer am Nordwestpazifik, erinnert uns mit klaren, eloquenten und direkten Worten an unsere Rolle. Auch wenn die Quelle der folgenden Aussage, die oft Chief Seattle zugeschrieben wird, unbestätigt bleibt, ist das Gefühl, das aus ihr spricht, zeitlos:

»Der Mensch schuf nicht das Gewebe des Lebens, er ist darin nur eine Faser. Was immer wir dem Gewebe antun, das tun wir uns selber an. Alles ist miteinander verbunden. Alles verbindet.«[212]

Die beste Wissenschaft der modernen Welt scheint die Essenz dieser Weisheit zu stützen. Unsere erweiterten neuronalen Netzwerke und unsere Fähigkeit, unser Herz, Gehirn und Nervensystem zu nutzen, um unser Leben zu verbessern, sind heute wissenschaftlich gut erforscht. Zwar gibt es Wissenschaftler, die diese uns selbst stärkende und befreiende Interpretation der wissenschaftlichen Erkenntnisse, die ich in diesem Buch darlege, nicht teilen. Aber wir können dennoch mit Sicherheit sagen, dass nichts an den neuen Entdeckungen gegen die Existenz dieser Fähigkeiten in uns spricht. Ganz im Gegenteil weisen sie eindeutig darauf hin, dass diese Fähigkeiten Ergebnis eines absichtlichen Eingriffs in das menschliche Genom sind.

Auch wenn wir vielleicht nicht ganz verstehen, woher unsere fortgeschrittenen Fähigkeiten stammen, beweisen die Tatsachen, dass unser außergewöhnlicher Intellekt und unsere Fähigkeiten zu Mitgefühl, Empathie und tiefer Intuition kein Zufall sind. Sie sind uns von Anfang an als ursprüngliche »Ausrüstung« mitgegeben worden. Sie wohnen unserer Natur inne und scheinen einen Zweck zu haben – sie sind ein wesentlicher Teil eines absichtlich erschaffenen Designs.

DIE EIGENTLICHE ARBEIT

Die Welt ist in Bewegung, und unser Leben bewegt sich mit ihr. Da Sie jetzt wissen, was auf diesen Seiten steht, können Sie nicht mehr hinter dieses Wissen zurück. Sie können das Buch nicht einfach zuklappen und wieder vergessen, was Sie nun über Ihren Ursprung und das enorme Ihnen innewohnende Potenzial wissen. Nun sind Sie am Ende dieses Buches angelangt und stehen damit am Anfang dessen, was uns als Nächstes erwartet. Hier beginnt die eigentliche Arbeit. Wenn Sie dieses Buch schließen, stehen Sie vor der Wahl, das, was Sie über sich herausgefunden haben, zu ignorieren oder anzunehmen.

Jede Entscheidung erfordert Anstrengung. Jede Wahl erfordert echte Arbeit.

Der Philosoph Khalil Gibran gibt in seinem zeitlosen Buch *Der Prophet* eine Definition des Begriffes »Arbeit«, die ich, wie ich mich erinnere, las, als ich zehn Jahre alt war. Mir als kleinem Jungen, der in einem vaterlosen Haushalt mit einer alleinerziehenden Mutter und einem jüngeren Bruder in einer einkommensschwachen, staatlich subventionierten Wohngegend lebte, lieferten Gibrans Worte eine Denkweise, die mich damals leitete und seitdem als Eckpfeiler meiner Lebensphilosophie gewirkt hat. Gibran erinnert uns daran, dass Arbeit »unsere sichtbar gemachte Liebe ist«.[213] Für mich hat das immer bedeutet, dass die Anstrengung, die in eine Aufgabe investiert wird, mehr ist als die Aufgabe selbst.

Wenn ich eingewilligt habe, etwas zu tun, dann liegt darin die Bedeutung, die ich dem beimesse, was auch immer mir daran wichtig ist. Meine »sichtbar gemachte Liebe« bedeutet, dass ich zu einhundert Prozent anwesend bin und einhundert Prozent von mir selbst für das gebe, wozu ich mich bereit erklärt habe.

Mit anderen Worten, es geht nicht darum, was wir tun, sondern darum, wie wir es tun. Es erfordert Arbeit, vollständig präsent zu sein, und aus Gibrans Sicht ist diese Arbeit Ausdruck unserer Liebe zur Welt, zu uns selbst und zu unseren Familien.

Ich bin Realist, wenn es um die Arbeit geht, die es erfordert, unsere neue Menschheitsgeschichte anzunehmen. Es erfordert Arbeit, die Lehrbücher, Computerdateien, Unterrichtsnotizen der Lehrer und wissenschaftlichen Ausstellungen in Museen auf der ganzen Welt zu ändern. Es wird viel Arbeit sein, unseren Kindern und deren Kindern die neue Menschheitsgeschichte nahezubringen. Durch unsere Arbeit, unsere sichtbar gemachte Liebe, kartografieren wir unser größtes menschliches Potenzial: die Entscheidung, von der Vorstellung, wir seien Zufallsprodukte einer unbewussten Evolution, zu der Erkenntnis umzuschwenken, dass wir von einer intelligenten Macht bewusst und gezielt erschaffen wurden. Die Frage ist nun: Glauben wir, dass wir das wert sind?

Glauben wir, dass wir die Arbeit wert sind, die nötig ist, um das außergewöhnliche Potenzial anzunehmen, das in jedem einzelnen Menschen liegt? Wir müssen nicht lange warten, bis wir wissen, wie unsere Antwort aussieht. Wir werden es daran ablesen können, wie die Welt aussieht, die wir unseren Kindern hinterlassen.

Die neue Menschheitsgeschichte in 46 Leitsätzen

In diesem Buch habe ich die Erkenntnisse und Fakten vorgestellt, die uns Anlass geben, anders über uns selbst zu denken. Um zu verdeutlichen, was nach meinem Empfinden die Orientierungspunkte in diesem Buch sind, habe ich wichtige Ideen und Entdeckungen hervorgehoben. Es ist jedoch vielleicht nicht ganz offensichtlich, dass diese Leitsätze, von denen jeder einzelne für sich ein wichtiges Thema zusammenfasst, eine Geschichte erzählen, wenn sie nacheinander gelesen werden. Diese Geschichte ist die Essenz der neuen Menschheitsgeschichte. Der Einfachheit halber können Sie die Leitsätze hier noch einmal nacheinander lesen.

Leitsatz 1 Trotz der größten technologischen Fortschritte der modernen Welt kann die Wissenschaft noch immer nicht die grundlegendste Frage unserer Existenz beantworten: *Wer sind wir?*

Leitsatz 2 Von unserer Selbstachtung über unser Selbstwertgefühl, unseren Sinn für Vertrauen, unser Wohlbefinden, unser Sicherheitsempfinden bis hin zu der Art und Weise, wie wir die Welt und andere Völker betrachten, hängt alles von unserer Antwort auf die Frage ab: *Wer sind wir?*

Leitsatz 3 Indem wir den neuen Entdeckungen erlauben, uns zu den neuen Geschichten hinzuführen, die sie erzählen, statt sie in das vorgegebene Raster unserer Ideen zu zwingen, werden wir schließlich die wichtigsten Fragen unserer Existenz beantworten können.

LEITSATZ 4   Neue Erkenntnisse über die DNA deuten darauf hin, dass wir das Ergebnis eines bewussten Schöpfungsaktes sind, der uns mit außerordentlichen Fähigkeiten zu Intuition, Mitgefühl, Empathie, Liebe und Selbstheilung versehen hat.

LEITSATZ 5   Die Geschichten, die wir uns über uns erzählen – und glauben –, bestimmen unser Leben.

LEITSATZ 6   Wenn wir die Geschichte verändern, verändern wir unser Leben.

LEITSATZ 7   Zum ersten Mal in der bekannten Menschheitsgeschichte erlaubte die 1859 publizierte Evolutionstheorie von Charles Darwin der Wissenschaft, die großen Fragen des Lebens zu beantworten, ohne dafür die Religion zu benötigen.

LEITSATZ 8   Obwohl man vermutet, dass die Verbindungen zwischen urzeitlichen Primaten und modernen Menschen im evolutionären Stammbaum existieren, sind sie noch nie als Tatsache festgestellt worden – es sind bislang nur mutmaßliche und spekulative Beziehungen.

LEITSATZ 9   Die Entdeckung eines außerordentlich gut erhaltenen weiblichen Neandertalerkindes – dessen Lebenszeit auf 30.000 Jahre vor unserer Zeit datiert werden kann – und der Vergleich seiner Mitochondrien-DNA mit unserer zeigt definitiv, dass die ersten modernen Menschen nicht die Nachfahren urtümlicher Neandertaler waren.

LEITSATZ 10   Das menschliche Chromosom 10, das zweitgrößte Chromosom im menschlichen Körper, ist das Ergebnis einer archaischen DNA-Verschmelzung, die nicht mit Hilfe der Evolutionstheorie, wie wir sie heutzutage verstehen, erklärt werden kann.

LEITSATZ 11 Die zwanzig Proteine, die die Blutgerinnung ermöglichen, und die über vierzig Komponenten der Zilien (wedelnden Wimpern), die Zellen die Fortbewegung durch Flüssigkeiten erlauben, sind bloß zwei Beispiele für Funktionen, die sich nicht stufenweise über einen langen Zeitraum entwickelt haben, wie die Evolution es nahelegt. In beiden Beispielen geht die Funktion der Zellen verloren, wenn auch nur ein Protein oder ein Bestandteil fehlt.

LEITSATZ 12 Die Menschen traten auf der Erde mit denselben fortgeschrittenen Gehirnen und Nervensystemen, wie wir sie heute haben, und mit der bereits entwickelten Fähigkeit zur Selbstregulierung vitaler Funktionen in Erscheinung, was der Schlussfolgerung der Evolutionstheorie widerspricht, dass die Natur kein Wesen mit solchen Merkmalen überschüttet, solange diese nicht gebraucht werden.

LEITSATZ 13 Eine wachsende Zahl an physischen Zeugnissen und DNA-Belegen weist darauf hin, dass unsere Art vor 200.000 Jahren entstanden ist, ohne dass ein evolutionärer Weg zu unserem Erscheinen geführt hat.

LEITSATZ 14 Ein ehrlicher Wissenschaftler, der nicht den Zwängen von Universität, Politik oder Religion unterliegt, kann die neuen Belege zum Ursprung des Menschen nicht länger außer Acht lassen und trotzdem glaubwürdig bleiben.

LEITSATZ 15 Als Teil unseres hoch entwickelten Nervensystems arbeitet das Herz mit dem Gehirn als wesentlichem Organ dahingehend zusammen, dass es dieses darüber informiert, was der Körper in jedem beliebigen Augenblick braucht.

LEITSATZ 16 Alte Traditionen haben das Herz – und nicht das Gehirn – für das Zentrum einer tiefen Weisheit, von Gefühl und Erinnerung gehalten und in ihm ein Tor zu anderen Reichen der Existenz gesehen.

LEITSATZ 17 Die Entdeckung von 40.000 sensorischen Neuriten im menschlichen Herzen öffnet eine Tür zu großartigen neuen Möglichkeiten, die denen gleichen, die in den Schriften vieler unserer ältesten und am höchsten geachteten spirituellen Traditionen genau beschrieben wurden.

LEITSATZ 18 Die wissenschaftliche Dokumentation von Erinnerungen, die von einem Organspender durch das Herz selbst in den Körper eines Empfängers übertragen wurden, belegt, wie real das Herzgedächtnis ist.

LEITSATZ 19 Das Herz ist der Schlüssel zur Erweckung tiefer Intuition, subtiler Erinnerungen und außerordentlicher Fähigkeiten, die in der Vergangenheit als sehr ungewöhnlich galten, sowie zur Einbeziehung dieser Eigenschaften in das tägliche Leben.

LEITSATZ 20 Die Bereitschaft, eine wissenschaftliche Vermutung trotz fehlender Belege, die sie unterstützen, als Tatsache anzuerkennen, kann uns, wie es auch in der Vergangenheit geschehen ist, zu falschen Schlussfolgerungen führen, was die Art und Weise betrifft, wie wir über uns selbst und über unsere Beziehungen zur Welt denken.

LEITSATZ 21 Namhafte Wissenschaftler erklären uns, dass die Entstehung des genetischen Lebenscodes allein durch den Evolutionsprozess mathematisch unmöglich ist.

LEITSATZ 22 Beinahe weltweit betrachten antike und indigene Traditionen unseren Ursprung als Ergebnis eines bewussten und willentlichen Aktes.

Leitsatz 23 Ein wachsendes Maß an Belegen deutet darauf hin, dass wir als Teile eines lebendigen und pulsierenden Universums existieren – und nicht eines leblosen Universums, das lediglich aus trägem Stoff, Gas und leerem Raum besteht.

Leitsatz 24 Wenn wir das Ergebnis von mehr als bloßem Zufall sind, erscheint es sinnvoll, dass es in unserem Leben um mehr als das reine Überleben geht. Es bedeutet, dass unser Leben einen Sinn hat.

Leitsatz 25 Unsere Befähigung zu tiefer Intuition, Anteilnahme, Empathie, Mitgefühl und der Selbstheilung, die uns erlaubt, lange genug zu leben, um diese Fähigkeiten zu teilen, sind die Nadel eines Kompasses, der direkt auf unseren Lebenssinn ausgerichtet ist.

Leitsatz 26 Intuition ist eine Einschätzung in Echtzeit, die sich auf persönliche und frühere Erfahrungen und sensorische Hinweise stützt, während der Instinkt eine Reaktion darstellt, die als Überlebensmechanismus fest in unserem Unterbewusstsein »verschaltet« ist.

Leitsatz 27 Die emotionale Bindung, die zwischen einer Mutter und ihren Kindern besteht, wird heute durch wissenschaftliche Studien dokumentiert, welche Einsichten in die intuitive Verbindung bieten, die wir alle in unseren Beziehungen entwickeln können.

Leitsatz 28 Der intentional herbeigeführte Herzfokus befähigt uns, tiefe Intuition konsequent zu erleben, wenn wir uns dies wünschen.

Leitsatz 29 Wir können die Weisheit unseres Herzens durch eine Methode erreichen, die in fünf einfachen Schritten zusammengefasst werden kann: Fokussieren, Atmen, Fühlen, Fragen und Zuhören.

LEITSATZ 30 Intuition, Anteilnahme und Empathie sind unser Weg zum Mitgefühl.

LEITSATZ 31 Mitgefühl ist sowohl eine Kraft der Natur als auch eine emotionale Erfahrung, die uns mit der Natur und allem Leben verbindet.

LEITSATZ 32 Telomere sind spezialisierte DNA-Sequenzen, die sich an den Enden eines Chromosoms befinden und als Puffer dienen, um die genetische Information des Chromosoms zu schützen, wenn sich eine Zelle teilt. Mit jeder Zellteilung werden die Telomere kürzer, bis sie die entscheidenden Informationen der Zelle nicht mehr schützen können. Ab diesem Zeitpunkt erfährt die Zelle Alter, Vergreisung und schließlich den Tod.

LEITSATZ 33 Die Aufgabe des Telomerase-Enzyms in unseren Zellen ist es, die Telomere, die bestimmen, wie lange unsere Zellen leben, zu reparieren, zu verjüngen und zu verlängern.

LEITSATZ 34 Die Wahl unseres Lebensstils, einschließlich spezifischer Formen der Bewegung, bestimmter Nahrungsergänzungsmittel und der Reduzierung von Stress im Körper, ist eine gut dokumentierte Schlüsselstrategie, um Schäden an den Telomeren und die Alterung der Zellen erfolgreich zu verlangsamen und sogar umzukehren.

LEITSATZ 35 Es ist der ungelöste Stress in unserem Leben, der unsere Telomere abbaut und uns das stiehlt, was uns am liebsten ist: das Leben selbst.

LEITSATZ 36 Durch die Weisheit unseres Herzens können wir um gesunde Alternativen zu den ungesunden Ablenkungen in unserem Leben bitten und sie erhalten.

LEITSATZ 37 In jedem Augenblick eines jeden Tages treffen wir die Entscheidungen, die das Leben in unserem Körper bejahen oder verneinen.

LEITSATZ 38 Die Herz-Hirn-Resilienz ist der Schlüssel zur emotionalen Heilung der Verluste von Familienangehörigen und geliebten Menschen, die eine längere Lebensdauer mit sich bringt.

LEITSATZ 39 Mehr Herz-Hirn-Harmonie (Kohärenz) führt zu einer höheren Belastbarkeit im Leben.

LEITSATZ 40 Wir haben immer noch die Möglichkeit, eine gesunde Zukunft zu erschaffen, indem wir die Werte definieren, die wir schätzen, bevor wir Lösungen umsetzen, die uns und unserem Planeten irreversiblen Schaden zufügen.

LEITSATZ 41 Wir haben bereits alle Lösungen – alle technischen Lösungen – für die größten Probleme, denen wir als Individuen, Gemeinschaften und Nationen gegenüberstehen.

LEITSATZ 42 Die größte Krise, der wir als Individuen und als Gesellschaft gegenüberstehen, ist eine Krise des Denkens. Wie können wir Platz schaffen für die neue Welt, die dann entsteht, wenn wir uns an die alte Welt der Vergangenheit klammern?

LEITSATZ 43 Eine wachsende Zahl wissenschaftlicher Beweise führt zu einer unausweichlichen Schlussfolgerung: Heftige Konkurrenz und Krieg stehen in direktem Widerspruch zu unseren tiefsten Instinkten zu Kooperation und Fürsorge.

LEITSATZ 44 Die Brutalität von Hassverbrechen ist nur in einer Gesellschaft möglich, in der der Wert des menschlichen Lebens verlorengegangen ist.

LEITSATZ 45 Die Zerstörung eines Individuums durch den Missbrauch von Drogen und Alkohol ist nur möglich, wenn der Mensch sein Selbstwertgefühl verliert.

LEITSATZ 46 Rachel Carson erinnert uns daran, dass wir nur das zerstören, was wir nicht wertschätzen, und dass wir nicht wertschätzen können, was wir nicht kennen. Eine dauerhafte Lösung für die Probleme, die uns trennen, und das wachsende Ausmaß von Mobbing, Hassverbrechen und Kriegsgräueln ist es, der jungen Generation das Bedürfnis zu vermitteln, alles Leben zu respektieren und wertzuschätzen, und dies auch selbst zu verinnerlichen.

Liste der Übungen

Anmerkungen

0   Epigraf von Carl Sagan aus dem Buch *Contact* (New York: Simon and Schuster, 1997), p. 430. – Erstmals 1985 erschienen, veröffentlichte Droemer Knaur die erste deutsche Ausgabe als Hardcover, übersetzt von Meike Werner, im Oktober 1991; es folgten dort mehrere Taschenbuchausgaben, zuletzt als *Contact: Eine Mission ins Herz des Universums* (München 1997). Der Roman wurde von Robert »Forrest Gump« Zemeckis verfilmt, mit Jodie Foster in der Hauptrolle.

Einleitung

1   In letzter Zeit gab es geradezu eine Explosion an Forschungen zu Themen wie der Kraft des menschlichen Glaubens, dem Placebo-Effekt und der Macht unserer Erwartungen bei der Heilung des Körpers. Dieses spezielle Beispiel bezieht sich auf eine randomisierte Doppelblindstudie, die an einer Gruppe von Parkinson-Patienten durchgeführt wurde. Joseph Mercola: »How the Power of Your Mind Can Influence Your Healing and Recovery«, Mercola.com (5. März 2015). Verfügbar unter http://articles.mercola.com/sites/articles/archive/2015/03/05/placebo-effect-healing-recovery.aspx.

2   Elizabeth Palermo (associate editor): »Niels Bohr: Biography & Atomic Theory« (14. Mai 2013). Verfügbar unter http://www.livescience.com/32016-niels-bohr-atomic-theory.html.

Kapitel 1: Darwins Zauber brechen

3   Frank Newport: »In U.S., 42% Believe Creationist View of Human Origins«, www.Gallup.com (2. Juni 2014). Verfügbar unter http://www.gallup.com/poll/170822/believe-creationist-view-human-origins.aspx.

4   Francis Crick: *Life Itself. Its Origin and Nature* (New York: Touchstone, 1981), p. 88. – Dt. Ausgabe: *Das Leben selbst: Sein Ursprung, seine Natur*, übersetzt von Friedrich Griese; Piper Verlag, München 1983.

5   Adrián Recinos: *Popol Vuh. The Sacred Book of the Ancient Quiché Maya*, »Creation Myth«, Chapters 1-3, hrsg. von Delia Goetz und Sylvanus G. Morley (Norman, OK: University of Oklahoma Press, 1950), p. 167-168. Verfügbar unter https://en.wikipedia.org/wiki/Popol_Vuh#Creation_myth. – Das *Popol Vuh*, wie wir es heute kennen, geht auf die Aufzeichnungen von Francisco Ximénez, einem Dominikanerpriester, zurück, von ihm niedergeschrieben an der Wende zum 18. Jahrhundert. Das Manuskript geriet in Vergessenheit, bis es 1941 von Adrián Recinos

»wiederentdeckt« wurde, dem allgemein zugutegehalten wird, es in neuerer Zeit wieder veröffentlicht zu haben. Er erklärt dazu: »Das Originalmanuskript ist nicht in Teile oder Kapitel gegliedert. Der Text läuft ohne Unterbrechung vom Anfang bis zum Ende. Bei dieser Übersetzung folgte ich Brasseur de Bourbourgs Gliederung in vier Teile und dieser Teile in Kapitel, da diese Darstellung sinnvoll erscheint und dem Sinn sowie der Thematik des Werkes entspricht. Da die Version des französischen Abbés die bekannteste ist, kommt das auch dem Wunsch solcher Leser entgegen, die an einer vergleichenden Untersuchung der verschiedenen Übersetzungen des *Popol* Vuh interessiert sind.« (Goetz xiv; Recinos 11-12; Brasseur, xv.) – Zu einer besonders sorgfältig edierten deutschen Ausgabe siehe im vorliegenden Buch den Abschnitt »Empfohlene Lektüre«.

6 Zitiert nach: *The Holy Bible. Authorized King James Version*, Genesis, Kapitel 1, Vers 26 (Cleveland, OH: World Publishing Company, 1961), p. 9.

7 Zitiert nach: *The Tora. A Modern Commentary*, Bereshit, Kapitel 1, Vers 26, hrsg. von W. Gunther Plaut (New York: Union of American Hebrew Congregations, 1981), p. 19.

8 »Ancient Egypt: The Mythology«, EgyptianMyths.net. Verfügbar unter http://www. egyptianmyths.net/section-deities.htm.

9 Diese Werbeslogans (von Lucky-Strike-Zigaretten, mit Unterstützung des Schauspielers Edmund Lowe, der außer für Lucky Strike auch für Zigaretten von Viceroy Werbung machte) waren durch Anzeigen der Tabakwirtschaft vom Anfang bis in die Mitte des 20. Jahrhunderts allgemein bekannt. Siehe dazu: »10 Evil Vintage Cigarette Ads Promising Better Health«, Healthcare Administration Degree Programs Blog. Verfügbar unter http://www.healthcare-administration-degree.net/10-evil-vintage-cigarette-ads-promising-better-health.

10 Ebd.

11 NBC TV News Report (11. Januar 1964) des Korrespondenten Frank McGee: »Special Report: Smoking and Health«. Verfügbar unter https://highered.nbclearn. com/portal/site/HigherEd/flatview?cuecard=68341.

12 Terry Pratchett: *A Hat Full of Sky* (New York: HarperCollins, 2004). Exzerpte aus diesem Buch können gelesen werden unter https://theillustratedpage.wordpress. com/2015/07/16/review-of-a-hat-full-of-sky-by-terry-pratchett. – Die deutsche Ausgabe dieses 32. Scheibenweltromans, *Ein Hut voller Sterne*, mit Tiffany Weh im Kreideland, erschien erstmals 2006 in Übersetzung von Andreas Brandhorst als Hardcover in der Reihe Manhattan des Goldmann Verlags, München, und schon im Folgejahr als Taschenbuch.

13 Carl Sagan: »The Backbone of Night«, *Cosmos*, Episode 7 vom 9. November 1980.

14 Albert Einstein, zitiert nach Steven Pollock, Oliver DeWolfe und Steve Goldhaber, Physics Department, University of Colorado, Boulder: »Physics 3220: Quantum Mechanics« (Herbst 2008). Verfügbar unter http://www.colorado.edu/physics/phys3220/phys3220_fa08/quotes.html.

15 Charles Darwin: *On the Origin of Species by Means of Natural Selection*. Verfügbar unter http://www.gutenberg.org/files/2009/2009-h/2009-h.htm. – Es liegen zahlreiche deutsche Übersetzungen unterschiedlicher Qualität vor; für eine besonders sorgfältig edierte Ausgabe siehe im vorliegenden Buch den Abschnitt »Empfohlene Lektüre«.

16 Für weitere Informationen zu Charles Darwins Reise an Bord der *HMS Beagle* siehe die Website https://www.aboutdarwin.com/voyage/voyage03.html.

17 Darwin: *Origin of Species*, p. 126f.

18 Darwin: *Origin of Species*, p. 219.

19 Ebd., p. 155.

20 Ein Überblick über die Serie *Evolution*, PBS.org (2001), ist verfügbar unter http://www.pbs.org/wgbh/evolution/about/overview.html.

21 Joshua Gilder: »PBS' ›Evolution‹ Series Is Propaganda, Not Science«, WorldNetDaily.com (24. September 2001). Verfügbar unter http://www.wnd.com/2001/09/11004.

22 Der Text des Oklahoma Senate Bill 1322, vorgeschlagen von Senator Josh Brecheen in der zweiten Sitzung der 55. Legislaturperiode des Staates Oklahoma (2016), ist verfügbar unter http://www.oklegislature.gov/BillInfo.aspx?Bill=sb1322&Session=1600.

23 »Definition of Intelligent Design«, Discovery Institute, Website des Centers for Science and Culture (aufgerufen am 30. Januar 2017). Verfügbar unter http://www.intelligentdesign.org/whatisid.php.

24 Das Urteil im Dover-Fall wurde vom United States District Court for the Middle District of Pennsylvania am 20. Dezember 2005 gefällt. »Tammy Kitzmiller et al., v. Dover Area School District et al.«, Webseite des National Centers for Science Education. Verfügbar unter https://ncse.com/files/pub/legal/kitzmiller/highlights/2005-12-20_Kitzmiller_decision.pdf.

25 Louis Agassiz: »Evolution and Permanence of Type«, *Atlantic Monthly* (Januar 1874), p. 10. Verfügbar unter http://www.unz.org/Pub/AtlanticMonthly-1874jan-00092.

26 Ebd., p. 12; Hervorhebung hinzugefügt.

27 Adam Sedgwick: *Spectator* (März 1860). Zitiert nach David L. Hull: *Darwin and His Critics: The Reception of Darwin's Theory of Evolution by the Scientific Community* (Cambridge, MA: Harvard University Press, 1973), p. 155-170.

28 *Louis Agassiz: His Life and Correspondence*, hrsg. von Elizabeth C. Agassiz (Boston: Houghton Mifflin, 1893), p. 647. Verfügbar unter https://ia902606.us.archive.org/28/items/louisagassizhisl02agas/louisagassizhisl02agas.pdf.

29 Albert Fleischmann: »The Doctrine of Organic Evolution in the Light of Modern Research«, *Journal of the Transactions of the Victoria Institute or Philosophical Society of Great Britain*, Vol. 65 (London, U.K., 1933), p. 194-195, 205-206, 208-9. Verfügbar unter https://biblicalstudies.org.uk/pdf/jtvi/1933_194.pdf.

30 H. S. Lipson: »A Physicist Looks at Evolution«, *Physics Bulletin*, Bd. 31, Nr. 4 (Mai 1980), p. 138.

31 Leonard Harrison Matthews: »Introduction«, *The Origin of the Species* by Charles Darwin (London: J. M. Dent and Sons, 1971), p. x–xi.

32 Fred Hoyle: »Hoyle on Evolution«, *Nature*, Bd. 294, Nr. 5837 (12. November 1981), p. 105.

33 Michael Denton: *Evolution: A Theory in Crisis* (Chevy Chase, MD: Adler and Adler Books, 1986), p. 358.

34 Stephen Jay Gould: »Not Necessarily a Wing«, *Natural History*, Bd. 94, Nr. 14 (Oktober 1985), p. 12-13.

35 Wolfgang Smith: *Teilhardism and the New Religion: A Thorough Analysis of the Teachings of Pierre Teilhard de Chardin* (Charlotte, NC: TAN Books, 1988), p. 24.

36 »A Scientific Dissent from Darwin« ist eine Website, auf der die 2001 vom Discovery Institute publizierte Liste von Wissenschaftlern aus der ganzen Welt einsehbar ist, die sich weigerten, Darwins Lehre als Tatsache zu akzeptieren. Verfügbar unter http://www.dissentfromdarwin.org.

37 Charles Darwin an Asa Gray, 1860. Zitiert nach David Masci: »Darwin and His Theory of Evolution«, Pew Research Center, Religion and Public Life (4. Februar

2009). Verfügbar unter http://www.pewforum.org/2009/02/04/darwin-and-his-theory-of-evolution.

38 Henry Edward Manning, zitiert nach »Darwin and His Theory of Evolution«.

39 Thomas H. Morgan: *Evolution and Adaptation* (New York: Macmillan Company, 1903), p. 43.

40 Darwin (Pacific Publishing Studio, 2010), p. 151.

Kapitel 2: Der Mensch als bewusste Schöpfung

41 Harold Urey, zitiert nach *Christian Science Monitor* (4. Januar 1962), p. 4.

42 This Day in History: February 28: Lead Story: Watson and Crick Discover Chemical Structure of DNA«, History.com (aufgerufen am 30. Januar 2017). Verfügbar unter http://www.history.com/this-day-in-history/watson-and-crick-discover-chemical-structure-of-dna.

43 William Goodwin: »Rare Tests on Neanderthal Infant Sheds Light on Early Human Development«, *Science News* (4. April 2000). Verfügbar unter https://www.sciencedaily.com/releases/2000/03/000331091126.htm.

44 »What Does It Mean to Be Human? Neanderthal Mitochondrial DNA«, Smithsonian Institution, Website des National Museum of Natural History (aufgerufen am 30. Januar 2017). Verfügbar unter http://humanorigins.si.edu/evidence/genetics/ancient-dna-and-neanderthals/neanderthal-mitochondrial-dna.

45 Igor V. Ovchinnikov, Anders Götherström, Galina P. Romanova, Vitaliy M. Kharitonov, Kerstin Lidén und William Goodwin: »Molecular Analysis of Neanderthal DNA from the Northern Caucasus«, *Nature,* Bd. 404 (2000), p. 490-493. Verfügbar unter http://cogweb.ucla.edu/Abstracts/Goodwin_00.html.

46 »What Does It Mean to Be Human? Homo Sapiens«, Smithsonian Institution, Website des National Museum of Natural History (aufgerufen am 30. Januar 2017). Verfügbar unter http://humanorigins.si.edu/evidence/human-fossils/species/homo-sapiens.

47 Lizzie Wade: »Oldest Human Genome Reveals When Our Ancestors Had Sex with Neandertals«, *Science*-Website (22. Oktober 2014). Verfügbar unter http://www.sciencemag.org/news/2014/10/oldest-human-genome-reveals-when-our-ancestors-had-sex-neandertals.

48 Hillary Maywell: »Neandertals Not Our Ancestors, DNA Study Suggests«, *National Geographic News* (14. Mai 2003). Verfügbar unter http://news.nationalgeographic.com/news/2003/05/0514_030514_neandertalDNA.html.

49 Public Library of Science: »Europe's Ancestors: Cro-Magnon 28,000 Years Old Had DNA Like Modern Humans«, *ScienceDaily* (16. Juli 2008). Verfügbar unter www.sciencedaily.com/releases/2008/07/080715204741.htm.

50 Simon Tripp und Martin Grueber: »Economic Impact of the Human Genome Project«, *Battelle Memorial Institute Report* (Mai 2011). Verfügbar unter http://www.battelle.org/docs/default-document-library/economic_impact_of_the_human_genome_project.pdf.

51 Eine laienverständliche Beschreibung der DNA-Unterschiede zwischen uns Menschen und unseren nächsten Verwandten unter den Primaten, den Schimpansen, findet sich hier: »DNA: Comparing Humans and Chimps«, Homepage des American Museum of Natural History (aufgerufen am 30. Januar 2017), http://www.amnh.org/exhibitions/permanent-exhibitions/human-origins-and-cultural-halls/anne-

and-bernard-spitzer-hall-of-human-origins/understanding-our-past/dna-comparing-humans-and-chimps.

52 Der Terminus *7q31* ist eine wissenschaftliche Abkürzung, die bezeichnet, wo ein Gen innerhalb eines Chromosoms lokalisiert ist. Der Code ist ziemlich einfach und besteht aus drei Teilen. Teil 1: Die erste Nummer zeigt den Gesamtzusammenhang an, in dem sich das Chromosom befindet. Teil 2: Der Buchstabe besagt, auf welchem der beiden Arme, aus denen ein Chromosom besteht, sich das Gen befindet, auf dem kurzen Arm (p) oder dem langen (q). Teil 3: Die hintere Zahl weist auf die genaue Position auf dem Chromosom hin, die beim Betrachten speziell eingefärbter Proben durch ein Mikroskop aufgrund der Anzahl dunkler und heller Bänder bestimmt werden kann. In diesem Fall befindet sich das Gen in Chromosom 7 auf dem langen q-Arm an Position 31, wenn man von dem zentralen Punkt (Zentromer) des Chromosoms aus zählt.

53 »Study Links Evolution of Single Gene to Human Capacity for Language«, Emory University, Pressemitteilung des Yerkes National Primate Research Center (11. November 2009). Verfügbar unter http://www.yerkes.emory.edu/about/news/neuropharmacology_neurologic_diseases/gene_language_capacity.html.

54 Ebd.

55 Wolfgang Enard, interviewt von Helen Briggs: »First Language Gene Discovered«, *BBC News World Edition* (14. August 2002). Verfügbar unter http://news.bbc.co.uk/2/hi/science/nature/2192969.stm.

56 Ebd.

57 Michael Purdy: »Human Chromosomes 2, 4 Include Gene Deserts, Signs of Chimp Chromosome Merger«, *Washington University in St. Louis Source* (6. April 2005). Verfügbar unter https://source.wustl.edu/2005/04/human-chromosomes-2-4-include-gene-deserts-signs-of-chimp-chromosome-merger. Siehe auch J. W. Ijdo, A. Baldini, D. C. Ward, S. T. Reeders und R. A. Wells: »Origin of Human Chromosome 2: An Ancestral Telomere-Telomere Fusion«, *Proceedings of the National Academy of Sciences USA*, Bd. 88, Nr. 20 (15. Oktober 1991), p. 9051-9055. Verfügbar unter https://www.ncbi.nlm.nih.gov/pmc/articles/PMC52649.

58 J. W. Ijdo et al. Hervorhebung hinzugefügt. Obwohl einige Wissenschaftler immer noch bezweifeln, dass das menschliche Chromosom 2 das Ergebnis einer alten Genverschmelzung ist, spricht der Befund doch klar dafür. Zusammengefasst besagt er dies: 1. Die DNA-Sequenzen der voneinander getrennten Schimpansengene sind mit den im menschlichen Chromosom 2 kombiniert anzutreffenden nahezu identisch. 2. Es wäre ein zweites, ungenutztes, gleichsam »übrig« gebliebenes Zentromer (der Punkt, der die langen und die kurzen Arme des Gens trennt) zu erwarten, wenn sich zwei Gene mit jeweils einem Zentromer zu einer neuen Einheit verbunden hätten. 3. Restliche Telomere – die schützenden DNA-Sequenzen, die sich gewöhnlich an den Enden der Chromosomen befinden – sind in der Mitte des Gens an Position q13 und nicht an den Enden des Chromosoms anzutreffen.

59 Eine detaillierte Beschreibung der mit dem menschlichen Chromosom 2 verbundenen Funktionen ist hier nachzulesen: »Chromosome 2 (Human)«, Wikipedia (aufgerufen am 30. Januar 2017). Siehe https://en.wikipedia.org/wiki/Chromosome_2_(human).

60 Ebd.

61 J. W. Ijdo et al.

62 *The Expanded Quotable Einstein*, hrsg. von Alice Calaprice (Princeton, NJ: Princeton University Press, 2000), p. 204.

63   Alfred Russel Wallace: *Contributions to the Theory of Natural Selection* (New York: Macmillan, 1870), p. 356. Verfügbar unter https://ia601406.us.archive.org/32/items/contributionstot00wall/contributionstot00wall.pdf.

Kapitel 3: Das Gehirn im Herzen

64   Gary E. R. Schwartz und Linda G. S. Russek: Aus dem Vorwort zu Paul P. Pearsalls *The Heart's Code: Tapping the Wisdom and Power of Our Heart Energy* (New York: Broadway Books, 1998), p. xiii.

65   »Cro-Magnon«, Wikipedia (aufgerufen am 30.01.2017). Verfügbar unter https://en.wikipedia.org/wiki/Cro-Magnon.

66   Ebd.

67   »Neanderthal Anatomy«, Wikipedia (aufgerufen am 30.01.2017). Verfügbar unter https://en.wikipedia.org/wiki/Neanderthal_anatomy.

68   Joshua Batson: »Watch 80,000 Neurons Fire in the Brain of a Fish«, *Wired* (28. Juli 2014). Verfügbar unter https://www.wired.com/2014/07/neuron-zebrafish-movie.

69   »Anatomy of the Brain«, Mayfield Clinic, Brain and Spine Institute (aufgerufen am 30. Januar 2017). Verfügbar unter http://www.mayfieldclinic.com/PE-AnatBrain.htm#.VYTaBFVViko.

70   »Amazing Heart Facts«, Arkansas Heart Hospital (aufgerufen am 30. Januar 2017). Zugänglich unter http://www.arheart.com/cardiovascular-health/amazing-heart-facts. – Im Original heißt es hier: »As it does so, it circulates approximately 2,000 gallons of blood through 60,000 miles of arteries, capillaries, veins, and other blood vessels!«

71   Die hebräische sowie die aramäische Sprache und das antike Griechisch haben zu der Bibel, wie wir sie heute kennen, ihren Beitrag geleistet. Wenn Passagen aus ihr ins Englische übersetzt werden, hängt die genaue Anzahl, in der ein bestimmtes Wort erscheint, natürlich von der jeweiligen Übersetzung ab (ob es sich beispielsweise um die Authorized King James Version oder den New American Standard handelt). Um festzustellen, wie oft das Wort Herz in verschiedenen Bibel-Versionen auftritt, siehe »Word Counts: How Many Times Does a Word Appear in the Bible?« Christian Bible Reference Site, http://www.christianbiblereference.org/faq_WordCount.htm.

72   *The Holy Bible: Authorized King James Version*, Proverbs, Kapitel 20 Vers 5 (Cleveland, OH: World Publishing Company, 1961), p. 534.

73   Rodney Ohebsion: »Native American Proverbs, Quotes and Chants«, RodneyOhebsion.com (aufgerufen am 30. Januar 2017). Verfügbar unter http://www.rodneyohebsion.com/native-american-proverbs-quotes.htm.

74   Daisaku Ikeda: »The Wisdom of the Lotus Sutra«, Soka Gakki International (aufgerufen am 30. Januar 2017). Verfügbar unter http://www.sgi.org/about-us/president-ikedas-writings/the-wisdom-of-the-lotus-sutra.html.

75   Ebd.

76   Siehe Ralph Marinelli, Branko Fuerst, Hoyte van der Zee, Andrew McGinn und William Marinelli: »The Heart Is Not a Pump«, *Frontier Perspectives* (Herbst/Winter 1995). Verfügbar unter http://www.rsarchive.org/RelArtic/Marinelli.

77   J. Andrew Armour: *Neurocardiology: Anatomical and Functional Principles*, HeartMath Research Center, Institute of HeartMath, eBook (2003).

78   Ebd.

79   Ebd.

80   Ebd.
81   The Quick Coherence® Technique for Adults. Verfügbar unter https://www.heartmath. org/resources/heartmath-tools/quick-coherence-technique-for-adults.
82   Armour: *Neurocardiology.*
83   »Fifty Spiritual Homilies of Saint Macarius the Egyptian: Homily 43:7«, e-Catholic 2000 (aufgerufen am 22. März 2017). Verfügbar unter http://www.ecatholic2000. com/macarius/untitled-46.shtml#_Toc385610658.
84   Tony Long. »Dec. 3, 1967: Patient Dies, but First Heart Transplant a Success«, *Wired* (3. Dezember 2007). Verfügbar unter https://www.wired.com/2007/12/dayintech-1203.
85   »Artificial Hearts May Help Patients Survive until Transplant«, Pressemitteilung des American College of Cardiology (27. März 2014). Verfügbar unter http://www.acc. org/about-acc/press-releases/2014/03/27/12/53/gurudevan-artificial-heart-pr.
86   Ebd.
87   Claire Sylvia: *A Change of Heart: A Memoir* (New York: Warner Books, 1997). – Dt. Erstausgabe im Hardcover: *Herzensfremd: Wie ein Spenderherz mein Selbst veränderte*, übersetzt von Almuth Dittmar-Kolb, Hoffmann und Campe, Hamburg 1998; schon im folgenden Jahr erschien eine Taschenbuchausgabe in der Reihe Erfahrungen bei Bastei-Lübbe, Bergisch Gladbach.
88   Ebd., p. 226.
89   Paul Pearsall: *The Heart's Code* (New York: Broadway Books, 1999), Einleitung. – Dt. Ausgabe im Hardcover: *Heilung aus dem Herzen: Die Körper-Seele-Verbindung und die Entdeckung der Lebensenergie*, übersetzt von Ursula Bischoff, Goldmann Verlag, Hamburg 1999; bisher kein Nachdruck im Taschenbuch.
90   Charles E. Gross: »Leonardo da Vinci on the Brain and the Eye«, *Neuroscientist*, Bd. 3, Nr. 5 (1. September 1997), p. 347-54. Verfügbar unter http://journals.sagepub. com/doi/pdf/10.1177/107385849700300516.
91   Clare Boothe Brokaw (Clare Boothe Luce): *Stuffed Shirts* (New York, Horace Liveright, 1931), p. 239.
92   Chad Boutin: »Snap judgments decide a face's character, psychologist finds,« Princeton University (22. August 2006). Verfügbar unter https://www.princeton.edu/main/ news/archive/S15/62/69K40/index.xml?section=topstories.
93   Meine Verbindung mit dem Institute of HeartMath geht bis ins Jahr 1995 zurück. Während jener Zeit nahm ich an Grundsatzpräsentationen und Wochenendseminaren von Howard Martin (Executive Vice President) und Debbie Rozman, Ph.D. (Präsidentin und Co-CEO) teil; außerdem arbeite ich seit seiner Gründung 2008 im Führungskomitee des Global Coherence Initiative Project mit. Eine Liste der Mitarbeiter und Berater findet sich unter https://www.heartmath.com/ heartmath-team.
94   Rollin McCraty, Mike Atkinson und Raymond Trevor Bradley: »Electrophysiological Evidence of Intuition: Part 1. The Surprising Role of the Heart«, *Journal of Alternative and Complementary Medicine*, Bd. 10, Nr. 1 (Juni 2004), p. 133-143.

Kapitel 4: Die neue Menschheitsgeschichte

95   Brené Brown. *Own Our History. Change the Story* (18. Juni 2015). Verfügbar unter http://brenebrown.com/2015/06/18/own-our-history-change-the-story.
96   Kristen Philipkoski: »Researchers Cut Gene Estimate«, *Wired* (12. Februar 2001). Verfügbar unter http://archive.wired.com/science/discoveries/news/2001/02/41749.

97 »The Human Genome Is More and Less Than We Expected to Find«, The Tech Museum of Innovation (2013). Verfügbar unter http://genetics.thetech.org/original_news/news14.

98 Guilherme Neves, Jacob Zucker, Mark Daly und Andrew Chess: »Stochastic Yet Biased Expression of Multiple *Dscam* Splice Variants by Individual Cells«, *Nature Genetics*, Bd. 36, Nr. 3 (1. Februar 2004), p. 240-246.

99 Victor A. McKusick, zitiert nach »2001: Publication of the Human Genome Sequence«, *Genome News Network*. Verfügbar unter http://www.genomenewsnetwork.org/resources/timeline/2001_human_pub.php.

100 Craig Venter, zitiert nach Tom Abate: »Genome Discovery Shocks Scientists«, *San Francisco Chronicle* (11. Februar 2001). Verfügbar unter http://www.sfgate.com/news/article/Genome-Discovery-Shocks-Scientists-Genetic-2953173.php.

101 Albert A. Michelson und Edward W. Morley: »On the Relative Motion of the Earth and the Luminiferous Ether«, *American Journal of Science*, Bd. 34, Nr. 203 (November 1887), p. 333-345.

102 E. W. Silvertooth: »Special Relativity«, *Nature*, Bd. 322, Nr. 6080 (August 1986), p. 590.

103 Ilya Prigogine, Gregoire Nicolis und Agnes Babloyantz: »Thermodynamics of Evolution«, *Physics Today*, Bd. 25, Nr. 11 (November 1972), p. 23-8.

104 Marcel Golay und Frank Salisbury, zitiert nach Henry M. Morris: »Probability and Order versus Evolution«, *Acts and Facts*, Bd. 8, Nr. 7 (1979). Verfügbar unter http://www.icr.org/article/probability-order-versus-evolution.

105 Fred Hoyle und N. Chandra Wickramasinghe: *Evolution from Space* (London: J. M. Dent & Sons, 1981). – Dt. Ausgabe im Hardcover: *Leben aus dem All*, übersetzt von Michael Bischoff, Zweitausendeins Verlag, Frankfurt am Main 2000.

106 Fred Hoyle: »Hoyle on Evolution«, *Nature*, Bd. 294, Nr. 5837 (12. November 1981), p. 105.

107 John Black: »The Origins of Human Beings according to Ancient Sumerian Texts«, *Ancient Origins* (30. Januar 2013). Verfügbar unter http://www.ancientorigins.net/human-origins-folklore/origins-human-beings-according-ancient-sumerian-texts-0065.

108 Louis Ginzberg: *The Legends of the Jews*, Bd. 1, *From Creation to Jaco* (1938), S. 54. Verfügbar unter http://www.gutenberg.org/ebooks/1493.

109 *The Holy Qur'an, with English Translation and Commentary*, Pilgrimage, Kapitel 22, Vers 5, hrsg. von Maulana Muhammad Ali (Columbus, OH: Ahmadiyah Anjuman Isha'at Islam, 1917), p. 648.

110 Ebd., Kapitel 25, Vers 54, p. 705.

111 Ibid., p. 648.

112 *The Holy Bible, Authorized King James Version*, Genesis, Kapitel 2, Vers 7 (Cleveland, OH: World Publishing Company, 1961), p. 10.

113 Charles C. Mann: *1491: New Revelations of the Americas before Columbus* (New York: Alfred A. Knopf, 2005), p. 199-212.

114 *Popol Vuh*, hrsg. von Norine Polio, Yale-New Haven Teachers Institute. Verfügbar unter http://teachersinstitute.yale.edu/curriculum/units/1999/2/99.02.09.x.html.

115 Duane Elgin: »Why We Need to Believe in a Living Universe«, *Huffington Post* blog (15. Mai 2011). Verfügbar unter http://www.huffingtonpost.com/duaneelgin/living-universe_b_862220.html.

116 Ebd.

117 Ebd.

118 Ebd.
119 Ray Bradbury: »G. B. S. Mark V«, in *I Sing the Body Electric! And Other Stories* (New York: HarperPerennial, 2001), p. 275. – Auf Deutsch liegt die genannte Story in Bradburys Kurzgeschichtensammlung *Lange nach Mitternacht* vor. In der Erstübersetzung von Tony Westermayr, Goldmann Science Fiction & Fantasy 23278, München 1979, heißt sie »Reise in die vergangene Zukunft mit G.B.S.«, in der Neuübersetzung von Christa Schuenke im Diogenes Verlag, Zürich 1997, detebe 22985, »G.B.S.-Mark V«. Sie ist *nicht* Bestandteil der deutschen Collections *Gesänge des Computers* (1973/1975), *Die vergessene Marsstadt* (1976) und *Das Kind von Morgen* (1984), die den englischen Originaltitel *I Sing the Body Electric!* tragen.
120 Albert Einstein: Brief an Robert S. Marcus, den politischen Direktor des World Jewish Congress, anlässlich des Ablebens von dessen Sohn durch Kinderlähmung (12. Februar 1950), Hervorhebung vom Autor.
121 Karl Jaspers: *The Idea of the University* (London: Peter Owen, 1965), p. 30, zitiert nach James Cowan: »Climate Change: A Humanist Response«, Epigraph (Juni 2015). Verfügbar unter http://www.academia.edu/12372530/Climate_Change_a_humanist_response. – *Anmerkung des Verlags:* Bereits 1923 und 1946 veröffentlichte Jaspers im Springer Verlag, Berlin/Heidelberg, eine Schrift mit dem Titel *Die Idee der Universität*, gefolgt 1961 von der überarbeiteten Fassung *Die Idee der Universität, für die gegenwärtige Situation entworfen von Karl Jaspers und Kurt Rossman*. Die Originalschrift von 1946 und andere verstreute Texte fanden 2015 Aufnahme in den Band *Schriften zur Universitätsidee* der *Karl Jaspers Gesamtausgabe*, herausgegeben von Oliver Immel im Schwabe Verlag.

Kapitel 5: Wir sind wie geschaffen für Verbundenheit und Kommunikation

122 Mitch Albom: *The Five People You Meet in Heaven* (Hachette, New York 2003), p. 50. – Dt. Ausgabe im Hardcover: *Die fünf Menschen, die dir im Himmel begegnen*, übersetzt von Andrea Ott, Goldmann Verlag, München 2004; im folgenden Jahr auch als Goldmann-Taschenbuch erschienen.
123 Dean Koontz, zitiert nach *Goodreads*. Verfügbar unter http://www.goodreads.com/quotes/95562-intuition-is-seeing-with-the-soul.
124 »Mother-Baby Study Supports Heart-Brain Interactions«, HeartMath Institute (20. April 2008). Verfügbar unter https://www.heartmath.org/articles-of-theheart/science-of-the-heart/mother-baby-study-supports-heart-brain-interactions.
125 Ebd.
126 Ebd.
127 Ebd.
128 »Captured Pilot's Mother Felt Something Was Wrong«, CNN.com (24. März 2003). Verfügbar unter http://www.cnn.com/2003/US/South/03/24/sprj.irq.pilot.family.
129 Ebd.
130 Ebd.
131 Alan Cowell und Douglas Jehl: »Luxor Survivors Say Killers Fired Methodically«, *New York Times* (24. November 1997). Online auf http://www.nytimes.com/1997/11/24/world/luxor-survivors-say-killers-fired-methodically.html.
132 Albert Einstein: Brief an Robert S. Marcus (12. Februar 1950).
133 Dalai Lama: *The Art of Happiness: A Handbook for Living*, 10th anniversary edition (Riverhead Books, New York 2009), p. 119. – Dt. Ausgabe: *Die Regeln des Glücks*,

übersetzt von Jürgen Manshardt, Herder Verlag, Freiburg im Breisgau 2012, Band 2647 in der Reihe Spektrum.

134 Joanna Macy: »The Bodhisattva«, Auszug aus einem Vortrag im Barre Center for Buddhist Studies: »The Wings of the Bodhisattva«, *Insight Magazine* (Frühling/ Sommer 2001). Verfügbar unter http://www.joannamacy.net/the-bodhisattva.html.

Kapitel 6: Es gibt in uns ein »Programm« für Heilung und langes Leben

135 Epigraph von Neel Burton, verfügbar unter http://www.goodreads.com/quotes/7280473-many-things-can-prolong-your-life-but-only-wisdom-can.

136 King-James-Bibel, Genesis, Kapitel 6, Vers 10 (World Publishing Company, Cleveland, OH 1961), p. 13.

137 Ebd., Genesis, Kapitel 5, Vers 24, p. 12.

138 Ebd., Genesis, Kapitel 6, Verse 3, p. 13.

139 »The Nobel Prize in Physiology or Medicine 2009«, Pressemitteilung von Nobelprize.org (5. Oktober 2009). Verfügbar unter https://www.nobelprize.org/nobel_prizes/medicine/laureates/2009/press.html.

140 Ewen Callaway: »Telomerase Reverses Aging Process«, *Nature News* (28. November 2010). Verfügbar unter http://www.nature.com /news/2010/101128/full/news.2010.635.html.

141 Ebd.

142 Kristin Kirkpatrick: »Should I Stop Eating Eggs to Control Cholesterol? (Diet Myth 4)«, ClevelandClinic.org (16. August 2012). Verfügbar unter: https://health.clevelandclinic.org/2012/08/should-i-stop-eating-eggs-to-control-cholesterol-diet-myth-4.

143 John Phillip, »Targeted Nutrients Naturally Extend Telomere Length and Provide Anti-aging Effect«, *Natural News* (29. Dezember 2011). Verfügbar unter http://www.naturalnews.com/034513_telomeres_longevity_nutrition.html. Originaluntersuchung zugänglich unter http://jn.nutrition.org/content/139/7/1273.full.pdf.

144 Elissa S. Epel, Elizabeth H. Blackburn, Jue Lin, Firdaus S. Dhabhar, Nancy E. Adler, Jason D. Morrow und Richard M. Cawthon: »Accelerated Telomere Shortening in Response to Life Stress«, *Proceedings of the National Academy of Sciences of the United States of America*, Bd. 101, Nr. 49 (28. September 2004), p. 17312-173155. Verfügbar unter http://www.pnas.org/content/101/49/17312.long.

145 »Essenes«, Wikipedia (aufgerufen am 30. Januar 2017). Verfügbar unter https://en.wikipedia.org/wiki/Essenes.

146 *The Essene Gospel of Peace*, herausgegeben und übersetzt von Edmond Bordeaux Székely (Matsqui, BC: International Biogenic Society, 1937), p. 39. – *Anmerkung des Verlags:* Das erste Buch der Essener-Schriften, das Friedensevangelium, offenbart, dass Jesus, der Essener, die Wirkung der Kräfte der Natur zur Heilung des Menschen kannte: die Kräfte der Luft, des Lichtes, der Erde und des Wassers. All die Heil- und Ernährungsweisen auf biologischer Grundlage, wie Heilfasten, Kneippkuren, Bäder und Moortherapie, Kräuterheilkunde und vegetarische Ernährung beruhen zum großen Teil auf der direkten oder indirekten Überlieferung der Erfahrungen der Essener-Bruderschaft vom Toten Meer. Es gibt mehrere deutsche Ausgaben vom *Friedensevangelium der Essener*. Zuletzt erschien sie im Verlag Neue Erde, Saarbrücken 2015, als erster Band einer Székely-Werkausgabe.

147 Es gibt rechtliche und kulturelle Definitionen, was Lebensmittel genau sind. Ich verwende eine Google-Definition, die sich mit den allgemeinen und praktischen Aspekten von Lebensmitteln befasst, wie sie in unserer Gesellschaft verstanden werden. Siehe https://www.google.com/webhp?sourceid=chrome-instant &ion=1&espv=2&ie=UTF-8#q=definition+of+food.

148 »Li Ching-Yuen«, Wikipedia (aufgerufen am 30. Januar 2017). Verfügbar unter https://en.wikipedia.org/wiki/Li_Ching-Yuen.

149 »Li Ching-Yun Dead; Gave His Age as 197«, *New York Times* (6. Mai 1933); verfügbar unter http://query.nytimes.com/gst/abstract.html?res=9503E4DF1538 E333A25755C0A9639C946294D6CF, und »China: Tortoise-Pigeon-Dog«, *Time* (15. Mai 1933); verfügbar unter http://content.time.com/time/magazine/article/ 0,9171,745510,00.html.

150 »Tortoise-Pigeon-Dog«, *Time*.

151 Martin Patience: »World's ›Oldest‹ Person in Israel«, *BBC News* (15. Februar 2008). Verfügbar unter http://news.bbc.co.uk/2/hi/middle_east/7247679.stm.

152 »Life Expectancy for Social Security«, Social Security Administration (aufgerufen am 30. Januar 2017). Verfügbar unter https://www.ssa.gov/history/lifeexpect.html.

153 Romeo Vitelli: »When a Parent Loses a Child«, *Psychology Today* (4. Februar 2013). Verfügbar unter https://www.psychologytoday.com/blog/media-spotlight/201302/ when-parent-loses-child.

154 American Psychological Association: »What Is Resilience?«, Psych Central (aufgerufen am 20. März 2017). Verfügbar unter http://psychcentral.com/lib/2007/what-is-resilience.

155 »What Is Resilience?«, Stockholm Resilience Centre (4. Juli 2008). Verfügbar unter http://www.stockholmresilience.org/research/research-videos/2011-12-01-what-is-resilience.html.

156 »Heart Rate Variability«, HeartMath Institute (27. Oktober 2014). Verfügbar unter https://www.heartmath.org/articles-of-the-heart/the-math-of-heartmath/heart-rate-variability.

157 Rollin McCraty, Raymond Trevor Bradley und Dana Tomasino: »The Resonant Heart«, *Shift* (Dezember 2004-Februar 2005), p. 15-19. Verfügbar unter https:// www.heartmath.org/research/research-library/relevant-publications/the-resonant-heart.

158 Doc Childre und Deborah Rozman, *Transforming Stress: The HeartMath Solution for Transforming Worry, Fatigue, and Tension* (New Harbinger Publications, Oakland, CA 2005), p. 99. – Dt. Ausgabe: *Stressfrei mit Herzintelligenz: Gelassen und voller Energie in 5 Schritten*, Reihe HeartMath/HerzIntelligenz, übersetzt von Isolde Seidel, VAK Verlag, Kirchzarten bei Freiburg 2006.

Kapitel 7: Wir sind darauf »programmiert«, eine Bestimmung zu erfüllen

159 William Jennings Bryan in »America's Mission«, einer bei einem Bankett der Virginia Democratic Association in Washington/DC am 22. Februar 1899 gehaltenen Rede. Verfügbar unter https://archive.org/stream/speechesofwillia02bryauoft/speeche sofwillia02bryauoft_djvu.txt.

160 *Forrest Gump* (1994): Regie: Robert Zemeckis, mit Tom Hanks in der Hauptrolle, geschrieben von Eric Roth auf Grundlage des Romans *Forrest Gump* von Winston Groom (Vintage Books, New York 1986). – Die deutsche Printausgabe des Romans,

auf dem der Kultfilm basiert, erschien 1994 im Wilhelm Heyne Verlag, übersetzt von Peter Meier. Eine eBook-Version bietet der Edel Verlag an, Hamburg 2014.

161 Aldous Huxley: *Brave New World* (Chatto and Windus, London 1931). – *Anmerkung des Verlags:* Bereits 1932 erschien im Insel Verlag, Leipzig, die erste deutsche Übersetzung von Herberth E. Herlitschka, damals noch unter dem Titel *Welt – wohin?* Ab 1938 gehörte das Buch zum »schädlichen und unerwünschten Schrifttum«, wurde nach dem Dritten Reich aber wieder als sehr aktuell empfunden und erschien 1950 im Züricher Steinberg Verlag als *Wackere neue Welt*. Nur drei Jahre später folgte die erste Ausgabe im S. Fischer Verlag unter dem Titel *Schöne neue Welt*, der seitdem zum geflügelten Wort geworden ist. Im Jahr 1978 veröffentlichte Das Neue Berlin eine ausgezeichnete Neuübersetzung von Eva Walch, ebenfalls unter dem Titel *Schöne neue Welt*. Seit 2013 liegt als kleiner Hardcover im S. Fischer Verlag (inzwischen auch als Taschenbuch) eine aktuelle Neuübersetzung vor, die Uda Strätling vornahm. Sie kann als zeitgemäße Übertragung des inhaltlich brisanten Stoffes gelten, der schon früh die Genmanipulation von Menschen und daraus resultierend ihre rein funktionale Aufgabenzuweisung für Politik, Gesellschaft und Wirtschaft zum Thema hatte – ihr Sklavendasein.

162 H. G. Wells: *Men Like Gods* (Cassell & Company, London 1921). – *Anmerkung des Verlags:* Bereits 1927 erschien im Rahmen der Gesammelten Werke im Paul Zsolnay Verlag, übersetzt von Paul von Sonnenthal und Otto Mandl, die deutsche Ausgabe *Menschen, Göttern gleich*. Im Hardcover und als Taschenbuch wurde sie häufig nachgedruckt und war auch Bestandteil der H. G. Wells Edition des Zsolnay Verlags, die in den 1980ern unter der Redaktion von Franz Rottensteiner erschien und auf zwanzig Bände erweitert kurz darauf im Ullstein-Taschenbuch vorgelegt wurde. Bisher gibt es keine Neuübersetzung.

163 Carnegie Endowment for International Peace Records, 1910-1954, Carnegie Collections Rare Book and Manuscript Library, Columbia University. Verfügbar unter http://www.columbia.edu/cu/lweb/eresources/archives/rbml/CEIP/index. html?ceipFBio.html&1.

164 »11 Myths about Global Hunger«, World Food Programme (21. Oktober 2011). Verfügbar unter https://www.wfp.org/stories/11-myths-about-global-hunger.

165 »By the Numbers: Hunger in the World«, UFCW Canada (United Food and Commercial Workers Union 2017). Verfügbar unter http://www.ufcw.ca/index. php?option=com_content&view=article&id=3061:by-the-numbers-hunger -in-the- world&catid=271&Itemid=6&lang=en.

166 Richard Martin: »Meltdown-Proof Reactors Get a Safety Check in Europe«, *MIT Technology Review* (4. September 2015). Verfügbar unter https://www.technologyreview. com/s/540991/meltdown-proof-nuclear-reactors-get-a-safety-check-in-europe.

167 Ebd.

168 »Indian Point Energy Center«, Wikipedia (aufgerufen am 30. Januar 2017). Verfügbar unter https://en.wikipedia.org/wiki/Indian_Point_Energy_Center.

169 Doug Stephens: »Shared Interests: The Rise of Collaborative Consumption«, *Retail Prophet* (26. November 2013). Verfügbar unter http://www.retailprophet.com/blog/ shared-interests-the-rise-of-collaborative-consumption.

170 Stephen Hawking, in einem Interview mit einer deutschen Zeitschrift (Übersetzer unbekannt). Klaus Franke und Henry Glass: »Wir alle wollen wissen, woher wir kommen«, *Der Spiegel* Nr. 42 (17. Oktober 1988). Verfügbar unter http://www. spiegel.de/spiegel/print/d-13542088.html.

171 Richard Dawkins: »Review of Blueprints: Solving the Mystery of Evolution«, *New York Times* (9. April 1989), p. 34.

172 Neil Munro: »Poll: Race Relations Have Plummeted Since Obama Took Office«, *Daily Caller* (25. Juli 2013). Verfügbar unter http://dailycaller.com/2013/07/25/race-relations-have-plummeted-since-obama-took-office-according-to-poll.

173 Eric Hobsbawm: »War and Peace in the 20th Century«, *London Review of Books*, Jg. 24, Nr. 4 (21. Februar 2002). Hobsbawms Statistiken zeigen, dass gegen Ende des 20. Jahrhunderts über 187 Millionen Menschen ihr Leben in Kriegen verloren hatten. Verfügbar unter https://www.lrb.co.uk/v24/n04/eric-hobsbawm/war-and-peace-in-the-20th-century.

174 Matthew White: »Worldwide Statistics of Casualties, Massacres, Disasters and Atrocities«, *The Historical Atlas of the Twentieth Century*. Verfügbar unter http://necrometrics.com/index.htm.

175 Jonathan Steele: »The Century That Murdered Peace«, *The Guardian* (11. Dezember 1999). Verfügbar unter https://www.theguardian.com/world/1999/dec/12/theobserver4.

176 »Convention on the Prevention and Punishment of the Crime of Genocide«, Resolution der UN-Generalversammlung (9. Dezember 1948). Verfügbar unter http:// www.ohchr.org/EN/ProfessionalInterest/Pages/CrimeOfGenocide.aspx.

177 Richard Weikart: *From Darwin to Hitler: Evolutionary Ethics, Eugenics and Racism in Germany* (Macmillan, New York 2006).

178 Siehe Stéphane Courtois, Nicolas Werth, Jean-Louis Panné, Andrzej Paczkowski, Karel Bartošek und Jean-Louis Margolin: *The Black Book of Communism*, übersetzt von Jonathan Murphy und Mark Kramer (Harvard University Press, Cambridge, MA 1999), p. 491. – Dt. Ausgabe im Hardcover: *Das Schwarzbuch des Kommunismus: Unterdrückung, Verbrechen und Terror*, Piper Verlag, München und Zürich 1998. Eigens für die deutsche Ausgabe schrieben Joachim Gauck und Ehrhart Neubert noch das Zusatzkapitel »Die Aufarbeitung des Sozialismus in der DDR«.

179 Siehe Adolf Hitlers *Mein Kampf* (My Struggle). – *Anmerkung des Verlags:* Gregg Braden bezieht sich hier auf eine englische Online-Übersetzung von *Mein Kampf: Volume One – A Reckoning*, Chapter XI: Nation and Race, einsehbar auf http://www.hitler.org/writings/Mein_Kampf/mkv1ch11.html. Der deutsche Leser möge sich bitte orientieren an *Mein Kampf: eine kritische Edition*, herausgegeben von Christian Hartmann, Thomas Vordermayer, Othmar Plöckinger und Roman Töppel, Institut für Zeitgeschichte, München/Berlin 2016.

180 »Past Genocides and Mass Atrocities«, United to End Genocide. Verfügbar unter http://endgenocide.org/learn/past-genocides.

181 Charles Darwin: *On the Origin of Species by Means of Natural Selection* (Pacific Publishing Studio, Seattle 2010), p. 133. – Dt. Ausgabe: *Über die Entstehung der Arten durch natürliche Zuchtwahl*, übersetzt von Julius Victor Carus (1884); vollständige Neuausgabe mit einer Biografie des Autors, herausgegeben von Karl-Maria Guth, Sammlung Hofenberg, Verlag der Contumax GmbH & Co. KG, Berlin 2016.

182 Adolf Hitler: *Mein Kampf.* – Dt. Ausgabe: *Mein Kampf: eine kritische Edition*, herausgegeben von Christian Hartmann, Thomas Vordermayer, Othmar Plöckinger und Roman Töppel, Institut für Zeitgeschichte, München/Berlin 2016.

183 Charles Darwin, *The Descent of Man* (Prometheus Books, Amherst, NY 1998), p. 110. – Dt. Ausgabe: *Die Abstammung des Menschen und die geschlechtliche Zuchtwahl*,

vollständig illustriert, übersetzt von Julius Victor Carus, Reprintverlag Hansebooks, Norderstedt 2016.

184 Peter Kropotkin: *Mutual Aid: A Factor of Evolution* (1902) (Porter Sargent, Boston 1976), p. 14.

185 John M. Swomley. »Violence: Competition or Cooperation«, *Christian Ethics Today*, Jg. 26 (Februar 2000), p. 20. Verfügbar unter http://pastarticles.christianethicstoday. com/cetart/index.cfm?fuseaction=Articles.main&ArtID=300.

186 Ebd.

187 Ebd., zitiert nach Ronald Logan: »Opening Address of the Symposium on the Humanistic Aspects of Regional Development«, *Prout Journal*, Jg. 6, Nr. 3 (September 1993).

188 Alfie Kohn, zitiert nach Ronald Logan: »Opening Address«.

189 Carl Sandburg: *The People, Yes* (1936) (Mariner Books, New York 1990), p. 43.

190 Simone Robers, Anlan Zhang, Rachel E. Morgan und Lauren Musu-Gillette: *Indicators of School Crime and Safety: 2014*, ein Bericht des National Center for Education Statistics Institute of Education Sciences (Juli 2015). Verfügbar unter https://nces. ed.gov/pubs2015/2015072.pdf.

191 »Suicide of Jadin Bell« Wikipedia (aufgerufen am 30. Januar 2017). Verfügbar unter https://en.wikipedia.org/wiki/Suicide_of_Jadin_Bell.

192 Ebd.

193 »Cyberbullying and Social Media«, Megan Mcier Foundation (aufgerufen am 21. März 2017). Verfügbar unter http://www.meganmeierfoundation.org/cyberbullying-social-media.html; Joe Vallese, »›Audry and Daisy‹ Exposes the Trauma of Teenage Sexual Assault and Slut Shaming«, *Vice* (23. September 2016). Verfügbar unter https://www.vice.com/en_us/article/audrie-and-daisy-netflix-documentary-social-media-sexual-assault.

194 Haeyoun Park und Iaryna Mykhyalyshyn: »L.G.B.T. People Are More Likely to Be Targets of Hate Crimes Than Any Other Minority Group«, *New York Times* (16. Juni 2016). Verfügbar unter https://www.nytimes.com/interactive/2016/06/16/us/hate-crimes-against-lgbt.html.

195 »Matthew Shepard«, Wikipedia (aufgerufen am 30. Januar 2017). Verfügbar unter https://en.wikipedia.org/wiki/Matthew_Shepard.

196 Zusätzlich zu einem sachlichen Bericht über den Mord an James Byrd jr. beschreibt der Wikipedia-Eintrag »James Byrd, Jr.« (aufgerufen am 30. Januar 2017) das Bundesgesetz, das nach seinem Tod und dem von Matthew Shepard entstanden ist, den Hate Crimes Prevention Act. Verfügbar unter https://en.wikipedia.org/wiki/Murder_of_James_Byrd_Jr.

197 Das Protokoll von Zeugenaussagen, das dem British House of Commons von der Abgeordneten Natascha Engel vorgelegt wurde, heißt »DAESH: Genocide of Minorities«, House of Commons Hansard, Bd. 608 (20. April 2016). Verfügbar unter https://hansard.parliament.uk/commons/2016-04-20/debates/16042036000001/DaeshGenocideOfMinorities.

198 Ebd.

199 »FBI Releases 2014 Hate Crime Statistics«, FBI National Press Office, Washington, DC (16. November 2015). Verfügbar unter https://www.fbi.gov/news/pressrel/press-releases/fbi-releases-2014-hate-crime-statistics.

200 Ebd.

201 Tara Lawley-Bergey. »›My Heart Died‹: A Sister Writes about Losing Her Brother

to a Drug Overdose«, *NBC10* (8. Februar 2016). Verfügbar unter http://www. nbcphiladelphia.com/news/local/My-Heart-Died-A-Sister-Writes-About-Losing-Her-Brother-to-a-Drug-Overdose-367969281.html.

202 Ebd.

203 Ebd.

204 Rachel Carson war Meeresbiologin und Umweltschützerin. Ihr 1962 erschienenes Buch *Silent Spring* (New York: Houghton Mifflin), das ursprünglich als Artikelreihe in *The New Yorker* veröffentlicht wurde, katapultierte die Umweltbewegung in das allgemeine Bewusstsein und führte schließlich zum Verbot von Pestiziden wie DDT.

205 »Rose Schneiderman«, Wikipedia (aufgerufen am 30. Januar 2017). Verfügbar unter https://en.wikipedia.org/wiki/Rose_Schneiderman.

206 »Domestic Violence Statistics«, *Hope Rising* (aufgerufen am 20. Januar 2017). Verfügbar unter http://hoperisingtx.org/about/domestic-violence-statistics.

207 Jim Yardley: »Report on Deadly Factory Collapse in Bangladesh Finds Widespread Blame«, *New York Times* (22. Mai 2013). Verfügbar unter http://www.nytimes. com/2013/05/23/world/asia/report-on-bangladesh-building-collapse-finds-widespread-blame.html.

208 Albert Schweitzer: *Reverence for Life*, übersetzt von Reginald H. Fuller (Harper and Row, New York 1969). – Eine deutsche Entsprechung zu diesem Buch ist *Die Ehrfurcht vor dem Leben: Grundtexte aus fünf Jahrzehnten*, herausgegeben und eingeleitet von Hans Walter Bähr, Verlag C. H. Beck, München 2013.

209 Ebd.

210 Desmond Tutu: »Made for Goodness«, *Huffington Post* (13. März 2012). Verfügbar unter http://www.huffingtonpost.com/desmond-tutu/made-for-goodness_b_1199864. html.

Kapitel 8: Welchen Weg sollen wir einschlagen?

211 Henry Miller: *Big Sur and the Oranges of Hieronymus Bosch* (New Directions, New York 1957), p. 25. – Seit 1960 liegt im Rowohlt Verlag die Übersetzung von Kurt Wagenseil vor, die noch heute im Taschenbuch und als Audio CD angeboten wird: *Big Sur und die Orangen des Hieronymus Bosch.*

212 Der genaue Wortlaut dieser Aussage ist kürzlich, obwohl sie allgemein Chief Seattle zugeschrieben wird, in Frage gestellt worden. Auch wenn die Worte variieren können, stimmt aber der Kern dessen, was ihm zugeschrieben wird, mit seinem Denken überein, wie aus seiner bekanntesten Rede von 1854 hervorgeht. Die Rede mit einem Kommentar von Walt Crowley ist verfügbar unter http://www.historylink.org/ File/1427.

213 Khalil Gibran: *The Prophet* (Alfred A. Knopf, New York 1963), p. 28. – Es liegen zahlreiche deutsche Ausgaben von Gibrans meisterhaftem Werk *Der Prophet* vor; zuletzt erschien im Deutschen Taschenbuchverlag, München 2017, eine Neuausgabe der inzwischen klassischen Übersetzung von Giovanni und Ditte Bandini, der auch das Buch *Der Wanderer* beigegeben ist.

Danksagung

Ich erinnere mich noch an den Augenblick, in dem ich mich entschied, *Mensch:Gemacht* zu schreiben. Ich kam gerade von drei mit Vorträgen angefüllten Tagen eines Kongresses in London zurück. Als ich an den Fernsehbildschirmen in der Flugzeughalle vorüberging, wurde ich auf ein Thema aufmerksam, das alle Sendungen, die dort parallel gerade über die Monitore flimmerten, zu einer gemeinsamen Geschichte verwob..

Von den Tragödien häuslicher Gewalt in den Vereinigten Staaten und dem wachsenden Trend zum Cybermobbing unter jungen Leuten bis zu dem epidemischen Konsum illegaler Drogen in ganz Amerika und den unbeschreiblichen Gräueltaten, die im kriegsgeschüttelten Syrien und dem Irak verübt wurden, war das zentrale Thema jeder Nachrichtensendung das gleiche: Es war eine Menschheitsgeschichte, die auf dem Verlust des Wertes menschlichen Lebens beruhte. Mir war klar, dass jede Lösung zur Linderung dieser Tragödie und des Leidens an seinem Kern selbst ansetzen muss – *an der grundlegenden Art, wie wir über uns selbst und voneinander denken.* In diesem Augenblick war das Buch konzipiert. Ich wollte eine prägnante, gut zugängliche Übersicht über neue Entdeckungen bieten, die uns Gründe dafür liefern, die Weise, in der wir über uns selbst denken, zu ändern. Aber ein Buch ist nur eine Idee, bis es Gestalt angenommen hat.

Wenn man ein Dorf benötigt, um ein Kind aufzuziehen, dann bedarf es einer Gemeinschaft ähnlich gesinnter Menschen, verteilt über viele Zeitzonen, mit unterschiedlichen Fähigkeiten, um ein Buch

Wirklichkeit werden zu lassen. In diesem Abschnitt habe ich Gelegenheit, meine Dankbarkeit und Wertschätzung der Familie zu erweisen, die mein Bemühen, unsere neue Menschheitsgeschichte mitzuteilen, unterstützt hat – den Korrektoren von Manuskript und Druckfahnen, den Layoutern, Grafik-Designern, Marketing-Fachleuten, Publizisten und Event-Managern, die hinter den Kulissen arbeiteten, um dieses Buch möglich zu machen.

Unter allen Angehörigen der so stark engagierten Hay House Family, mit der ich immer wieder gerne zusammenarbeite, danke ich ganz besonders …

Louise Hay, Reid Tracy und Margarete Nielsen: Vielen Dank für das Vertrauen, das ihr in mich gesetzt habt, für eure Vision, wie wir als Autoren unseren Beitrag für unsere Gemeinschaften leisten können, sowie für eure Hingabe und das außerordentlich hohe Können, das zu einem Gütesiegel für den Erfolg von Hay House geworden ist.

Patty Gift: Ich bin dir so dankbar für deinen Glauben an mich von Anfang an, für deine immer gegenwärtige Unterstützung, dein Vertrauen und ganz besonders für deine Freundschaft. *Mensch:Gemacht* ist mein neuntes Buch bei Hay House und markiert mein dreizehnjähriges Jubiläum als Autor des Verlages. Ich bin gespannt, wohin uns die nächsten dreizehn Jahre führen werden!

Anne Barthel: Mehr als Worte sagen können, bin ich für deine Anleitung, deine Unterstützung und deine Freundschaft dankbar. Der Rat, den du mir gegeben hast, geht weit über deine offizielle Funktion als Lektorin hinaus, und ich schätze ihn mehr, als ich jemals in Worten ausdrücken könnte.

Richelle Fredson: Es ist eine Freude, mit dir zusammenzuarbeiten, und dein Instinkt in Bezug auf Öffentlichkeitsarbeit trifft immer ins Schwarze. Hab vielen Dank dafür, dass du mich dabei unterstützt, so viele Menschen wie möglich mit unserer ermutigenden, stärkenden Botschaft zu erreichen, und dafür, dies zu einer solchen Freude werden zu lassen.

Christy Salinas und Tricia Breidenthal: Ihr und eure äußerst begabten Mitarbeiter wart mir gegenüber so geduldig, so offen für meine Ideen und so auf den Punkt, wenn es um die schönsten Buchcover geht, die ich mir überhaupt vorstellen kann, dass ein »Dankeschön« nicht genügt, um die Tiefe meiner Dankbarkeit euch gegenüber zum Ausdruck zu bringen.

Kathryn Wells: Unsere fantastische, einfach brillante Web-Projektleiterin. Ich bin so glücklich, dass du und dein Team mich unterstützen. Meinen tiefsten Dank an euch für die schönste Webseite und die inspirierendsten Newsletter, die ich jemals hatte!

Mollie Langer: Die beste Veranstaltungsmanagerin, die man sich nur wünschen kann! Danke für deinen Einsatz und deine Professionalität, für die Beehrung unseres Leserkreises mit den schönsten Live-Veranstaltungen auf diesem Planeten, für die Sorgfalt, die du allem widmest, was du machst, und insbesondere für deine Freundschaft.

Rocky George: Du bist der perfekte Toningenieur und hast immer das Ohr für den exakt richtigen Sound. Ich wünschte, ich könnte dich zu jeder Aufnahme auf der ganzen Welt mitnehmen!

Diane Ray und das gesamte Team von Hay House: Danke dafür, dass ihr das Netzradio so amüsant und einfach macht. Meinen Dank aus ganzem Herzen an euch für eure Hingabe an eine Spitzenqualität und dafür, dass ihr mich bei jeder Internetübertragung, in jedem Interview und jeder Radiosendung so gut klingen lasst.

Melissa Brinkerhoff und all die stets lächelnden, hart arbeitenden Menschen, die bei unseren »I Can Do It« immer die perfekt bestückten Büchertische zusammenstellen! Ich könnte mir kein engagierteres Team und keine angenehmere Gruppe von Menschen wünschen, um meine Arbeit zu unterstützen. Eure Begeisterung und Professionalität sind unübertroffen, und ich bin stolz, ein Teil all der guten Dinge zu sein, die die Hay House Family unserer Welt schenkt.

Ned Leavitt: Noch einmal vielen Dank für deine Weisheit und die menschliche Note, die du in jedes gemeinsame Projekt einbringst. Ich empfinde tiefe Dankbarkeit dafür, dass du mich als mein Agent betreust, und das mittlerweile in so vielfältiger Hinsicht – aber vor allem bin ich für dein Vertrauen und unsere Freundschaft dankbar.

Stephanie Gunning: Meine kostbare Erstleserin, mein redaktioneller Guru, mein Resonanzboden und mittlerweile meine Freundin seit mehr als siebzehn Jahren. Ich bin voller Dank für deine Weisheit, deine Objektivität und dein Bemühen, mir dabei zu helfen, die komplexen Zusammenhänge der Wissenschaft und die Wahrheiten des Lebens auf eine freudige und bedeutungsvolle Weise mitzuteilen.

Ich bin stolz darauf, Teil des virtuellen Teams und der Familie zu sein, die mit den Jahren um meine Arbeit herum zur Unterstützung herangewachsen ist, darunter meine liebste *Lauri Willmot,* meine bevorzugte (und einzige) Büroleiterin und Stimme von Gregg Braden und Wisdom Traditions seit 1996. Ich bewundere dich ungemein, bringe dir tiefen Respekt entgegen und würdige die Art und Weise, wie du immer, jeden Tag und jede Stunde, für mich da bist, deine stetige Unterstützung und Zuneigung und vor allem deine Freundschaft.

Rita Curtis: Zutiefst schätze ich deine Vision, deinen Scharfsinn als meine Business-Managerin und deine Fähigkeiten, die uns jeden Monat von hier nach dort bringen. Ich schätze sehr dein Vertrauen, deine Offenheit für neue Ideen und besonders deine Freundschaft.

Meiner Mutter, der schönen Sylvia Lee Braden: Du hast um mein Leben gekämpft, als ich in deinem Schoß war, und jetzt habe ich die Ehre, über deine Gesundheit und Würde zu wachen, da sich dein Leben schneller ändert, als es sich jeder von uns vorstellen konnte.

Meinem Bruder Eric: Meinen tiefsten Dank an dich für deine unerschöpfliche Liebe und deinen Glauben an mich, auch dann, wenn du mich nicht verstanden hast. Obwohl unsere Familie klein ist, haben wir gemeinsam herausgefunden, dass unsere erweiterte Familie der Liebe größer ist, als wir uns das jemals hätten ausmalen können.

Martha – meine hinreißend schöne Frau und allerbeste Freundin. Ich danke dir mehr, als ich in Worte fassen könnte, für deine Zustimmung und Unterstützung, deine unverbrüchliche Freundschaft, deine vorzügliche, zarte Weisheit und allumfassende Liebe, die jeden Tag meines Lebens mit mir ist. Zusammen mit *Woody, Nemo und Mr. Merlin*, den Geschöpfen, mit denen wir unser Leben teilen, bist du die Familie, die es wert ist, nach jeder Reise zu ihr zurückzukommen. Danke für alles, was du gibst, alles, was du teilst, und all die Freude, die du in mein Leben bringst.

Ein ganz besonderes »Dankeschön« geht an jeden, der meine Arbeit, meine Bücher, meine Aufnahmen und Präsentationen über die Jahre hinweg unterstützt hat. Ich fühle mich durch eure Treue geehrt, stehe in Ehrfurcht vor eurer Vision einer besseren Welt und schätze eure Leidenschaft zutiefst, sie auch Wirklichkeit werden zu lassen. Durch euch habe ich gelernt, ein besserer Zuhörer zu sein, und die Worte vernommen, die es mir erlauben, unsere ermächtigende Botschaft der Hoffnung und der Möglichkeiten zu teilen. Euch allen bleibe ich stets in tiefer Dankbarkeit verpflichtet.

Quellen & Hinweise

Herzintelligenz / Resilienz
The Institute of HeartMath, www.HeartMath.org

»Das Institute of HeartMath ist eine international bekannte Non-Profit-Organisation, die sich der Forschung und Erziehung widmet und deren Aufgabe darin besteht, Menschen dabei zu helfen, Stress abzubauen, ihre Gefühle selbst zu regulieren und Energie sowie Belastbarkeit für ein glückliches, gesundes Leben aufzubauen. Die Hilfsmittel, Technologien und Trainingsmethoden von HeartMath lehren Menschen, sich zu Hause, in der Schule, bei Arbeit und Spiel auf die Intelligenz ihrer Herzen im Einklang mit ihrem Denken zu stützen.«

Hassverbrechen
National Organization for Victim Assistance (NOVA)
www.trynova.org

Hassverbrechen bringen eine komplexe Menge von Umständen und Bedürfnissen hervor, die von Individuum zu Individuum variieren. Eine Reihe von US-Staaten bietet sowohl Hilfe für Opfer als auch eine Ausbildung für Fachleute an, um mit Hass umzugehen. Diese Webseite ist ein Portal für viele solcher Organisationen auf nationaler Ebene.

Empfohlene Lektüre

Charles Darwin: *On the Origins of Species by Means of Natural Selection* (Seattle, WA: Pacific Publishing Studio, 2010). – Dt. Ausgabe: *Über die Entstehung der Arten durch natürliche Zuchtwahl: Die Erhaltung der begünstigten Rassen im Kampfe ums Dasein,* übersetzt von Julius Victor Carus (1884); vollständige Neuausgabe mit einer Biografie des Autors, herausgegeben von Karl-Maria Guth, Sammlung Hofenberg, Verlag der Contumax GmbH & Co. KG, Berlin 2016. – *Anmerkung des Verlags:* Es liegen zahlreiche Übersetzungen auf Deutsch vor.

Doc Lew Childre, Howard Martin und Donna Beech: *The HeartMath Solution: The Institute of HeartMath's Revolutionary Program for Engaging the Power of the Heart's Intelligence* (New York: HarperOne, 2000). – Dt. Ausgabe: *Die HerzIntelligenz-Methode: Gesundheit stärken, Probleme meistern – mit der Kraft des Herzens,* übersetzt von Isolde Seidel; VAK Verlag, Kirchzarten bei Freiburg, Neuauflage Februar 2016.

Francis Crick: *Life Itself: Its Origin and Nature* (New York: Touchstone, 1981). – Dt. Ausgabe: *Das Leben selbst: Sein Ursprung, seine Natur,* übersetzt von Friedrich Griese; Piper Verlag, München 1983. – *Anmerkung des Verlags:* Interessanterweise wurde dieses Buch auf Deutsch niemals nachgedruckt, weder als Hardcover noch als Taschenbuch, und geriet bei uns in »Vergessenheit«. Offenbar waren die Inhalte bei diesem Autor – Mitentdecker der Doppelhelix der DNA und Nobelpreisträger – für die schulwissenschaftlich orientierte Leserschaft doch eine zu große Provokation. Crick formuliert in seinem Buch nämlich eine aufregende Hypothese: Das Leben auf der Erde begann in Gestalt primitiver Mikroorganismen, die eine höhere Zivilisation vor Milliarden von Jahren mit einer unbemannten Sonde in Richtung Erde schickte. Anschließend analysiert Crick die verschiedenen Vorbedingungen, die erfüllt gewesen sein müssen, damit solcherart entstandenes Leben sich erhalten und weiterentwickeln konnte. In Fachkreisen ist diese Theorie als »gelenkte Panspermie« bekannt. Sie setzt die Existenz von intelligentem Leben außerhalb der Erde voraus.

Adrián Recinos (Hrsg./Übers.): *Popol Vuh: The Sacred Book of the Ancient Quiché Maya*, Teil I, Schöpfungsmythen, Kapitel 1–3, herausgegeben von Delia Goetz und Sylvanus G. Morley (Norman, OK: University of Oklahoma Press, 1950). Abrufbar auf https://en.wikipedia.org/wiki/Popol_Vuh#Creation_myth. – Dt. Ausgabe: *Poopol Wuuj: Das Heilige Buch des Rates der K'ichee-Maya von Guatemala*, kommentierte Gegenüberstellung des Maya-Textes und der neuen deutschen Übersetzung des Herausgebers Jens S. Rohark Bartusch, neu durchgesehene 4. Auflage, Hein Verlag, Ostrau 2014. – *Anmerkung des Verlags:* Die genannte Übersetzung versucht der großen Bedeutung des *Heiligen Buches des Rates* gerecht zu werden, das in symbolischer und konzentrierter Form das gesammelte Wissen der Mayavölker enthält. Seine Inhalte wurden vor der ersten Niederschrift vermutlich Mitte des 16. Jahrhunderts jahrtausendelang mündlich weitergegeben; mit dieser Übersetzung liegt jetzt dank der internationalen Fortschritte der interdisziplinären Maya-Forschung eine Interpretation vor, die praktisch frei von groben Übersetzungsfehlern ist. Und was lesen wir beispielsweise als Tat von »Mutter und Vater des Lebens und der Menschenschöpfung« bereits in Kapitel eins? »Halbiert wurde die Schnur, gestreckt wurde die Schnur.« Unserer Deutung nach beschreibt das die Mitose (aus einer Mutterzelle entstehen zwei identische Tochterzellen, die sich ihrerseits teilen); das Motiv der geteilten und halbierten Zelle ist übrigens auch auf sumerischen Tontafeln zu sehen.

Gregg Braden

© Sean Kapera Photography

ist ein fünfmaliger New-York-Times-Bestsellerautor und ein spiritueller Führer zu heiligen Stätten der Welt, der sich schon seit langer Zeit mit großem Erfolg bemüht, eine Brücke zu schlagen zwischen Spiritualität und moderner Wissenschaft. Von 1979 bis 1990 arbeitete er für Fortune-500-Firmen (das sind die 500 umsatzstärksten Firmen eines Jahres, die das amerikanische Wirtschaftsmagazin *Fortune* regelmäßig ermittelt). Er begann als Computergeologe bei Phillips Petroleum, bevor er gegen Ende des Kalten Krieges als Computersystem-Designer für die auch im Bereich der Raumfahrt tätige Firma Martin Marietta Defense Systems arbeitete. 1991 wurde er Technical Operations Manager für Cisco Systems, wo er den Aufbau des weltweiten Supportteams leitete, das die Zuverlässigkeit des späteren Internet gewährleistete. Heute setzt er seine Arbeit an Problemlösungen fort, indem er die moderne Wissenschaft und die Weisheit, die in abgelegenen Klöstern und vergessenen Schriften aufbewahrt ist, zu Antworten für die konkrete Wirklichkeit verbindet.

Seine Entdeckungen haben sich in elf preisgekrönten Büchern niedergeschlagen, die mittlerweile in nahezu vierzig Sprachen übersetzt wurden. Das britische *Watkins Journal* zählte ihn fünf Jahre in Folge zu einem der hundert führenden »spirituell einflussreichsten lebenden Menschen der Welt«, und im Jahr 2017 wurde er für den renommierten Templeton Award nominiert. Er hielt Vorträge und Seminare vor den Vereinten Nationen und ist eine Koryphäe auf dem Gebiet der spirituellen Philosophie des Altertums und der vor- und frühchristlichen Traditionen. Seit fast dreißig Jahren durchforscht er vorwiegend in Ägypten, Peru und Tibet entlegene Bergdörfer, Klöster und Tempel nach den lebensspendenden Geheimnissen, die in den Sprachen und großen alten Traditionen verborgen liegen. Die Ergebnisse dieser Forschungsarbeiten finden sich in seinen zahlreichen Büchern, darunter *Im Einklang mit der göttlichen Matrix*, *Der Realitäts-Code*, *Verlorene Geheimnisse des Betens* und *Tiefe Wahrheiten*.

~ www.GreggBraden.com ~

Register

Drunvalo Melchizedek
& Daniel Mitel
Lebe im Licht deines Herzens
Meditative Zugänge in den heiligen Raum
224 Seiten, gebunden, oranges Leseband
€ [D] 19,99 / € [A] 20,60 • ISBN 978-3-95447-343-4

Begib dich in dein Herz. Niemals in der Geschichte der Menschheit war es wichtiger als heute, sich auf die Reise ins Herz einzulassen und aus dem Herzen zu leben. Methoden, die über Jahrtausende hinweg eingesetzt wurden, machen es möglich – auch im emsigen Treiben unserer Zeit und ohne Lehrmeister. Du hast die Macht und die Fähigkeit, überall im Licht deines Herzens zu leben.

Zwei weltweit bekannte Meister der Meditation weisen den Weg.

Gary R. Renard
Als Jesus und Buddha sich kannten
Bericht über zwei mächtige Weggefährten
320 Seiten, gebunden, oranges Leseband
€ (D) 24,99 / € (A) 25,70 • ISBN 978-3-95447-246-8

Die Aufgestiegenen Meister Arten und Pursah sind zurück. Ihr neues Buch ergänzt die ursprüngliche Trilogie, bestehend aus *Die Illusion des Universums*, *Deine unsterbliche Realität* und *Die Liebe vergisst niemanden*. Es erkundet sechs Inkarnationen von Jesus und Buddha, in denen beide gemeinsam lebten. Nie waren Gespräche über die Realität des Lebens dermaßen relevant für die Gegenwart.

»Mehr als ein Buch – ein Portal, ein Transportsystem, ein Umordnen des Geistes. Und lustig ist Gary auch noch!«
– H. Ronald Hulnick

Klangheilungs-CDs von Michael Reimann

Zirbel Drüsen Aktivierung [Binauraler Beat]
Öffnung des Dritten Auges und Stärkung des Lichtkörpers
79 Min.; € [D/A] 19,99 • ISBN 978-3-95447-220-8

Herzkohärenz aufbauen [432 Hertz]
Mentale Leistungsfähigkeit und körpereigene Regeneration
75 Min.; € [D/A] 19,99 • ISBN 978-3-95447-295-6

DNA-Aktivierung [528 Hertz]
Heilung der Zellen durch die Liebesfrequenz –
Meditationsanleitung von Jeanne Ruland im Booklet!
80 Min.; € [D/A] 19,99 • ISBN 978-3-95447-347-2

Bekannt als Multi-Instrumentalist, arbeitete Michael Reimann u.a. mit Joachim-Ernst Berendt und Christian Bollmann zusammen. Studienreisen führten ihn nach Bali, Indien und Japan. Seine Aufnahmen sind reiner musikalischer Klang.

Buchauszüge, Hörproben und Gratis-CD auf www.AmraVerlag.de

AMRA
www.AmraVerlag.de

gebundene Bücher
mit Leseband

Gregg Braden	*Mensch : Gemacht*	352 S., 24,99 €
Patricia Cori	*Lichtbotschaften vom Sirius*	224 S., 19,99 €
Henry Ford	*Mein Leben und Werk*	256 S., 19,99 €
Steven M. Greer	*Unacknowledged: Offiziell geleugnet!*	400 S., 26,99 €
Griffith & Lisa K.	*Spirit Business – ehrliche Unternehmen*	320 S., 22,95 €
Susanne Hirsch	*Die Kraft deiner lebendigen Emotionen*	240 S., 19,99 €
Ren Hurst	*Die heilende Kraft der Pferde*	224 S., 19,99 €
Jaffe & Davidson	*Wegbereiter Indigo-Erwachsene*	208 S., 19,99 €
Frank Joseph	*Lemurien – Aufstieg und Fall*	488 S., 24,99 €
Len Kasten	*Geheime Weltherrschaft der Reptiloiden*	400 S., 24,99 €
Kenyon & Sion	*Lichtboten vom Arcturus*	224 S., 19,99 €
Pavlina Klemm	*Lichtbotschaften von den Plejaden*	224 S., 19,99 €
Dean Koontz	*Trixie – mein Golden Retriever*	272 S., 24,99 €
Horst Krohne	*Die 12 Programme des Bewusstseins*	208 S., 19,99 €
Cindy Lora-Renard	*Ein Kurs in Gesundheit & Wohlbefinden*	176 S., 19,99 €
Eva Marquez	*Heilungscode der Plejader*	256 S., 22,99 €
Tanja Matthöfer	*Maria Magdalena: Leben mit Jeshua*	256 S., 22,99 €
Melchizedek & Mitel	*Lebe im Licht deines Herzens*	224 S., 19,99 €
Hunbatz Men	*Die heilige Kultur der Maya*	192 S., 19,99 €
Ernst Muldashev	*Drittes Auge & Ursprung der Menschheit*	432 S., 24,99 €
Sam Osmanagich	*Licht auf die Vergangenheit*	240 S., 22,99 €
Marcel Polte	*Greys und ihr weltweites Wirken*	256 S., 22,99 €
Quitt & Mitchell	*Verbotenes Wissen*	320 S., 22,99 €
Gary R. Renard	*Als Jesus und Buddha sich kannten*	320 S., 24,99 €
Michael E. Salla	*Antarktis – die verbotene Wahrheit*	432 S., 26,99 €
Jan Erik Sigdell	*Die Herrschaft der Anunnaki*	192 S., 19,99 €
Kerstin Simoné	*Thoth: Der Transformationsschlüssel*	240 S., 22,99 €
Zecharia Sitchin	*Die Anunnaki-Chroniken*	392 S., 24,99 €
William Stillman	*Die Seele des Autismus*	240 S., 19,95 €
Christine Woydt	*Saint Germain: Aufstieg in Meisterschaft*	416 S., 24,99 €
Maka'ala Yates	*Hawaiianischer Weg der Gesundheit*	336 S., 22,95 €

**Leseproben auf www.AmraVerlag.de • Gratis-CD abholen • auch als eBooks
versandkostenfrei in Deutschland & Österreich • solange der Vorrat reicht!**